LA SCIENCE À CONTRE PIED

SCIENCE
À PLUMES

Jérôme Cottanceau, *Le choix du meilleur urinoir*, 2016.
20 délicats problèmes qui prouvent que les maths servent à quelque chose.

René Cuillierier, *Et si la Terre était plate ?*, 2016.
Des exercices de pensée étonnants pour aborder les grands principes de la science.

Jean-Louis Hartenberger, *Depuis quand les cachalots ont le melon ?*, 2016.
37 chroniques pour plonger dans l'univers étonnant des mammifères.

John M. Henshaw, *Le théorème de la fourmi géante*, 2016.
Crème solaire, vitesse de la lumière et arnaques financières : les équations sont partout.

Thierry Lefebvre, Cécile Raynal, *Médicaments, polémiques et vieilles querelles*, 2016.
Débats et affaires : 15 récits pour mieux comprendre.

Jean Le Loeuff, *T. rex superstar*, 2016.
L'irrésistible ascension du roi des dinosaures.

S. L. Macknik, S.Martinez-Conde, S.Blakeslee, *Ceci n'est pas un lapin*, 2016.
Quand les neurosciences dévoilent les secrets des magiciens.

Stéphen Rostain, *Amazonie, les 12 travaux des civilisations précolombiennes*, 2017.
Les civilisations précolombiennes de Cayenne aux Andes.

Daniele Vegro, *Anti-dictionnaire de physique*, 2016
De A comme Âge de l'univers à Z comme Zéro absolu, un regard décalé sur la physique.

Carl Zimmer, *Planète de virus*, 2016.
Il y a plus de virus sur la Terre que d'étoiles dans l'Univers.

Conception couverture : offparis.fr
Photographie de la couverture : © Gettyimages/AlexTurton ; atome : © iStockphoto.com/pialhovik

 ISSN 2495-1625 ISBN 978-2-410-00302-4
170 bis, boulevard du Montparnasse, 75680 Paris cedex 14

LA SCIENCE À CONTRE PIED

Un livre collaboratif du Café des sciences

Belin

SOMMAIRE

▶ *Vidéos accessibles en scannant le QR-code !*

AVANT-PROPOS

Il était une fois…

En 2006, une poignée de passionnés de science ouvraient un blog pour partager leur passion et tenir entre eux des conversations que, pour la plupart, ils ne pouvaient avoir avec leur entourage. Le format blog, interactif et accessible sans maîtriser les technologies du web, atteignait tout juste sa maturité, apportant un bol d'air à des domaines aussi variés que la cuisine et les loisirs culturels… sans oublier la science ! Pour se serrer les coudes et explorer ce format, six blogueurs créèrent la communauté du Café des sciences dans une optique d'entraide, mais aussi pour proposer aux lecteurs des contenus sélectionnés. Même si nous nous sentions relativement seuls dans la blogosphère francophone (comme on l'appelait alors), nous savions qu'il n'y aurait pas de retour en arrière. À croire que parler de science, partager la science, c'est une aventure humaine et sociale avant tout ! Dix ans plus tard, si certains sont passés à autre chose et ont arrêté de bloguer, le mouvement a continué et la consultation des blogs est devenue chose courante. Dans les laboratoires de recherche, le fait de tenir un blog est également moins regardé de travers ; face à la multiplication des fausses nouvelles scientifiques et des effets de foule sur internet, l'importance de se battre à armes égales contre des mouvements obscurantistes favorisant l'ignorance et le doute est désormais bien comprise.

Certains d'entre nous étaient chercheurs (plutôt débutants), d'autres étudiants, d'autres en poste dans l'industrie : trois profils qu'on retrouve encore aujourd'hui au Café des sciences, en compagnie de quelques enseignants de collège et lycée, et de nombreux (semi-)professionnels de la vulgarisation, ces « passeurs de science » comme les appelle notre camarade Pierre Barthélémy, blogueur associé au quotidien *Le Monde*. Journalistes, médiateurs, vidéastes ont grossi les rangs du Café des sciences. Leur vie n'est pas rose : ces carrières se font et se défont facilement au gré de la précarité des contrats, des dotations sur projet, du hasard des opportunités, de la politique de monétisation (le fait de rémunérer les producteurs de contenu qui acceptent de diffuser de la publicité) des grandes plateformes comme Youtube… et désormais du soutien direct des internautes via le don et le financement participatif. Mais ils ont toujours trouvé du réconfort dans notre communauté, la preuve qu'ils n'étaient pas seuls et que le travail considérable qu'ils investissaient dans leur « petit blog » ou leur « petite chaîne vidéo » n'était pas vain. Aujourd'hui, des vidéastes, des auteurs de BD et des blogueurs à tendance scientifique rencontrent parfois un succès remarquable, voire connaissent une certaine starification.

Dans une blogosphère scientifique et une recherche scientifiques essentiellement anglophones, le Café des sciences a fait office d'un petit village d'irréductibles francophones. Pour certains, expatriés dans des laboratoires anglo-saxons, c'est une chance rare de pouvoir parler de science ou de leurs recherches dans leur langue natale. Pour d'autres, c'est une façon de passer du terrain de la démonstration au terrain de la conversation. Pour tous, enfin, c'est rendre au public ce qui nous a été donné. Très vite des blogueurs suisses, québécois, belges… nous ont rejoints. On peut regretter que les scientifiques d'Afrique francophone soient encore absents, sans que la raison ne nous en apparaisse nettement. Qu'ils n'hésitent pas à nous rejoindre !

La science réunit des passionnés et nous pensons l'avoir montré, à notre échelle, depuis 10 ans. Qu'avons-nous fait pendant tout ce temps ? Nous avons grandi jusqu'à passer la barre de la centaine de membres, membres qui ont produit plus de 10 000 billets de blog et podcasts et plus de 4 000 vidéos. Nous avons créé deux communautés satellites (Strip Science pour la vulgarisation dessinée et VidéoSciences pour les vidéastes) et le blog collectif KidiScience destiné aux petits et grands enfants. Nous avons organisé des événements festifs de vulgarisation scientifique à Paris (festival Vidéosciences), à Lyon (Lyon Science), à Lausanne (notamment des émissions radiodessinées de Podcast Science). Nous avons défendu la vulgarisation scientifique en ligne auprès des organismes de recherche, des institutions de la culture scientifique, du ministère. Nous avons témoigné de cette histoire et de nos motivations dans des publications académiques. Nous les avons représentées devant les médias. Et nous avons réalisé l'ouvrage que vous tenez entre vos mains ! Nous espérons que vous continuerez à nous soutenir, à nous lire, à nous regarder… sur http://www.cafe-sciences.org !

ANTOINE BLANCHARD,
co-fondateur du Café des sciences,
en est l'actuel secrétaire et trésorier.

PIERRE KERNER
est le vice-président du Café des sciences,
qu'il a rejoint en 2009.

… et ils vulgarisèrent heureux !

« – Et si on le faisait enfin, cet ouvrage collectif des membres du Café des sciences ?
– Ce qui serait chouette, c'est qu'il paraisse en 2016, pour notre dixième anniversaire !
– Nos blogs sont très lus, mais comment intéresser le lecteur sur plusieurs centaines de pages ?
– J'ai une idée folle : et si on faisait un cadavre exquis ?
– Soyons réalistes, donnons-nous plutôt un thème commun !
– Renouvelons l'exercice de l'anthologie annuelle Les meilleurs blogues de science en français, *qui a cessé au bout de deux volumes ! »*

Le livre que vous tenez entre les mains est triplement hors norme. Hors norme tout d'abord par son nombre de contributeurs : quarante médiateurs scientifiques de tous horizons, chercheurs, enseignants, étudiants, vidéastes, illustrateurs ou simplement amateurs de science se sont réunis pour confectionner cet ouvrage. Tout a été fait de manière collective : du choix du thème jusqu'à la meilleure façon d'héberger les vidéos en ligne, rien n'a été imposé par le haut. Les contributeurs, qui pour beaucoup ne se sont jamais rencontrés dans la vraie vie, se sont aussi relus les uns les autres sur le modèle de « peer-review » utilisé dans le monde de la recherche. Mais ce livre est également hors norme par son mélange des formats (texte, vidéo et illustration), ayant nécessité des collaborations approfondies entre contributeurs aux compétences complémentaires. Nous espérons que vous prendrez le temps d'aller visionner les vidéos, produites spécialement pour ce projet, et qui en font partie intégrante. Enfin, ce livre est hors norme par son thème : nous espérons, précisément parce qu'on y parle de « science à contre-pied », que vous lirez et entendrez des choses qui vous surprendront, et sur lesquelles vous pourriez avoir des idées fausses.

S'il est vrai qu'une telle collaboration facilite l'écriture d'avant-propos enflammés, du type « Regardez ce qu'on peut faire quand on travaille ensemble ! », toute personne ayant déjà travaillé en groupe sait que la réalité du travail collectif est souvent moins rose. Entre les problèmes de communication, les problèmes d'inertie et les problèmes d'organisation, cela peut vite tourner au cauchemar. C'est pourquoi nous tenons à remercier chaleureusement les éditions Belin qui ont bien voulu s'engager à nos côtés dans ce projet hors du commun. Nous voulons en particulier remercier Laurent Brasier, qui a su concrétiser une idée de livre de blogueurs qui trottait dans sa tête depuis quelques années, et Nathalie Brousse, qui a su garder le cap dans la tempête d'emails qu'elle recevait, se moquant des retards et faisant fi des cas particuliers (« un expatrié belge vivant en Afrique peut-il signer son contrat d'édition numériquement et sans numéro de sécurité sociale ? »).

Avant de laisser la parole à nos contributeurs, je voulais vous encourager à donner vos impressions sur le livre une fois sa lecture terminée. Qu'il vous ait plu ou déplu, nous serons ravis d'entendre ce que vous avez à dire (par exemple sur notre page Facebook fb.com/cafe.sciences ou notre compte Twitter @cafe_sciences) ; et, qui sait, si le succès du livre est au rendez-vous, peut-être que vos remarques serviront pour une deuxième édition… Sur ce, je vous souhaite bonne lecture. Bien sûr… attention où vous mettez les pieds !

STÉPHANE DEBOVE,
président du Café des sciences.

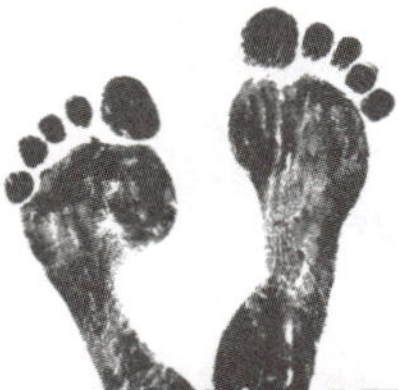

UNE HISTOIRE À ÉVOLUER DEBOUT : TOUS BIPÈDES (OU PRESQUE)

Droits dans leurs bottes, nombre d'humains viennent à songer que la bipédie est le trait ayant accompagné notre inexorable marche vers ce sommet évolutif imaginaire que nous occuperions actuellement. Au-delà de la sempiternelle association erronée « évolution = progrès », c'est s'emmêler les pieds que de penser que nous fûmes les premiers à marcher, voire que la bipédie est réservée aux humains, à la terre ferme, à l'usage des pieds et à la marche… Eh oui, n'en déplaise à ceux qui se sont levés du mauvais pied, chez certains animaux, la bipédie ne sert pas qu'à gambader ! Alors bon pied, bon œil, sautons à pieds joints dans le vif du sujet. Ce sera l'opportunité pour nous, Sirtin et Taupo, boute-en-train que nous sommes, de placer un maximum de jeux de mots tirés par… les pieds.

C'est quoi la bipédie ?

La bipédie consiste à marcher sur deux pieds, non ? Il est bien marqué : bi- comme « bis » (« deux ») et -pédie comme « pied ». Il

Featuring : Albatros, Pieuvre, Kangourou, Manakin à cuisse jaune, Lézard Jésus, Raton-laveur, Paradisier superbe, Tamanoir et Gerbille. Réalisateur : La Nature. Producteur : L'évolution.

faudrait vraiment être bête comme ses pieds pour ne pas saisir le rapport, et encore plus bête pour se contenter de prendre cette étymologie au pied de la lettre. Voyons la définition du *Larousse* : « Locomotion des vertébrés terrestres qui n'utilisent pour progresser que le bipède postérieur. » Cette définition est beaucoup plus restrictive, car elle sous-entend une utilisation systématique et permanente de la bipédie. Nous préférons partir de notre définition, qui a l'avantage d'être plus courte et moins restrictive : « Action de se tenir debout, en prenant appui sur deux membres. » En se grattant les méninges à quatre mains, nous avons exploré plusieurs pistes de réflexion : sur quels membres repose la bipédie ? Est-elle permanente ou temporaire ? Se résume-t-elle à la marche uniquement ? Et surtout, la bipédie, c'est où tu veux et quand tu veux ?

Alors, cher bipède arrogant malgré toi, es-tu prêt à repartir de bon pied sur une vision ô combien plus enrichissante de la bipédie, et à donner un bon coup de pied dans la fourmilière des idées reçues ? Non ? Prends donc tes jambes à ton cou ! Oui ? Alors c'est parti !

La bipédie temporaire

Si ce n'est pas pour marcher, pour quelle raison farfelue des animaux se tiendraient-ils debout ? N'en déplaise au poète, la plupart d'entre eux ne se lèvent pas pour se trouver un peu plus près des étoiles, mais le plus souvent pour une raison terre-à-terre : éviter de se retrouver avec l'estomac dans les talons. Prenez ce ruminant étrange vivant dans la corne de l'Afrique : la gazelle girafe (*Litocranius walleri* ou gérénuk), au long cou. Face à la rude compétition entre ruminants pour dévorer les délicieuses feuilles d'acacia, la gazelle girafe refuse de se laisser couper l'herbe sous les pieds : elle se lève donc sur les pointes, telle une ballerine, et sachant très bien sur quel pied danser, s'étire de toute sa hauteur pour atteindre les plus hautes feuilles, en jouant également de sa longue langue. Si notre gazelle girafe dépasse rarement le mètre de hauteur à quatre pattes, une fois dressée, elle atteint facilement des feuilles situées à 3 mètres au-dessus du sol. Peu de ruminants lui arrivent alors à la cheville. Dans cette position, elle parvient même à esquisser quelques pas de deux pour passer d'une branche à l'autre et continuer son repas.

Sauf que pour se tenir debout sans en avoir plein les sabots, mieux vaut avoir les pieds plats ! C'est d'ailleurs le cas des animaux plantigrades, pour qui la station debout est plus confortable puisque leurs pieds (le plus souvent dotés de 5 doigts) s'étalent sur la surface de leur voûte plantaire. Vous ne trouvez pas d'exemple d'animaux plantigrades ? Un petit coup de pied alors… pardon, un petit coup de pouce : parmi eux se trouvent les lapins, les rats, les souris, les ratons laveurs, les belettes, les mouffettes, les hérissons ou encore les écureuils. Pour déguster leur pitance, ces derniers se mettent sur leurs deux pieds, littéralement sur un piédestal (des souches, des roches, etc.), afin de détecter les prédateurs plus tôt, et ainsi éviter de partir les pieds devant. La station debout offre donc un avantage pour les proies faciles : elle élève la tête et augmente le champ de vision. Les plus célèbres de ces vigilants plantigrades sont certainement les suricates (*Suricata suricatta*) : ils organisent des tours de garde où quelques sentinelles surveillent les plaines semi-désertiques sud-africaines pour que le reste du groupe puisse lever le pied et s'adonner à d'autres occupations.

Se tenir debout sur ses deux pieds n'offre pas seulement un avantage en hauteur… Cette station libère en outre les deux pattes antérieures (avant) qui sont alors disponibles pour manipuler des objets et des aliments. Plutôt pratique pour celui qui désire décortiquer patiemment des cônes de pins ou le maniaque qui se sent obligé de trempouiller tous ses aliments avant de les ingérer, tel le raton laveur (*Procyon lotor*), capable, tout comme le castor (*Castor canadensis*), de marcher sur ses deux pieds un bref moment lorsqu'il a les mains occupées. Utile pour ramener victuailles ou mobilier dans son terrier !

Mais les pieds des plantigrades n'offrent pas que des avantages… Par rapport aux onguligrades (qui s'appuient sur leurs sabots) ou aux digitigrades (qui s'appuient sur leurs doigts), les plantigrades traînent les pieds et peinent à aller au pas de course ! Avec des os et des articulations plus nombreux, leurs pattes sont généralement plus courtes, plus lourdes et limitent alors la vitesse qu'ils peuvent atteindre. Pour compenser, mieux vaut être capable de se réfugier rapidement dans un arbre, ou bien être balèze. Dans ce domaine, les plantigrades les plus imposants sont probablement les ours, qui n'ont rien de colosses aux pieds d'argile. En effet, mieux vaut ne pas avoir les jambes en coton si tu désires mettre sur pied une moyenne de 120 kilogrammes de muscle et de gras. Saluons alors l'exploit de Pedals, un ours noir (*Ursus americanus*) sauvage du New Jersey, surpris fréquemment à gambader nonchalamment sur ses deux pattes arrière. Il s'avère que le pauvre ursidé a les pattes avant brisées. Souhaitons-lui de se remettre rapidement sur pied.

Si les ours se déplacent sur quatre pattes et se mettent debout, à l'instar de la gazelle girafe, pour atteindre des aliments surélevés, ils se dressent également lors des combats contre des mâles rivaux, pour leur infliger le plus de dégâts possible. Tout comme les tamanoirs (*Myrmecophaga tridactyla*) qui ne se débinent pas face à un jaguar (*Panthera onca*) ou à un puma (*Puma concolor*). Leur fière posture debout signifie « Bas les pattes ! », et si la traduction ne passe pas, ils emploient leurs griffes (habituellement destinées au creusement des fourmilières et termitières) pour blesser cruellement l'imprudent qui leur ferait un pied de nez.

La station debout offre également d'autres avantages inédits, comme l'illustrent les femelles tamanoirs pour une activité tout aussi sanglante que les combats : l'accouchement ! Comment ? En s'aidant de leur puissante queue pour se maintenir debout et mettre bas. Sitôt sorti, le bébé tamanoir grimpe sur le dos de sa mère où il restera entre 6 et 9 mois, les doigts de pied en éventail. La station debout correspond également à une position du Kamasutra très prisée chez les animaux, notamment chez les porcs-épics qui y trouvent une configuration salutaire lors de leurs parties de jambes en l'air…

La mouffette (*Mephitis mephitis*), bien connue pour les sécrétions puissantes de sa glande anale, est adepte d'un autre type d'acrobatie. Sa botte secrète est redoutable de précision, car elle fait des pieds et des mains pour diriger son arrosoir nauséabond pile vers celui qui lui casse les pieds. À quoi bon se dresser sur les pattes arrière, si c'est pour diriger son anus vers le sol ? La mouffette adopte plutôt la technique du poirier. En équilibre sur ses pattes avant, la mouffette asperge aisément ses victimes, tout en leur offrant une vue imprenable sur les motifs noirs et blancs de

son pelage dorsal. Cette danse d'intimidation est très efficace : les prédateurs tournent les talons dare-dare, queue entre les jambes !

À part l'ours aux pattes cassées, les cas précédents ne traitent pas de locomotion. Et pourtant, rien qu'en se tenant aux mammifères, nous pouvons réaliser la grande variété des espèces capables de bipédie pour se déplacer. Les pangolins (*Manidae*) offrent un exemple de mammifère plantigrade se déplaçant principalement sur ses deux pattes arrière. Cela te fait peut-être une belle jambe, mais cette simple observation démontre que la bipédie a été acquise indépendamment à plusieurs reprises au cours de l'évolution des mammifères : c'est le résultat de ce qu'on appelle la « convergence évolutive ».

Sauf que la locomotion bipède ne se résume pas à la marche à pied. De nombreux animaux pratiquent aussi la course à deux pieds, à l'instar de nombreux lézards comme le lézard à queue de zèbre (*Callisaurus draconoides*) qui limite ainsi le contact avec le sable brûlant du désert ! L'iguane *Ctenosaura similis* peut même se targuer de sprinter plus vite que la plupart des humains, avec un record de 34,6 km/h (Usain Bolt ayant atteint la vitesse de 44,64 km/h au championnat mondial de Berlin en 2009).

La bipédie aquatique

À ce propos, pourquoi penser que la bipédie est réservée à la marche ou à la course sur la terre ferme ? Les lézards du genre *Basiliscus* n'ont pas à se demander s'ils auront pied dans la mare qu'ils veulent traverser : ils pratiquent en effet la course aquatique les doigts dans le nez. Leur secret repose sur une bonne technique de foulée, décomposée en trois temps : tout d'abord, ils frappent verticalement la surface de l'eau avec leur pied, créant une poche d'air en dessous. Ils effectuent ensuite un mouvement de rame vers l'arrière, ce qui permet l'avancée, puis retirent le pied très rapidement avant que la poche d'eau ne se referme. L'intervalle de temps très court entre les foulées (70 millisecondes environ), leur faible masse (100 grammes à l'âge adulte) et la large surface de contact des pattes arrière (environ 5 cm^2) autorisent au lézard « Jésus-Christ » la traversée d'un plan d'eau à 5 km/h, ce qui correspond à notre vitesse moyenne de marche humaine. Si nous voulions imiter son exploit, il nous faudrait courir à plus de 100 km/h ! Le lézard, resté sec, rejoint ainsi son pied-à-terre sur la rive opposée...

Le fond marin offre également une surface adaptée à une locomotion subaquatique. Existe-t-il alors un animal ayant le pied marin ? Les bipèdes ne sont pas légion car la plupart de la faune aquatique est dotée de nombreux appendices locomoteurs, par exemple chez les crustacés, les vers marins, ou les octopodes. C'est paradoxalement chez ces animaux à huit bras que se cache un exemple méconnu de bipédie subaquatique. Les espèces de pieuvres du Pacifique *Octopus marginatus* et *Octopus aculeatus* pratiquent en effet une « marche bipède » en employant deux tentacules pour se mouvoir, tandis que les six autres sont dressés au-dessus de leurs têtes. Les deux espèces observées se déplacent chacune à leur manière : *Octopus marginatus* regroupe six tentacules autour de son corps tandis que *Octopus aculeatus* marche de façon plus « flamboyante » en tendant quatre tentacules latéraux. Dans les deux cas, il s'agit d'une stratégie de camouflage. La première espèce se fait passer pour une noix de coco dérivant au gré de la houle, et l'autre pour un amas d'algues ballotté par le courant. Elles n'ont plus qu'à détaler en catimini.

La bipédie permanente

À force d'évoquer ces bipédies plus ou moins temporaires, le lecteur va croire que nous lui faisons un pied de nez dans les règles de l'art. Il est vrai que la bipédie évoque quand même le plus souvent une station debout exclusive, sur deux pieds, et destinée à la marche sur la terre ferme. Dans ce cadre-là, les humains ne sont-ils pas champions toute catégorie – et une fois de plus, ne sont-ils pas les plus beaux, les plus forts, les plus intelligents, etc. ? Que nenni !

Prenons un exemple simple et connu : les kangourous. Ils marchent en s'appuyant sur leurs quatre pattes et leur queue. Ils se déplacent également par bonds en détendant leurs pattes postérieures à la manière d'un ressort. Leur vitesse de déplacement est variable : de 20 à 30 km/h en mode croisière, de 50 à 60 km/h en cas de fuite et jusqu'à 90 km/h en vitesse maximale. Leurs bonds sont parfois spectaculaires, jusqu'à 3,5 mètres de haut pour une portée de 13 mètres. Les valeurs dépendent bien sûr des espèces de kangourous, mais ce n'est déjà pas mal, non ? Et surtout il s'agit d'une bipédie permanente, avec déplacement par bonds successifs. En se penchant un peu plus sur l'anatomie du kangourou, nous constatons qu'il est plantigrade comme l'humain : il repose sur la plante des pieds. Or, les pieds des kangourous et des humains sont formés de trois parties : le tarse (talon), métatarse (voûte plantaire) et phalanges (orteils), à la différence près que le métatarse du kangourou est beaucoup plus allongé.

D'accord pour le kangourou, concéderas-tu ; mais il reste une exception, n'est-ce pas ? Oh que non ! Et nous remettons les pieds dans le plat en évoquant la gerboise. Ce petit rongeur appartient à la famille des Dipodidés qui regroupe également les sicistes et les rats sauteurs, d'autres rongeurs ayant une aptitude particulière pour le saut avec leurs longs pieds. Mais c'est la gerboise qui fait le plus penser à un kangourou miniature ! Il en existe une trentaine d'espèces vivant dans les déserts d'Afrique et d'Asie. Concentrons-nous sur la gerboise du désert (*Jaculus jaculus*), également surnommée gerboise des steppes ou gerboise d'Égypte.

Sais-tu que le mot gerboise vient de l'arabe *yerbo*, signifiant « grosses cuisses » ? La gerboise possède de longues pattes postérieures à trois doigts, dues à un allongement important du métatarse (tout comme le kangourou). Le tout lui donne la capacité de bondir à plus de deux mètres. Impressionnant, sachant que son corps ne mesure que 10 à 15 cm ! À la course, elle atteint 24 km/h. Sa longue queue de 15 à 25 cm lui sert de balancier (comme le kang… oui, bon tu as compris), et ses pattes arrière sont recouvertes de « soies » qui empêchent la gerboise de déraper. Il s'agit bel et bien d'un animal bipède qui se déplace sur ses pattes postérieures, soit en bondissant, soit en courant. Ses pattes avant lui servent pour se nourrir, faire sa toilette ou creuser (vu les conditions qui règnent dans le désert, elle vit principalement la nuit et passe la journée au fond de son terrier dans lequel il fait plus frais, 25 °C). Nous retrouvons même des traces de cet animal du temps de l'ancienne Égypte, 3 000 ans avant notre ère : un hiéroglyphe qui signifie « rapidité » le représente.

Et maintenant, place aux oiseaux ! Quoi ? Attendez un peu, ils ont des becs, ils s'enfuient à tire d'aile, ils ont un tas de plumes et… ah tiens, oui, ils se tiennent toujours debout sur leurs pattes postérieures (arrière). Nous ne les voyons jamais se déplacer sur leurs quatre pattes, puisque les pattes avant se présentent sous la forme d'ailes. Ailes ne servant d'ailleurs pas toujours au vol, comme le prouvent les autruches, célèbres oiseaux coureurs à la cuisse légère, ou encore les manchots du pôle Sud, qui sont d'excellents nageurs grâce à leurs « ailes » spécialisées.

Encore mieux : toutes les espèces d'oiseaux, sans exception, se tiennent sur leurs pattes arrière ! Et sachant qu'il y a plus de 10 000 espèces d'oiseaux pour un nombre d'individus estimé entre 200 et 400 milliards, cela fait un sacré nombre de bipèdes : 40 à 60 fois plus que d'humains ! Bipèdes, certes, mais à leur manière : ils sont digitigrades. Une autre différence tient au fait que chez les oiseaux, le tarse et le métatarse sont soudés pour former un nouvel os que nous ne possédons pas : le tarsométatarse. Ainsi, ce qui semble être le genou des oiseaux

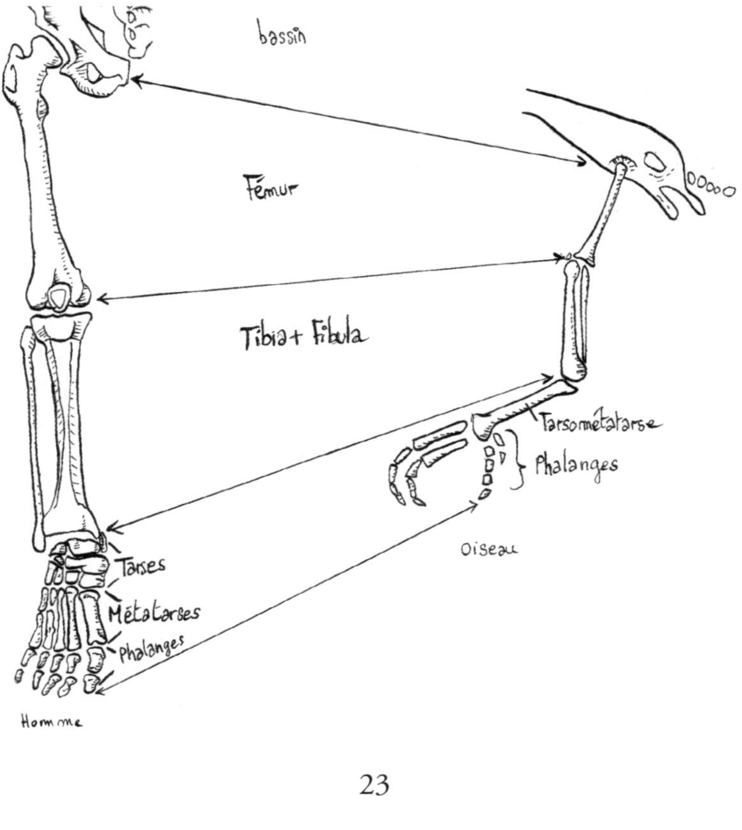

correspond en réalité à leur cheville ! Pour être plus précis, leur genou est caché sous leur plumage. Il est toujours fléchi et connecté à l'articulation de la hanche par un petit fémur horizontal. Ensuite, vient le tibia situé entre le genou et la cheville (il correspond à l'équivalent fonctionnel de notre fémur). Et enfin le tarso-métatarse situé entre la cheville et les orteils, et que nous n'avons pas.

Sous nos coups de boutoir répétés, notre fier piédestal de bipède exclusif se fragilise... Et nous l'achevons par ce traître croche-pied : il n'existe pas UNE bipédie chez les oiseaux, mais DES bipédies. Dans le sens du déplacement, s'entend. Si tous les humains savent faire la même chose : marcher, courir, sautiller, la marche des oiseaux est spécialisée selon les espèces. Il suffit de regarder leurs pieds pour s'en convaincre. Beaucoup d'oiseaux terrestres n'ont que trois doigts pointant vers l'avant. Ceux-ci sont courts, larges et bien adaptés à la course. D'autres possèdent quatre longs doigts et de longues pattes, afin de marcher dans des eaux peu profondes ou sur une végétation à fleur d'eau. Et que dire des perroquets spécialisés dans la grimpe des arbres grâce à leurs deux doigts avant et leurs deux doigts arrière ? Viennent ensuite les oiseaux nageurs comme les canards aux célèbres pattes palmées ; et il ne faudrait pas oublier de citer ceux qui marchent (pigeons), sautent (moineaux, pies), courent (autruches, émeus), etc.

Le plus fort est que la bipédie des oiseaux remonte à plusieurs millions d'années, au niveau de leurs ancêtres : les dinosaures théropodes ! Ces derniers forment un groupe de dinosaures majoritairement carnivores. Ses représentants avaient des tailles variées, de 40 cm de long et 150 g pour les maniraptors jusqu'à 12 m de long et 6 tonnes pour les *Tyrannosaurus rex*. Ils étaient tous bipèdes. Leurs membres postérieurs assuraient le soutien du corps et la locomotion, tandis que leurs membres antérieurs étaient de petite taille, bien que dotés de griffes mobiles. Elles étaient probablement employées pour saisir et déchiqueter les proies. Apparus il y a 230 à 225 millions d'années durant le Trias supérieur, les théropodes ont ensuite conquis tous les continents pendant le Jurassique inférieur, avant d'être mis à mal par la crise biologique du Crétacé–Tertiaire il y a 65 millions d'années. Tous les dinosaures ont disparu, à l'exception de certains descendants des théropodes (certains avancent le nom des maniraptors, mais cela reste à confirmer). Oui oui, tu peux considérer ta poule ou ton canard comme un petit dinosaure en puissance !

En guise de conclusion

Alors, tu as les chevilles qui désenflent ? La bipédie est loin d'être l'apanage des humains. En outre, des études sur les animaux prouvent que certaines espèces savent utiliser des outils, transmettre un savoir ou encore créer un langage plus ou moins élaboré. Oh, certes, nous portons ces capacités à un degré inégalé ; mais nous n'en avons pas le monopole. Ce n'est donc pas la peine de se croire sorti de la cuisse de Jupiter !

Au contraire, nous sommes issus d'une longue histoire au cours de laquelle l'inimaginable est déjà arrivé, et où l'incroyable reste à venir. Nous sommes le résultat d'innombrables interactions entre les êtres vivants et les milieux qui se font et se défont en permanence depuis des millions d'années. Les ignorer, c'est vraiment se tirer une balle dans le pied. Finissons sur ces paroles d'Oscar Wilde, reprises à notre sauce : « L'humanité se prend trop au sérieux. Si l'homme des cavernes avait su se taper la cuisse, le cours de l'histoire eût été changé. »

FERMER UNE ROUTE À LA CIRCULATION... POUR RÉDUIRE LES EMBOUTEILLAGES*

New York, 22 avril 1990. C'est le « jour de la Terre », célébration mondiale visant à promouvoir la protection de nos écosystèmes. Le délégué aux transports de la ville, Lucius Riccio, veut marquer le coup. Pour faire le bonheur des piétons et cyclistes, il ferme la très fréquentée 42e rue à la circulation, en plein Manhattan. Il avouera pourtant plus tard qu'« il n'y avait pas besoin d'être un scientifique de génie ou d'utiliser un algorithme sophistiqué de prévision du trafic routier pour savoir que cela pouvait créer de sérieux problèmes »[1], autrement dit des embouteillages monstres, très polluants. Alors, simple coup de com' ? Eh bien non ! Lucius Riccio est le premier surpris en constatant que la fermeture de la 42e rue n'engendre pas d'embouteillages supplémentaires. La fluidité de la circulation est même améliorée !

---

* Ce chapitre a été inspiré par un article d'Étienne Ghys publié sur le blog *Images des mathématiques*, http://images.math.cnrs.fr/Le-prix-de-l-anarchie.html. Ce site, qui traite de la recherche en mathématiques, est écrit en grande partie par des chercheurs passionnés qui souhaitent transmettre leurs connaissances au grand public.

S'il avait effectivement demandé l'avis d'un scientifique avisé et muni de l'algorithme adéquat, Lucius Riccio aurait été moins surpris... En effet, on savait ce phénomène possible depuis quelques dizaines d'années. C'est une manifestation du paradoxe de Braess, du nom du mathématicien allemand qui l'a formalisé à la fin des années 1960. De quoi s'agit-il ?

En 1968, la ville de Stuttgart entreprend d'importants travaux afin de fluidifier la circulation. Il se produit alors une série d'événements étonnants. Tout d'abord, les embouteillages sont plus conséquents. La situation est tellement catastrophique que la municipalité, désespérée, décide de fermer une portion de la route fraîchement inaugurée. Ce qui a pour effet inattendu de décongestionner la circulation ! Dietrich Braess, qui a probablement été coincé dans ces bouchons, ne manque pas d'être intrigué lui aussi. Ses travaux[2] viseront à mieux comprendre cet effet que l'on rencontre non seulement dans les embouteillages, mais aussi dans tous les réseaux d'information, ou même pour la circulation des idées au sein d'un groupe.

Le paradoxe de Braess, c'est quoi au juste ?

Dans le cas du trafic routier, le paradoxe de Braess tire son origine d'un comportement très humain : lorsqu'un conducteur choisit son trajet sans prendre en compte les autres, il décide d'emprunter le trajet le plus rapide pour lui *a priori*. Comme tous les autres ! Et il suffit que les autres soient suffisamment nombreux pour que les bouchons occasionnés, dans certains cas, transforment le présumé trajet rapide en petit aperçu d'éternité. Autrement dit, un ensemble de comportements optimaux à l'échelle des individus peut ne pas être optimal pour l'ensemble des individus.

Voyons une illustration sur un réseau de transport extrêmement simplifié. Un vendredi après-midi ensoleillé, vous sortez du siège de votre entreprise multinationale installée près de la côte, en E. Pour profiter de cette belle soirée d'été, vous voulez aller à la plage P. Pas de bol, un millier de collègues ont fini leur travail dans le même créneau horaire et se dirigent également vers la mer.

Deux routes relient le parking de l'entreprise à la plage : l'une passe par la cathédrale C, l'autre par le musée M. Vous devez choisir.

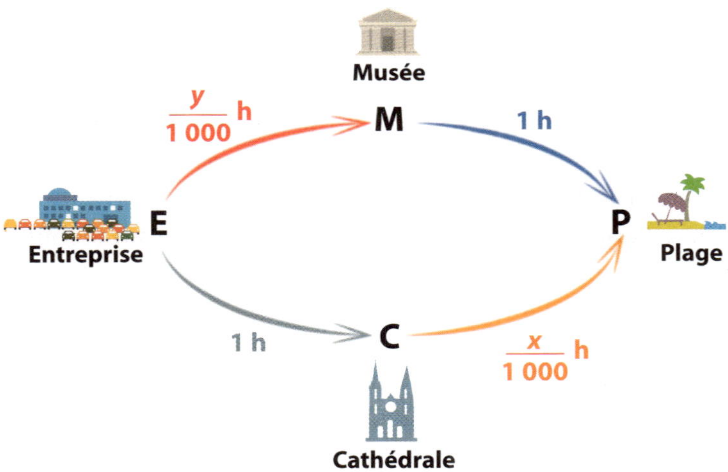

Vous savez que le chemin E-C jusqu'à la cathédrale vous prendra une heure, peu importe le nombre d'automobilistes qui l'empruntent en même temps. La route est en effet suffisamment large, sur plusieurs voies, pour que la circulation n'y sature jamais. Passé l'édifice religieux, le chemin devient pittoresque. Il accède à la plage par un court pont romain, bijou des temps anciens, si étroit que les véhicules doivent l'emprunter à la queue-leu-leu, ce qui les ralentit d'autant plus qu'ils sont nombreux. Admettons que le temps de parcours de C à P augmente proportionnellement au nombre x de véhicules qui se présentent devant le pont durant un même créneau horaire, et qu'il soit ici égal à $x/1\,000$ heure(s)*. Si un millier de voitures tentent de passer par le pont, chaque automobiliste mettra donc une heure pour aller de C à P ; si 500 voitures seulement y passent, une demi-heure sera nécessaire.

Quant à l'autre parcours, cette fois c'est du parking au musée que la route est étroite et assure le passage de y automobiles en $y/1\,000$ heures, puis elle devient large mais longue jusqu'à la plage et se parcourt en une heure quel que soit le nombre de voitures. Les temps de parcours totaux seront respectivement de $1 + x/1\,000$ heure(s) et $1 + y/1\,000$ heure(s).

En supposant que chacun de vos collègues effectue son choix de façon aléatoire et indépendante, les temps de parcours sont équivalents, et une voiture prendra le chemin E-C-P une fois sur deux ($x = y = 500$). Vous serez donc cinq cent à choisir de passer par la cathédrale, et cette première colonne de voitures arrivera à la plage en une heure et demie. Votre voisin de bureau Albert, fâché contre vous, passera par le musée avec les quatre cent quatre-vingt dix-neuf collègues restants, et arrivera à la plage une heure et demie après. Le temps de passage d'une heure et demie est optimal. Tout le monde est content, même si vous auriez préféré qu'Albert crève en route.

Introduisons une petite modification. La municipalité trouve bien dommage qu'aucune route ne relie le musée et la cathédrale, les bâtiments se trouvant en fait presque côte à côte, séparés par une petite colline. Pendant l'hiver, elle ordonne donc la construction d'un tunnel ultramoderne qui connecte M à C « instantanément » (pour les besoins de la démonstration). Inconvénient léger :

* De manière plus réaliste, il faudrait prendre en compte la congestion provoquée par la réduction soudaine du débit dans le cas où x est grand ainsi que définir un temps de parcours minimal pour les x faibles ; mais le but n'est ici que d'expliquer le paradoxe, et nous nous autorisons donc quelques simplifications.

pour éviter de percer un tunnel trop large, la voie aménagée est à sens unique et ne permet d'aller que du musée à la cathédrale.

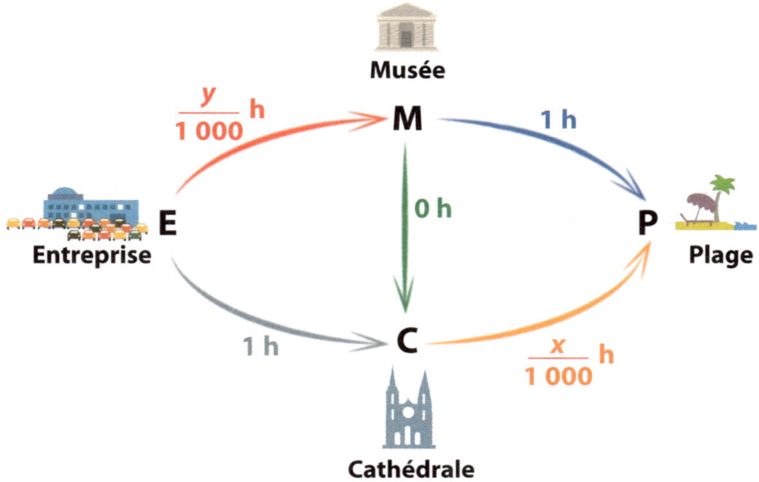

L'été suivant arrive. Et de nouveau, un vendredi ensoleillé, vous succombez à l'appel de la plage en même temps que vos 999 collègues. Cette fois-ci, un nouveau trajet s'offre à vous : le trajet E-M-C-P, qui se parcourt en $x/1\,000 + y/1\,000$ heure(s).

Vous avez alors le choix entre trois parcours respectivement de $1 + x/1\,000$ heure(s), $1 + y/1\,000$ heure(s) et de $x/1\,000 + y/1\,000$ heure(s). Sachant que x et y sont égaux ou plus petits que mille, vous opterez pour le trajet E-M-C-P passant par le nouveau tunnel, qui sera plus rapide ou au pire de même durée que les deux premiers.

Albert, avec qui vous êtes de plus en plus fâché, fera de même. Ainsi que tous les autres collègues ($x = y = 1\,000$). Vous parviendrez ainsi tous à la plage en $2 \times 1\,000/1\,000$ heures, soit 2 heures. Non seulement vous vous taperez Albert dans la voiture voisine pendant deux heures, mais vous louperez le coucher de soleil de

10 minutes. Au bon vieux temps, quand la voie rapide n'existait pas, vous arriviez plus tôt et aviez la chance d'apprécier la beauté rose-orangé des reflets du soleil se noyant dans la mer...

Notez que si vous tentez les autres options (E-C-P ou E-M-P) alors que tous les autres font rugir leur moteur dans le nouveau tunnel, votre temps de trajet sera toujours de 2 heures tandis que celui d'Albert sera plus court de 1/1 000e d'heure. Vous n'avez donc aucun intérêt à le faire ! À cause de votre égoïsme et de l'égoïsme de tous vos collègues, tout le monde passera deux heures sur la route. C'est un très bel exemple du paradoxe de Braess : l'ajout d'une route supplémentaire, même ultra-rapide, peut augmenter le temps de trajet moyen des automobilistes.

Et en vrai ?

Bien sûr, cet exemple est un peu simpliste. Le paradoxe de Braess est-il fréquent dans le monde réel ? Mettons-nous un instant dans la peau d'un mathématicien, et supposons que Lucius Riccio nous demande d'étudier la ville de New York.

Tout d'abord il nous faut définir le réseau routier, bien plus complexe que dans l'exemple ci-dessus. Le champ des possibles s'élargit considérablement avec le nombre de voies et d'intersections ! Il faut lister tous les itinéraires possibles pour aller d'un point à l'autre et caractériser la circulation : d'où viennent les voitures et où vont-elles, en fonction de l'horaire. Et pour chaque itinéraire, nous devons estimer ou connaître le temps de parcours en fonction du trafic.

Bon, imaginons que nous avons réussi à construire un réseau qui reproduit assez fidèlement la circulation de New York. Il va sans dire que c'est jour de fête, car ce n'est pas une mince affaire. Quelle est la prochaine étape ? Nous voulons savoir si le paradoxe de Braess peut avoir lieu. Rappelons que le paradoxe intervient lorsque chaque individu a atteint un optimum, mais que la situation générale n'est pas optimale pour l'ensemble des individus. Avouons-le, cette définition reste vague. Quel est l'optimum à trouver, et quelle est la variable d'ajustement pour s'approcher de l'optimum ?

Dans notre cas, ce qu'il faut calculer, c'est le temps de trajet de chacun, et le temps de trajet total pour tous les automobilistes du réseau. Et la variable d'ajustement, c'est la liste des itinéraires empruntés.

La situation est optimale pour l'ensemble des automobilistes lorsque ces itinéraires donnent la plus petite somme de tous les temps de trajet. Cet optimum, appelé optimum social, existe à coup sûr ; et la somme totale correspondante est le *temps social.* Cette situation correspond au cas où le temps de trajet moyen est le plus bas possible, mais certains automobilistes doivent se sacrifier pour fluidifier le parcours des autres en ne choisissant pas le trajet le plus court *a priori.*

Et l'optimum égoïste ? Il correspondra aux cas où chaque automobiliste emprunte un itinéraire optimal pour lui. Un itinéraire est optimal pour un automobiliste si, lorsqu'il modifie son choix de trajet, et pour autant qu'aucun autre ne change d'idée, son temps de trajet augmente. Du genre, il est le seul à jouir de son libre arbitre, et le choix qu'il fait est le meilleur étant donné le monde figé dans lequel il se trouve. Le *temps égoïste* est tout naturellement la somme des temps de trajet dans le cas de l'optimum égoïste.

Le *temps social* est forcément inférieur ou égal au *temps* égoïste. Il se peut que, dans le cas égoïste, le temps de parcours moyen soit le plus petit possible, et alors le *temps égoïste* sera aussi le *temps social.* Mais on peut imaginer que bien souvent le cas égoïste empire la situation générale. Ainsi, dans l'exemple précédent du trajet vers la plage, le *temps social* est d'une heure et demie quand aucun des mille véhicules n'emprunte le tunnel, alors que le *temps égoïste* est de deux heures...

Vous voulez briller en société ? Citez les travaux de Roughargen et Tardos[3] ! Ils ont prouvé que le ratio *temps égoïste/temps social* est au plus égal à 4/3, peu importe le réseau étudié. Ouf ! Notre égoïsme ne peut pas nous faire perdre plus d'un tiers de notre temps. Ce ratio a été nommé « prix de l'anarchie » – un terme qui peut être sujet à controverse selon nos idées politiques, mais qui n'est finalement qu'une définition mathématique.

Les chercheurs Valiant et Roughgarden ont, quant à eux, testé l'apparition du paradoxe sur des réseaux aléatoires. Ils ont montré que plus le réseau est grand, plus le paradoxe a des chances de se produire[4]. En quelque sorte, nous sommes quasi certains que des paradoxes de Braess n'attendent que la fermeture d'autres routes pour se manifester dans les rues de New York. Mais que répondre à Lucius Riccio s'il nous demande quelle(s) route(s) fermer pour diminuer le prix de l'anarchie ?

Proposons-lui d'aller voir Young, Jeong et Gastner. En 2008, ces trois physiciens ont publié une étude[5] dans laquelle ils ont représenté de manière réaliste Boston, Londres et… New York ! Ils se sont appuyés sur les données fournies par Google Maps pour modéliser le réseau routier et sa capacité. Ils ont ainsi identifié 12 rues ou « connexions » qu'il serait utile de transformer en voies piétonnes… mais en supposant que le débit de véhicules, constant, est de 18 000 par heure entre Washington Market Park et Queens Midtown Tunnel. Les hypothèses sont évidemment très restrictives.

Vous l'avez compris, on est encore loin de pouvoir démontrer théoriquement que telle ou telle modification du réseau routier va le rendre plus efficace – surtout que le comportement des automobilistes comporte toujours une part imprévisible. En revanche, grâce à des algorithmes toujours plus perfectionnés et des mesures du trafic adaptées, des dispositifs permettent déjà de réguler le trafic en temps réel, en ajustant par exemple les cycles des feux de signalisation.

Mais il est aussi important de définir des priorités. Faut-il couper des routes, réguler la circulation en installant des feux rouges, pénaliser les plaques d'immatriculation aux numéros pairs, réduire la vitesse maximale autorisée, ajouter des péages ou encore favoriser les transports publics, les vélos et le co-voiturage ? Comme souvent, pour résoudre un problème, de nombreuses solutions existent, et le choix peut être orienté autant par les capacités des simulations informatiques que par des considérations sociales, politiques et économiques. Les algorithmes sont de puissants outils d'aide à la décision ; ils serviront à renforcer une idée ou à ouvrir le débat lorsque les résultats sont contre-intuitifs, mais ils ne décideront jamais à notre place...

IL FAUT SAUVER LES PARASITES

Les parasites. Ces créatures perfides exploitent les autres êtres vivants pour survivre, pompant leurs ressources au point de les mener souvent vers une mort certaine. Pour beaucoup, ces fléaux sont devenus l'ennemi public numéro un, qu'il faut absolument éliminer au nom de la santé des humains, de la pérennité de leurs élevages ou encore de la productivité de leurs récoltes. Pourtant, il est d'autres créatures qui sèment la mort sans que leur réputation n'en pâtisse. Dauphins, coccinelles ou ours blancs : les prédateurs ont la cote, et tout le monde s'accorde à penser que leurs pratiques meurtrières sont de première importance dans les écosystèmes. Pourquoi les parasites n'auraient-ils pas eux aussi leur rôle à jouer ?

Selon certaines estimations, les parasites pourraient représenter la moitié des espèces sur Terre, toutes les autres leur servant d'hôtes. En dépit de cette omniprésence, le rôle des parasites a longtemps été ignoré, y compris par les scientifiques. En cause : leur taille, considérée comme dérisoire à côté de celles des organismes qu'ils infectent. Pourtant, au fil des années, l'idée que les parasites ne sont pas si anodins a fait son chemin. De recherches en découvertes, ces créatures ont révélé leurs capacités à déplacer des montagnes. Si les parasites apportant de terribles maladies sont une réalité, il serait contre-productif de tous les mettre dans le même panier ! Certains parasites sont maintenant reconnus en tant qu'acteurs pouvant jouer un rôle majeur à l'échelle d'un écosystème tout entier. À tel point que certains chercheurs considèrent que la richesse en parasites dans un écosystème pourrait attester de sa bonne santé !

Une fois n'est pas coutume, il est temps de regarder les parasites sous leur bon jour. Parmi les rôles innombrables qu'ils jouent sans en avoir l'air, voici une sélection de trois de leurs talents cachés.

Ils enrichissent des réseaux alimentaires

Premier talent : les parasites enrichissent les réseaux alimentaires. Penchons-nous par exemple sur une fourmilière. Autour de la colonie, les fourmis vaquent à leurs occupations habituelles. Toutes occupées qu'elles sont à leur recherche de nourriture, les ouvrières ne remarquent pas un étrange phénomène qui se déroule parmi elles. Au milieu de la confusion de corps noirs qui se croisent, quelques fourmis à l'apparence déroutante détonnent. À la place de leur abdomen se tient une boule rouge tout à fait semblable à une baie. Elles semblent fières de leur différence et l'exhibent bien haut, ce qui les rend particulièrement visibles parmi leurs sœurs.

Le responsable ? Un parasite de moins d'un millimètre de long appartenant au groupe des nématodes, et répondant au nom de *Myrmeconema neotropicum*. Comme beaucoup d'autres parasites, cette espèce a un cycle de vie complexe, c'est-à-dire qu'un individu devra passer par plusieurs hôtes successifs pour se développer et se reproduire – dans ce cas, une fourmi et un oiseau. Pour que le parasite se transmette, l'insecte devra se faire manger par l'oiseau. Une contrainte un tantinet problématique quand la cible du parasite est un oiseau frugivore, et non insectivore ! C'est sans compter sur la parade du parasite. Si l'oiseau cherche des baies, le parasite lui fournira des baies… Car les nématodes *Myrmeconema neotropicum* font partie d'un club bien particulier : celui des parasites manipulateurs. Pour parvenir à leurs fins, ils sont capables de modifier le comportement et l'apparence de leurs hôtes, les transformant en véritables véhicules voués à leur transport. Réplique parfaite d'une baie alléchante, l'abdomen des fourmis qui abrite les parasites est le moyen de propulsion rêvé vers le monde aviaire. Et pour ne rien laisser au hasard, la fourmi est beaucoup moins agressive qu'à l'ordinaire, et son abdomen modifié se détache facilement du reste de son corps. Si l'histoire est impressionnante, on peine tout de même à y voir un point

positif pour l'écosystème, hormis pour l'oiseau qui bénéficie d'un supplément protéique inopiné.

C'est bien du côté du prédateur que les parasites apportent une contribution inespérée. Les parasites manipulateurs sont légion, et la plupart confèrent à leur hôte intermédiaire – celui dans lequel ils grandissent – une vulnérabilité toute particulière face à leur hôte définitif – celui dans lequel ils se reproduisent. Une aide bienvenue pour les prédateurs en quête de nourriture facile ! Mais l'impact des parasites est également susceptible de dépasser les espèces impliquées dans leur cycle de vie. Et dans un cas bien particulier, un parasite pourrait bien être le sauveur d'une espèce menacée de disparition…

Changement de décor, direction une forêt au Japon, traversée par une rivière. Au bord de la rivière, un criquet s'approche, jauge le danger de l'étendue d'eau devant lui… Et s'y précipite.

Tout a commencé quand le criquet a croqué la carcasse d'un autre insecte, un éphémère. Manque de chance : ce dernier avait passé sa vie larvaire dans l'eau de la rivière, et s'y était fait infecter par un parasite du groupe des nématomorphes. Après que l'éphémère ait mué et rejoint la vie terrestre, il a transmis le parasite au criquet. Ce changement convient fort bien au parasite qui a pu tranquillement grandir en puisant dans les réserves de ses hôtes, mais il a besoin d'eau pour se reproduire. Et comme c'est un parasite manipulateur, ce qu'il veut, son hôte le cherche. Le criquet s'est ainsi mis frénétiquement à la recherche d'une étendue d'eau avant d'y sauter.

Encore une fois, il est difficile de trouver un point positif à cette histoire, qui se finit généralement mal pour le criquet. Le nématomorphe, qui peut mesurer plusieurs dizaines de centimètres de long, s'extirpe de son hôte par l'anus, le laissant se débattre dans l'eau. Pourtant le parasite a accompli une prouesse : il a amené un insecte dans la rivière. Et quand ce sont des centaines de parasites qui s'y mettent, des centaines d'insectes sont ainsi drainés des forêts vers les rivières. Un déplacement de biomasse très conséquent et qui peut avoir d'énormes répercussions ! Des chercheurs se sont donc penchés de plus près sur cette affaire.

Dans les rivières de la même région vit une truite, *Salvenicus leucomaenis japonicus*, menacée par la surpêche et la destruction de son habitat. Or, si le parasite a besoin que son criquet se précipite dans l'eau, cette pulsion aquatique constitue également une aubaine pour les espèces prédatrices de la rivière, y compris la truite. Selon les chercheurs, les criquets parasités constitueraient même 60 % de l'apport calorique annuel du poisson. Cette part, très loin d'être négligeable, pourrait même contribuer à la persistance de l'espèce en lui garantissant une nourriture suffisante. En effet, les chercheurs ont montré que la quantité de nourriture ingérée par les truites dépendait directement de l'importance de la présence en nématomorphes aux alentours.

Le rôle des nématomorphes ne s'arrête pas là. Comme les criquets constituent des proies faciles, se mouvant maladroitement dans l'eau quand ils ne sont pas déjà morts, les poissons vont délaisser les proies aquatiques, adaptées à leur milieu et donc fichtrement plus difficiles à attraper. Des insectes dont la larve est aquatique verront ainsi leur succès de passage à la vie terrestre augmenter. Éphémères et demoiselles, par exemple, vont se métamorphoser plus souvent, et en migrant de la rivière vers la forêt, vont assurer la présence de proies pour les animaux terrestres. Sans compter que l'écosystème de la rivière est également chamboulé : le répit laissé aux invertébrés aquatiques grâce aux criquets mène également à une consommation accrue des algues, dont la biomasse va diminuer. C'est donc le réseau alimentaire à l'échelle de la rivière, de la forêt même, qui se trouve modifié par la présence d'une seule espèce de parasite. Impressionnant pour un parasite qui n'en est qu'à l'état larvaire !

Ils créent de nouveaux habitats

Examinons à présent le deuxième talent des parasites : certains ont la capacité de créer ou modifier des habitats, à tel point qu'ils sont qualifiés d'ingénieurs des écosystèmes. C'est le cas de la sacculine, un parasite des crabes bien connu et qui est lui-même un crustacé. En se fixant sur la carapace des crabes, ces parasites provoquent plusieurs effets secondaires chez leurs hôtes, comme un arrêt de la reproduction. Surtout, les crabes cessent de muer. Or, en muant, l'animal ne se contentait pas de revêtir des habits plus grands. Il se débarrassait également de la foultitude d'organismes, vers et coquillages, qui avait élu domicile sur sa carapace, une communauté que l'on qualifie d'épibionte. En stoppant la mue, le parasite transforme le crabe en un support durable dans le temps, et toute une communauté s'y établit.

Parfois, la création d'habitats dérive également des capacités manipulatrices des parasites. Les petits coquillages blancs striés que les enfants ramassent sur la plage protégeaient à l'origine des mollusques bivalves, les coques, qui s'enfouissent dans le sable pour échapper aux prédateurs. Ce comportement pose souci à leurs parasites trématodes, puisque ces derniers espèrent finir leur vie dans un oiseau. En s'installant dans le pied de leur hôte, la partie qui permet aux coques de creuser le sable, les parasites les contraignent à rester sur la grève, où elles sont à la merci des prédateurs aériens. Et en immobilisant le pauvre mollusque, qui se retrouve alors régulièrement à sec au rythme des marées, le trématode fournit un nouvel habitat à des organismes épibiontes comme les patelles, ces coquillages bien connus en forme de chapeau chinois. À tel point que la présence de ce parasite est liée à une biodiversité plus importante dans ces zones. Un effet très loin de la nature destructrice que l'on attribue si souvent aux parasites !

Ils permettent l'équilibre entre certaines espèces

Enfin, à l'instar des prédateurs qui régulent les populations de leurs proies, les parasites peuvent également participer au contrôle des populations de leurs hôtes ou des organismes qui leur sont liés.

Par exemple, si les trématodes fournissent aux patelles un nouvel habitat en immobilisant les bivalves, ils règlent également une vieille querelle avec les anémones. En effet, les anémones ont également besoin d'un support solide pour se développer, comme un rocher ; et elles partagent souvent ce support avec les patelles, au grand dam de ces dernières puisque les anémones font partie de leurs prédateurs. Or les anémones sont particulièrement sensibles au dessèchement, et se tournent plutôt vers des habitats qui restent immergés en permanence. Les patelles profitent donc de l'effet des parasites pour se développer sur les bivalves, à l'abri des anémones.

D'autre part, tout comme les prédateurs ont leurs proies de prédilection, les parasites peuvent infecter plusieurs espèces à des taux variables. Et si deux espèces sont en compétition (pour des ressources, par exemple), il a été montré qu'un effet plus prononcé du parasite sur l'espèce dominante (une plus forte mortalité, par exemple) pouvait permettre à l'espèce dominée de subsister également dans l'environnement. C'est le cas pour les gammares, des petites crevettes d'eau douce. Dans toutes nos rivières européennes, les gammares sont à la fois proies, prédateurs, et détritivores, garantissant la propreté de leur milieu. En Irlande, une espèce de gammare invasive prend peu à peu le pas sur une espèce locale, ce qui provoque de profondes modifications dans les populations d'autres invertébrés des rivières. Ce remplacement s'explique notamment par l'appétit de l'espèce invasive, qui n'hésite pas à s'en prendre à l'espèce native! Or, les gammares servent d'hôtes à plusieurs espèces de parasites du groupe des acanthocéphales (voir ci-dessous). Et un de ces parasites a pour effet de réduire la

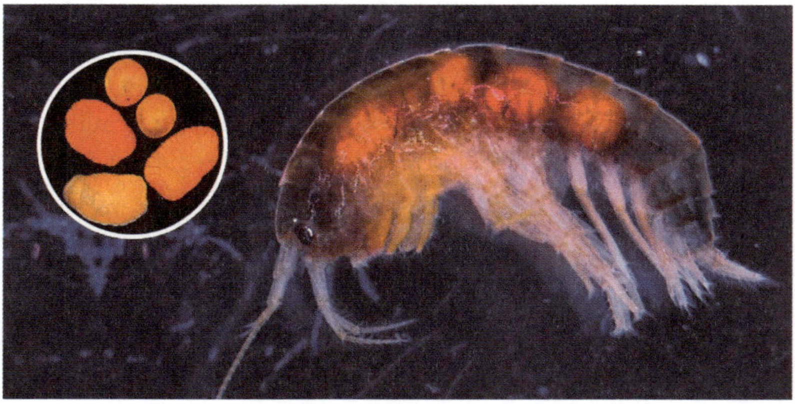

Les parasites acanthocéphales de ce gammare sont visibles à travers sa carapace grâce à leur couleur orange très prononcée et leur taille relativement grande, de l'ordre du millimètre, comparée à celle de leur hôte.

prédation de l'espèce invasive sur sa cousine native. L'impact est tel que lorsque ces parasites acanthocéphales sont présents dans l'eau, il est bien plus fréquent d'y recenser les deux espèces de gammares, grâce à leur effet sur la prédation. Les parasites permettent ainsi aux deux espèces de cohabiter, ce qui pourrait ralentir l'invasion.

De manière générale, il est reconnu que les parasites constituent une barrière aux invasions d'espèces. En effet, une espèce arrivant dans un nouvel environnement devra faire face à une myriade de parasites contre lesquels elle n'est pas armée, contrairement aux espèces locales. Par exemple, le cerf de Virginie, qui occupe un territoire d'Amérique du Nord, est protégé par son parasite, le nématode *Parelaphostrongylus tenuis*. Le cerf tolère sa présence dans son organisme. En revanche, toutes les incursions d'autres cervidés sur ses terres se sont soldées par un échec de l'invasion, ceux-ci développant de profonds troubles neurologiques en réponse au parasite. Qui eût cru que les parasites puissent si bien endosser le rôle de gardes du corps !

En conclusion…

Invisibles et mal connus, les parasites traînent une réputation particulièrement mauvaise. Pourtant ils font partie intégrante des écosystèmes, de par leurs liens étroits avec leurs hôtes. Des scientifiques de plus en plus nombreux s'accordent à dire que leur rôle est de première importance dans de nombreux systèmes biologiques. Malheureusement, les parasites font partie des premières espèces concernées par les disparitions. En effet, ils ont souvent besoin de plusieurs hôtes pour se développer et se reproduire. Qu'un des hôtes disparaisse de son environnement, et le cycle s'arrête. Peut-être est-il temps de penser à sauver les parasites, plutôt qu'à les éradiquer…

LES ÉCUREUILS SONT DES TUEURS D'ENFANTS ET AUTRES DÉSILLUSIONS SANGLANTES

Les animaux sont mignons. À plumes, à poils, à écailles, ces charmantes créatures s'ébattent gaiement dans des jungles luxuriantes, dans de paisibles campagnes ou dans de cuisants déserts, alternant l'attendrissant et l'indiscutablement choupi sous nos regards émerveillés. Et ce ne sont pas les dernières vidéos YouTube de loutre jonglant avec un caillou ou de bébé panda roux sautant dans la neige qui vont nous faire dire le contraire.

Pourtant, derrière leurs adorables frimousses et leurs galipettes touffues, certains animaux s'avèrent en réalité être de sanguinaires tueurs d'enfants. NON!? Mensonges, billevesées, diffamation? Lisez donc la suite.

Prenons un cas classique d'infanticide largement étudié: celui du lion d'Afrique (*Panthera leo leo*).

Les lions vivent en groupe, ce qui est rarissime chez les félins. La taille des groupes est variable, en moyenne d'un peu plus d'une dizaine d'individus: 4 à 5 lionnes adultes, 3 à 4 adolescents, 2 à 3 petits, et 1 à 2 mâles adultes. Les femelles sont toutes apparentées entre elles (sœurs, filles, tantes, etc.) tandis que les mâles adultes viennent de l'extérieur du groupe. En effet, dès que les jeunes mâles deviennent matures et susceptibles de réclamer la place du chef, autour de 3 ans et demi, ils sont gentiment encouragés à aller voir ailleurs si l'herbe est plus verte. Les lionnes du groupe, quant à elles, chassent, s'occupent des petits et défendent le territoire. Bref, elles font la majorité du boulot. Mais, malgré tout, elles ont tout de même besoin des services d'un mâle pour donner naissance à de nouvelles boules de poils friponnes. Le mâle prend donc son rôle (principal) de reproducteur très à cœur, et s'accouple avec toutes les femelles du groupe. Il devient ainsi le papa de tous les petits que la horde engendre. Jusque-là, tout va bien.

Sauf que parfois, du sang neuf arrive. Un ou deux jeunes lions issus d'un autre clan cherchent un endroit sympa pour se poser, avec un territoire à défendre et de belles donzelles à courtiser. Ils viennent donc se castagner avec le mâle en place, et pour peu que ce dernier soit vieillissant (et ventripotent), le détrônent. Les femelles acceptent le changement et continuent à chasser, défendre le territoire et s'occuper de leurs lionceaux, fruit de leurs amours avec le mâle déchu précédent. Sauf que les nouveaux mâles aimeraient bien faire des bébés, eux aussi. Le problème, c'est que les lionceaux existants ne sont pas leurs héritiers génétiques. En outre les lionnes ne sont pas trop d'humeur à remettre ça tant qu'elles sont mamans à plein temps… Et donc, bien souvent, ce qui devait arriver arrive : malgré les précautions des lionnes, les mâles trouvent les petits et les tuent tous. Des lions tuent bel et bien d'autres lions, des individus de leur propre espèce ! Cet acte peut sembler « contre nature », dans le sens où il va à l'encontre de tout ce que l'on a pu nous apprendre sur la fameuse « lutte pour la survie de l'espèce ». Comment se fait-il qu'un comportement qui semble désavantageux pour l'espèce puisse se perpétuer de génération en génération ? Ne devrait-il pas être éliminé par la sélection naturelle ?

Eh bien non, car la préservation de l'espèce est accessoire dans la théorie de l'évolution. C'est une idée fausse ! La seule chose qui importe, c'est la reproduction des individus. Si les individus obtiennent des bénéfices par un comportement, alors peu importe que ce comportement soit néfaste pour l'espèce entière : il se répandra quand même dans la population, parce que ces individus se reproduiront plus et transmettront davantage leurs gènes.

Ce qui amène une autre question : quels pourraient être les bénéfices de tuer des petits ?

« Maintenant on va pouvoir s'amuser… »

Dans le cas des lions, il y a deux bénéfices principaux. D'une part les lionnes redeviennent très vite fécondes après la mort de leurs petits, ce qui permet aux mâles de s'accoupler rapidement, avant d'être détrônés. D'autre part, comme les mâles tuent uniquement les petits des autres, ils écartent de la compétition les futurs adultes non apparentés qui pourraient représenter une menace pour leur statut, quelques mois ou années plus tard*.

Grâce à ces avantages, les tueurs d'enfants ont plus de descendants que les autres. Il faut garder à l'esprit que l'animal n'agit pas volontairement, en calculant de manière machiavélique où seraient ses intérêts. Une très grande partie de ses comportements sont innés et codés par les gènes ! Du coup, vous comprenez que les comportements agressifs (genre : tuer des bébés inoffensifs) puissent se transmettre de génération en génération. Les (nombreux) bébés des tueurs, une fois devenus adultes, agiront de la même façon, puisqu'ils auront ces mêmes gènes qui prédisposent aux comportements infanticides. Ils tueront les petits des autres, et transmettront davantage leurs gènes que les « gentils » lions. C'est ainsi que la proportion de lions assassins augmente de génération en génération, jusqu'à ce que le comportement se généralise à l'espèce, même si ce comportement semble néfaste d'un point de vue collectif.

Ainsi, il n'est pas étonnant de constater que l'infanticide commis sur des petits de sa propre espèce est assez répandu dans la nature, et ce chez des animaux très divers et très éloignés les uns des autres sur le grand arbre de la vie : grenouilles, primates, goélands, souris… L'infanticide a plus de risques de se produire

* Notez que faire des petits, de façon générale, c'est se créer une compétition future. Mais comme il s'agit d'une compétition entre animaux de la même lignée, se reproduire reste profitable d'un point de vue évolutif (enfin, jusqu'à un certain point). Le temps passant, il va y avoir conflit entre le petit qui veut continuer à recevoir des soins parentaux et les parents qui veulent préserver leurs ressources pour rester en vie et faire pleins d'autres petits. Cela se résout habituellement par l'expulsion du groupe de l'ado (qui mange trop). Pas de « Tanguy » chez les lions !

chez les espèces où quelques mâles monopolisent un groupe de femelles important. C'est ce qui se passe chez les lions, les dauphins, les zèbres (de Montagne du Cap, soyons précis), les hippopotames, les phoques à capuchons, les chats domestiques*, etc.[1] Il a été observé que les infanticides se produisaient surtout dans des groupes où les mâles étaient minoritaires (1 mâle pour 2,5 femelles ou plus), alors qu'il n'y a plus de meurtres dès que la parité est meilleure (1 mâle pour 1,3 femelles ou moins). Quand chacun trouve sa chacune, pouf, plus de raison de se salir les mains. Un mâle ne pouvant pas monopoliser toutes les femelles, la compétition est plus restreinte et il n'est donc plus intéressant de s'adonner à ces tueries. Les espèces monogames, qui forment des couples exclusifs sur le long terme, sont aussi relativement épargnées, car les petits sont forcément ceux du mâle du couple et il n'y a donc aucune raison de les tuer.

« Bon, il vient ce bébé ? »

* Eh oui. On vous ment, les chats ne sont pas si mignons.

Un autre facteur détermine si une espèce sera affectée ou non par l'infanticide : c'est son cycle de reproduction, ou plus exactement le temps écoulé entre deux gestations des femelles. Un mâle n'a en effet aucun intérêt à tuer des petits s'il doit attendre 1 an avant que la femelle ne redevienne féconde. En conséquence, plus une femelle a de chaleurs régulières et répétées, plus elle court le risque que son partenaire tue ses petits, car elle redeviendra féconde rapidement, ce qui fait les affaires du mâle. Des chercheurs ont étudié 97 espèces de mammifères qui pratiquent l'infanticide et ont montré que, parmi celles-ci, l'infanticide se produisait chez 76 % des espèces qui peuvent se reproduire plus d'une fois par an[1]. Pour résumer, l'infanticide par les mâles se produit le plus souvent chez les espèces où les groupes rassemblent plus de femelles que de mâles, où seuls quelques mâles dominants s'accouplent avec les femelles, où la durée de règne des mâles dominants est courte, et, enfin, où les femelles redeviennent fécondes très rapidement après une mise bas.

Mais les femelles dans tout ça ? Ne sont-elles pas un peu chagrines qu'on massacre joyeusement le fruit de leurs entrailles, qui leur a coûté beaucoup d'énergie et de longs mois de gestation ?

Bien sûr que si. Les intérêts des femelles ne sont pas les mêmes que ceux des mâles. C'est ce que l'on appelle le conflit sexuel. La sélection naturelle agit aussi chez les femelles : si des gènes prédisposent ces dames à adopter des comportements qui contrecarrent ceux des mâles assassins, elles auront plus de petits qui deviendront adultes et se reproduiront à leur tour. Les gènes de ces femelles seront donc plus présents dans les générations suivantes que ceux des femelles qui se laissent faire, et les comportements qui déjouent les infanticides auront tendance à se répandre chez les femelles au fil des générations.

Plusieurs stratégies apparaissent chez les femelles pour éviter de voir leurs têtes blondes périr. Tout d'abord, elles peuvent s'associer à d'autres femelles, ou à plusieurs individus (mâles et femelles confondus) contre les nouveaux mâles qui prétendraient à la possession du groupe, afin de repousser l'invasion et ainsi protéger les petits. C'est le cas chez les lionnes (car oui, parfois, elles se rebiffent![2] Autre stratégie: les femelles peuvent aussi multiplier les partenaires sexuels. Eh oui! Si les femelles s'accouplent avec plusieurs mâles dans une courte période, les mâles sont incapables de savoir qui est le père. S'ils commençaient à tuer des petits, la probabilité serait grande qu'ils soient en train de tuer leur propre descendance... Dans ce mode de reproduction, les mâles dont les gènes sont le plus transmis sont ceux qui ne pratiquent pas l'infanticide. C'est un comportement que l'on retrouve surtout chez des espèces qui vivent en groupe, comme le microcèbe, un petit lémurien nocturne originaire de Madagascar, ou le bonobo[3]. Enfin, les femelles peuvent simuler des chaleurs alors qu'elles sont déjà gestantes. Ainsi, elles acceptent la copulation avec le nouveau mâle alors qu'elles attendent déjà un petit d'un autre partenaire. Le mâle, qui n'est vraisemblablement pas très bon en arithmétique, pourra alors penser que le nouveau-né est le sien et ne

Soirée chaude à Antananarivo.

cherchera pas à le tuer. C'est le cas chez les langurs, des singes au pelage doré et à la tête noire qui vivent en grands groupes sociaux en Inde, et qui colonisent les villes et les temples sacrés[4,5].

Nous n'avons parlé jusqu'ici que d'infanticide par les mâles. Les femelles pratiquent-elles aussi l'infanticide ? La réponse est oui, mais ce phénomène reste beaucoup plus rare. Nous avons vu que dans le cas de l'infanticide pratiqué par les mâles, ceux-ci tuent pour pouvoir accéder à la « ressource » que représentent les femelles. Dans le cas d'infanticides pratiqués par les femelles, les ressources qu'elles cherchent à monopoliser peuvent être plus variées, comme :

– Les mâles. Ces derniers n'ont pas le privilège du choix : les femelles cherchent également un partenaire zélé et de qualité, qui puisse bien s'occuper des petits. Parfois elles disparaissent même dès la naissance des bébés et laissent tout le travail à l'heureux papa ! C'est le cas chez le Jacana noir, un oiseau aquatique vivant en Amérique du sud doté de longs doigts : il a adopté un système de reproduction polyandre, dans lequel une femelle s'accouple avec plusieurs mâles. Chez le Jacana, on peut parler de « papa poule » : c'est le monsieur qui couve et s'occupe des petits. Toutes les dames Jacana se crêpent donc le chignon pour mettre le grappin sur un bon parti qui leur fera de beaux petits, et surtout saura en prendre soin. Une femelle peut aller jusqu'à tuer les œufs ou les oisillons d'une autre pour récupérer un partenaire sexuel[6].

– La nourriture. Lorsque les femelles vivent sur un territoire restreint, avec une réserve limitée en ressources, il est évidemment avantageux d'éliminer des bouches à nourrir : elles favorisent alors la survie de leurs propres rejetons. Chez les chimpanzés, nos cousins très proches[7], on a pu observer que certaines femelles d'un groupe avaient tué des petits de femelles immigrantes, étrangères au groupe. Pour expliquer cette coalition de femelles meurtrières, les chercheurs ont avancé que les ressources risquaient de manquer. Même chose chez les femelles éléphants de mer, qui tuent sans vergogne des petits orphelins ; en effet ces derniers, privés de leur mère, jouent les Oliver Twist et volent du lait à d'autres mères pour survivre. Pas de ça chez les éléphants de mer : les pique-assiette sont impitoyablement éliminés[8].

– Les soins. Chez les espèces où les petits sont élevés en commun (comme chez les souris), en éliminant les petits des autres, les soins de la troupe sont redirigés vers ses propres petits. Les femelles ayant perdu leurs petits continuent en effet de prodiguer des soins aux petits restants – à ceux de la mère tueuse, donc[9].

– Les nids, le territoire. Les femelles entrent parfois en compétition pour des ressources telles que les territoires ou sites de nidification. Chez le spermophile de Belding, un adorable petit écureuil américain qui vit dans des terriers, les femelles tuent les petits des voisines pour récupérer leurs nids ainsi dépeuplés[10].

« – Cocotte ! – Sale poule ! – Allons, voyons, mesdames, du calme... »

Sachez que les femelles dominées qui voient leurs petits tués par d'autres femelles peuvent aussi se rebiffer et adopter des stratégies favorisant la survie de leurs petits, par exemple en synchronisant leurs mises bas avec celles de la femelle dominante. C'est le cas chez les mangoustes rayées[11]. Comme tous les petits naissent en même temps, la femelle dominante n'est plus certaine de distinguer ses propres rejetons (comprenez : ça gigote, ça couine de partout, ça a le même âge, ça doit donc être la même chose !). Et donc, pouf, inhibition de l'infanticide.

Tout est dit ! Malgré leurs bouilles souriantes, les lions et les dauphins sont des tueurs sans merci ; les marmottes et les écureuils également. Même Disney nous trompe : dans *le Roi Lion*, si le vilain Scar avait été un peu plus futé, il n'aurait pas hésité un instant et aurait réglé le compte de Simba, pour aller illico courtiser sa mère et avoir ses propres héritiers. Mais tout n'est pas noir… Les comportements de coopération, d'entraide et de « vivre ensemble » existent dans la nature. Mais ils ne perdurent au fil des générations que si ceux qui les réalisent se reproduisent mieux que les autres. Ainsi va la vie dans la forêt luxuriante, dans le terrier douillet ou sous l'océan miroitant. Au moins, maintenant, vous savez.

Vous voulez plus de mignonnitude, plus de sang, plus de chant de la vie sauvage ? Retrouvez tout ce qu'il y a à retenir sur l'infanticide dans le monde animal en vidéo !

LA MIGNONNITUDE ENSANGLANTÉE

INTERNET N'EST PAS LA PLUS GRANDE INVENTION DU XXIe SIÈCLE

Depuis plusieurs décennies, de grandes inventions ont tellement bouleversé notre quotidien qu'il est dorénavant très compliqué d'imaginer que nous puissions vivre sans. Comment vivre sans un frigo ? Comment se donner rendez-vous sans téléphone portable, et comment rejoindre le lieu de rendez-vous sans GPS ?

Selon beaucoup, Internet est la dernière en date de ces révolutions qui ont changé notre quotidien. Or c'est oublier la plus grande invention du XXIe siècle : le Web ! Vous pensez sans doute que je joue avec les mots : « Web », « Internet », « le mail », tout ça c'est un peu la même chose… Pourtant Internet est né 20 ans avant le Web, et le mail a été créé avant Internet ! Il y a donc bien une différence entre tous ces termes barbares, et c'est ce que je compte vous faire découvrir dans les pages qui suivent.

Internet, tout seul, serait bien ennuyeux

Internet est une invention remarquable. Mais ce n'est pas Internet qui fait que tous les ordinateurs du monde partagent allègrement des photos de chats ; il s'est contenté de préparer le terrain. Dès les années 1950 mais surtout avant Internet, les ordinateurs ont été simplement mis en réseau en installant des câbles entre eux. Imaginons que le monde numérique est une planète, et que chaque ordinateur est une petite ville. Sur cette planète, la mise en réseau de deux ordinateurs correspondrait au tracé d'une route totalement privée, réservée à l'usage de deux villes (et la plupart du temps, avant d'envoyer quoique ce soit sur ladite route, il fallait que les deux villes se soient organisées, en faisant une annonce préalable, du genre : « Je vais t'envoyer un camion dans 3 heures, libère le passage ! »). Ce type d'approche s'est multiplié, et des petits réseaux privés se sont créés un peu partout, chacun dans leur coin (principalement pour l'armée et les universités).

Internet, apparu dans les années 1960, a facilité la communication entre tous les ordinateurs de la planète. D'abord, il a mis en place l'interconnexion des réseaux : plutôt qu'avoir une route par connexion entre destinataires, tous les réseaux se trouvaient alors connectés entre eux. Il n'était donc plus nécessaire de construire une nouvelle route à chaque nouvelle connexion ! Ensuite, pour que ce ne soit pas trop le chaos, un code de la route a été créé (sous forme de protocoles, le plus connu étant TCP/IP) et un nom a été donné à chaque ville (l'adresse IP que possède chaque ordinateur).

En résumé, avant l'arrivée du Web, on dispose de routes, d'un code de la route et d'adresses pour les villes, mais c'est à peu près tout. On n'a pas vraiment de moyen de transport, et les différentes maisons de la ville (les fichiers de l'ordinateur) n'ont pas d'adresse. Bien sûr, un grand nombre de transports plus ou moins faciles à manipuler sont déjà disponibles, mais aucun n'atteint le

« grand public ». Parmi les plus populaires : le FTP (File Transfert Protocol) apparu en 1971 pour échanger des fichiers ; les newsgroups, en 1979, qui sont des sortes de forum de discussion (mais qu'il faut consulter avec un logiciel spécifique, le navigateur web n'a pas encore été conçu !) ; et bien sûr l'e-mail, apparu dès 1965 (soit un peu avant l'Internet).

À cette époque, il n'était pas question de « surfer » sur Internet, c'est-à-dire que tout un chacun ne pouvait pas s'allonger sur son lit, allumer son ordinateur et fouiller l'Internet mondial à la recherche de la meilleure recette de charlotte aux poires. Accéder à Internet était encore une activité suffisamment compliquée pour que seule une poignée d'universitaires et de militaires y aient accès.

L'autre frein est une question de timing : l'Apple II, un des premiers ordinateurs largement distribué, n'est apparu qu'en 1977, et les premiers ordinateurs ne se sont démocratisés chez les particuliers qu'à la fin des années 1980 et le début des années 1990,

avec entre autres l'arrivée du Macintosh en 1984, et de Windows un an plus tard. Une joyeuse époque où « faire de l'ordinateur » était une activité en soi !

La première page web

De l'autre côté de l'Atlantique, alors que la Silicon Valley était en train d'inventer l'informatique que l'on connaît aujourd'hui, un certain Tim Berners-Lee travaillait au Centre européen de recherche nucléaire (CERN), près de Genève. Depuis sa création en 1954, le CERN est un lieu unique où se croisent des chercheurs de cultures, d'origines et de formations variées, qui tâchent de collaborer au mieux durant leur passage.

Bien sûr, cette variété n'était pas sans poser quelques problèmes pratiques. Les chercheurs parlaient des langues différentes, travaillaient avec des ordinateurs différents qui fonctionnaient sur des systèmes différents, exploitaient des logiciels différents, suivaient des procédures différentes, etc. Bref, un chaos indescriptible qui rendait extrêmement difficile le travail en équipe et le partage de connaissances. Ces connaissances restaient alors, faute de mieux, dans la tête des chercheurs ! À chaque fois qu'un nouveau développeur sous contrat arrivait au CERN, on lui présentait donc un grand nombre de personnes pour qu'il retienne un maximum d'informations, histoire de mettre de l'huile dans la machine. Pour s'y retrouver, les uns après les autres, des développeurs arrivaient avec leur nouveau système pour « aider » et demandaient à formater les données sous un certain format, à suivre un certain protocole, etc. Ces tentatives ne faisaient qu'amplifier le chaos ambiant...

Tim Berners-Lee, sous contrat au CERN depuis 1980, était conscient de ces échecs successifs. En 1989, il eut une idée qui allait révolutionner le monde de l'information : au lieu d'organiser ces processus anarchiques, il propose de s'en servir comme une force, en plaçant les connexions entre les utilisateurs au centre de sa démarche. Il se met donc en tête d'offrir à n'importe qui, à n'importe quel moment, sans rien demander à personne, la possibilité de lier un morceau d'information avec un autre sur n'importe quel ordinateur, n'importe où sur la planète. Rien que ça.

Pour arriver à ses fins, Berners-Lee n'inventera pas moins de trois concepts et deux logiciels que nous exécutons sur nos ordinateurs encore aujourd'hui. Cinq incroyables inventions décrites dans les pages qui suivent !

Cliquez ici

D'abord, il fallait définir sous quel format représenter les informations. Berners-Lee ne pouvait pas choisir un bête fichier texte, parce que ces fichiers ne comportent pas de liens. Il choisit donc de partir de l'hypertexte, un format déjà populaire à l'époque. Comme son nom l'indique, ce format de texte rajoute un peu de mise en page et surtout les fameux liens vers d'autres pages. On représentera par exemple un paragraphe entre une balises <p> et sa balise fermée </p>. Berners-Lee reprend l'idée de l'hypertexte et crée le « HyperText Markup Langage », plus connu sous le nom de HTML. Voici un exemple de texte écrit en langage HTML :

```
<html>
        <head></head>
        <body>
                <h1>Une page web</h1>w
                <p>Bienvenue sur ma page <a
href="http://info.cern.ch">web</a></p>
        </body>
</html>
```

Le navigateur sera l'interpréteur de ce texte pour représenter « Une page web » comme un titre (repéré par les balises <h1> </h1>) et « Bienvenue sur ma page web » comme un paragraphe (repéré par les balises <p></p>). Et enfin, le mot « web » comme un lien qui pointe vers un site web : http://info.cern.ch. C'est d'ailleurs le tout premier site web de l'histoire, d'abord mis en ligne au niveau du CERN le 20 décembre 1990 ! Aujourd'hui, les pages web sont toujours décrites en HTML.

Le responsable de l'imprononçable « Ache Té Té Pé » (HTTP)

Une fois que Berners-Lee avait défini comment représenter l'information, il restait encore à la transmettre. Pour cela, rien de très extraordinaire : comme pour toutes les technologies sur un réseau d'ordinateurs, on définit un protocole de communication. Comme pour les protocoles humains, il s'agit de lister les règles de savoir-vivre : je vais arriver avec un chapeau et une cravate, puis je vais frapper deux fois, tu me répondras en prononçant telle phrase…

Cela n'aurait pas beaucoup d'intérêt de vous détailler ici le contenu exact du HyperText Transfer Protocol (HTTP). Au moins, vous savez pourquoi vous voyez parfois apparaître « http:// » au début des adresses web. Il s'agit du protocole de communication du Web !

L'adresse de tous les fichiers passés, présents et futurs

Dernier concept élaboré par Berners-Lee : l'adresse de destination. Le HTML et le HTTP fournissent les outils nécessaires pour représenter l'information et le protocole à suivre pour l'envoyer, mais on ne sait pas encore où l'envoyer ! Il fallait donc définir l'adresse de tout document, n'importe où sur l'internet mondial. Berners-Lee présente l'Uniform Resource Locator (URL), les fameuses « adresses web » que vous avez tous déjà aperçues. Par exemple :

ordinateur

http://www.home.cern/topics/birth-web

protocole fichier demandé

Maintenant, vous savez décrypter à quoi elle correspond. « http » est le protocole à respecter, nous venons d'en parler ; « www.home.cern » est le nom de domaine, qui indique l'ordinateur sur lequel se trouve le document recherché ; « topics/birth-web » indique où se situe le document sur cet ordinateur.

Cette simple idée, insignifiante au premier abord, offre à tout le monde la capacité de faire un lien vers n'importe quel document de manière simple et lisible. Et surtout, élément le plus important, le lien existe sans pour autant que quelqu'un ait un avis à donner : le système est totalement décentralisé. Un programme va lire l'URL et utiliser le protocole HTTP pour envoyer sa demande à l'ordinateur indiqué par le nom de domaine. Une fois cette demande récupérée par la machine de destination, celui-ci renvoie le document désiré. Tout cela se passe à chaque fois que vous accédez à une page web !

Pour faire fonctionner ces belles idées, Berners-Lee eut besoin de concevoir deux nouveaux logiciels. Le premier pour demander les pages web et les afficher : le navigateur, que nous avons déjà mentionné (vous le connaissez sous le nom de Chrome, Internet Explorer ou encore Firefox). Et le second pour recevoir les demandes et y répondre : le serveur.

C'est donc en 1993 que le Web, tel que décrit ici, apparaît sous la forme d'une page sur une machine du CERN. Il ne restait plus qu'à lui trouver un nom. Berners-Lee pense d'abord à « Mine Of Information », mais renonce en remarquant que les initiales font MOI ; il n'aime pas trop le côté égocentrique. Il pense alors à « The Information Mine » qui donne TIM, son prénom ; ce n'est pas beaucoup mieux... Il revient alors avec « The World Wide Web ». Des collègues lui feront remarquer que ce nom est plus court à prononcer que ses initiales www, mais Berners-Lee l'aime bien. Le World Wide Web, plus sobrement appelé Web ou « Toile » était né – ouvrant enfin la voie à de passionnantes soirées occupées à regarder des lolcats depuis son lit.

Ajax est bien plus qu'une lessive

En 1993, les briques étaient donc posées. Le Web était cependant encore très éloigné de ce que vous connaissez aujourd'hui ! Sur ce Web des origines, les utilisateurs ne pouvaient que lire, les pages étaient assez figées. Pas de formulaires pour écrire des commentaires ou poster un article de blog (d'ailleurs ça n'existait pas encore) ; pas de système sécurisé pour payer et donc acheter des choses en ligne ; pas de notifications, de chats ou toute autre modification d'une page sans la recharger ; et ne parlons même pas des vidéos, des retransmissions en direct, etc.

Heureusement, le CERN a choisi de diffuser gratuitement le code-source du World Wide Web, et donc de laisser qui voulait développer de nouveaux navigateurs et y ajouter des fonctionnalités. C'est comme cela que le paiement en ligne et les premiers formulaires sont apparus. Un tournant important est pris dans le navigateur Netscape, de l'entreprise éponyme créée en 1994 : un nouveau langage, le JavaScript, y apparaît en 1995.

Si vous n'êtes pas développeur, vous n'avez probablement jamais entendu parler de ce JavaScript. Et pourtant, impossible de vous en passer quand vous naviguez sur la Toile... Le JavaScript a changé la donne pour plusieurs raisons. D'abord c'est un langage de programmation, un vrai : il est possible de concevoir n'importe quel logiciel grâce à lui. C'est ce langage qui va faire évoluer la page web sans pour autant avoir besoin de la recharger complètement. Mettre en plein écran une photographie dans Google Image, déplacer une carte de navigation, jouer à un jeu, etc. : les pages s'animent !

S'il est désormais possible de modifier la page après son chargement, le contenu reste dans l'incapacité d'être actualisé. Impossible d'afficher un nouveau message reçu, de mettre à jour en temps réel le nombre de places restantes pour un concert, etc. Pour cela, il faut toujours recharger la page...

Heureusement, en 2005, la dernière pièce du puzzle apparaît sous le nom d'AJAX – un regroupement de plusieurs technologies, qui a été baptisé par l'informaticien américain Jesse James Garett. Grâce à AJAX, lorsque vous arrivez en bas de la page d'accueil de Facebook, les nouvelles publications apparaissent sans rien avoir à faire ; grâce à AJAX encore, les tweets arrivent en permanence sur votre fil d'actualités Twitter. Bref, avec JavaScript et AJAX, les pages web prennent vie, et restent connectées au Web même après le chargement ! Ces technologies favoriseront l'émergence de ce que beaucoup appellent le « Web 2.0 » : un web vivant et évolutif, qui voit ses pages modifiées par des mises à jour extérieures et qui permet des interactions, tout cela sans recharger la page.

AJAX et JavaScript ont radicalement changé l'allure et le fonctionnement de nos pages Web. Aujourd'hui, la plupart des pages ne fonctionnent plus à partir d'un bête fichier HTML contenant toute l'information sur un ordinateur donné. Une page comme celle d'un blog correspond bien à un fichier HTML, mais un bout de code JavaScript indique qu'il faut aller demander à un serveur tiers les commentaires de la publication, un autre bout de JavaScript signale qu'il faut demander un son à une autre machine, des morceaux d'image HTML pointent vers le lieu de stockage des images, etc.

Vous l'aurez compris : une page web existe rarement sur un serveur unique. Elle correspond de plus en plus à une mosaïque, composée d'un grand nombre de morceaux de pages disponibles sur divers serveurs.

Tout cela paraît simple, raconté rapidement en quelques lignes. Et pourtant ! Le Web est une collaboration mondiale en perpétuelle évolution. Il y a 20 ans, personne n'aurait pu imaginer une telle collaboration d'humains et de machines cohabiter dans un joyeux cahos grâce à quelques règles basiques d'organisation.

En particulier, Berners-Lee n'était pas le premier à imaginer un outil pour faciliter la collaboration et le transfert de l'information. La France a même eu, dès 1980, le Minitel, développé par France Télécom. La grande différence entre le Minitel et le Web, c'est la centralisation et la volonté de contrôle de la solution française. Le Minitel, qui s'est définitivement tu en 2012, était géré par France Télécom, et donc contrôlé par un État. Le Web, en revanche, est un modèle que l'on pourrait qualifier d'anarchique ; personne ne le contrôle, ce qui a d'ailleurs garanti son succès ! Seul le World Wide Web Consortium (W3C), un organisme international fondé en 1994 par Berners-Lee, édite des recommandations qu'il conseille de suivre, sans rien imposer.

La fin de la guerre des langages

Grâce aux technologies actuelles, les navigateurs gagnent toujours plus de capacités. Qu'on en juge : aujourd'hui, via un site web, il est possible d'éditer des images, de faire de la visioconférence ou même de programmer.

Et le plus épatant, c'est que du point de vue de l'utilisateur, les seuls langages nécessaires sont ceux que connaît le navigateur web : JavaScript et HTML*. En effet, comme déjà raconté, le navigateur demande un document avec une URL et on lui renvoie un fichier qui contient de l'HTML et du JavaScript. C'est-à-dire que toute page que vous consultez dans un navigateur, si vous n'avez rien installé de plus, est finalement exprimée dans ces deux langages. Que ce soit Google Docs, Agar.io ou Netflix, ces pages ne sont rien d'autre que du HTML et du JavaScript !

Ainsi, le « Cloud », dont vous devez entendre régulièrement parler, est justement l'aboutissement d'une vision du Web : celle où les ordinateurs se résument à un navigateur web qui interprète le HTML et le JavaScript, et où tout le reste se fait à distance. D'ici quelques années, tout comme aujourd'hui peu de monde fait la différence entre Internet et le Web, il est probable que peu de personnes feront la différence entre un navigateur web et un système d'exploitation !

* En pratique, il y a quelques autres éléments tels que SVG et CSS, mais ils restent annexes et dédiés à des tâches très particulières.

LES TALENTS INSOUPÇONNÉS DES PLANTES

Qu'est-ce qui distingue vraiment les plantes des animaux? Réfléchissez-y quelques minutes. Le fait qu'elles ne bougent pas? Qu'elles n'aient pas conscience d'elles-mêmes et de leur entourage? Qu'elles ne communiquent pas? Qu'elles n'aient aucune forme d'intelligence? Si ces propositions vous sont venues à l'esprit, vous êtes bien loin de la réalité! Je n'ai pas l'intention de révolutionner la classification des êtres vivants, rassurez-vous. D'un point de vue phylogénétique, les plantes se sont séparées très tôt des autres êtres vivants, il y a plus d'un milliard d'années. Toutes les espèces végétales (non seulement les plantes mais aussi les algues, par exemple) produisent la matière organique qui leur sert de nutriment de façon autonome à partir d'éléments inorganiques – dioxyde de carbone et eau – et de lumière, grâce à une incroyable « invention » : la photosynthèse. En somme, elles ont trouvé la manière de capturer l'énergie lumineuse grâce à la présence, dans leurs cellules, de pigments spéciaux (les chlorophylles) et de la transformer en énergie chimique. Tous les autres êtres vivants (à l'exception de certaines bactéries) en sont incapables par eux-mêmes ! De plus, contrairement aux cellules animales, les cellules végétales possèdent des parois rigides et stockent des réserves énergétiques sous forme d'amidon, et non pas de glycogène. Malgré ces différences, nous partageons de nombreuses caractéristiques avec les plantes, qui sont également des organismes complexes. Dans l'imaginaire collectif, les plantes sont trop souvent considérées comme des « objets » qui se contentent de survivre passivement de façon inerte. Rien n'est plus faux, comme vous allez le découvrir dans ce bref aperçu des pouvoirs secrets des plantes !

Mouvement

Premier pouvoir : le mouvement. Tout le monde sait que les jeunes fleurs de tournesol s'orientent vers le Soleil tout au long de la journée. Des mouvements encore plus spectaculaires sont effectués par *Mimosa pudica*, dont les feuilles se replient instantanément au contact, ou encore par la plante carnivore Dionée attrape-mouche (*Dionaea muscipula*) dont les feuilles se referment en quelques secondes pour capturer ses proies. Autre cas moins connu : les petites feuilles latérales de la plante sémaphore *Desmodium gyrans* effectuent un rapide mouvement elliptique autour de leur base, « dansant » ainsi sous l'œil ébahi de l'observateur !

Le mouvement serait-il réservé à ces quelques privilégiées ? En observant des vidéos de plantes sur plusieurs heures, en accéléré, on remarque au contraire que toutes les plantes bougent, et pas qu'un peu ! Certains mouvements sont réversibles, comme les mouvements de turgescence (due à l'entrée d'eau dans les cellules) que nous avons décrits chez le mimosa et la dionée. Ainsi, plusieurs espèces de fleurs s'ouvrent le jour et se ferment

la nuit ou vice-versa, selon les habitudes de vie de leurs pollinisateurs, le changement de lumière ou de température. De quoi constituer une véritable horloge florale! D'autres mouvements sont irréversibles. Pour ces derniers, c'est la croissance qui est le moteur du mouvement: elle permet à la plante de pousser dans une direction (par exemple vers une source de lumière), en se tordant et en changeant de sens au besoin. Et les mouvements produits sont parfois étonnants. Les plantes rampantes ou parasites explorent l'environnement à la recherche d'un support ou d'un hôte: elles balaient l'espace avec de larges mouvements circulaires, et, une fois la cible trouvée, s'enroulent autour d'elle. Encore un exemple? Quand on observe la poussée des racines dans le sol en time-lapse, on a l'impression de voir un ver de terre qui explore le milieu!

En fait, la perception du mouvement des plantes n'est qu'une question de vitesse. Nous, les humains, avons la mauvaise habitude de dédaigner les phénomènes que nos sens ne perçoivent pas ou qui ne se déroulent pas à une vitesse qui nous convient. Bien sûr, si les plantes bougent, à quelques exceptions près elles ne se déplacent pas, du moins pas activement. Elles ont trouvé de nombreuses façons pour disperser leur pollen ou leurs graines, et certains arbustes des zones désertiques se détachent du sol et vivent en roulant transportés par le vent.

Sens

D'un point de vue évolutif, cela serait étonnant que des êtres qui ne peuvent pas se déplacer, et donc s'échapper en cas de menace, n'aient pas développé des façons de réagir à leur environnement. Les plantes lui sont donc hautement sensibles ! Leurs perceptions couvrent l'analogue de nos « cinq sens » : elles détectent des molécules chimiques volatiles ou pas (« odorat/goût »), le contact avec les herbivores ou les pollinisateurs (« toucher »), les ombres et lumières en fonction des différentes longueurs d'onde (« vue ») ainsi que les vibrations mécaniques et les sons (« ouïe »). En outre, mousses, herbes et arbres perçoivent l'humidité, la gravité, les champs électromagnétiques, tout comme leur forme et leur position dans l'espace (proprioception).

Quelles réponses sont induites par ces signaux ? Certains mécanismes engendrés par un stimulus physique sont assez clairs. L'arabette des dames (*Arabidopsis thaliana*), par exemple, répond à la vibration provoquée par un prédateur en train de mâcher ses feuilles par la production de défenses chimiques. Les substances produites (qui font partie de la famille chimique des anthocyanes) ne sont pas du goût du prédateur, qui est alors censé s'éloigner… L'aspect étonnant de cette histoire est que la plante discerne les vibrations provoquées par le vent de celles dues à un insecte qui vole à proximité ou à un herbivore en action : le mécanisme de défense n'est pas enclenché dans tous les cas.

D'autres mécanismes demeurent moins faciles à comprendre, comme la réponse des plantes à une source sonore. En 2012, une étude a démontré qu'en soumettant des jeunes racines de maïs à un son grave d'une fréquence d'environ 200 Hz, elles poussent en direction de la source sonore. Cela représente-t-il un avantage de plus pour s'orienter vers une ressource, par exemple un cours d'eau souterrain ? On ne sait pas.

Enfin la plante sémaphore, déjà citée, bouge ses feuilles de façon spontanée, mais aussi quand elle est stimulée par la musique ! Par quels mécanismes y parvient-elle ? Mystère. L'avantage adaptatif que cela apporte à la « plante qui danse », s'il y en a un, nous est encore inconnu.

Communication

Les plantes perçoivent des signaux extérieurs… mais peuvent aussi en produire ! Elles communiquent avec leurs semblables et avec les membres d'autres espèces, animales ou végétales. En fait, elles sont assez bavardes. Cette communication faciliterait leur défense contre les prédateurs, leur pollinisation par des insectes (voir aussi p. 297), et même la coopération dans le cas de plantes possédant un patrimoine génétique proche (ou plus familièrement, entre « membres d'une même famille »). Quand on place plusieurs graines de la même espèce à germer dans un pot, elles entrent en compétition en prenant tout l'espace avec leurs racines si les graines proviennent de plantes différentes, alors qu'elles coopèrent en partageant l'espace si les graines proviennent de la même plante ou d'une plante génétiquement proche. Le mécanisme de reconnaissance réciproque n'a pas encore été bien identifié, mais pour se reconnaître, les jeunes plants doivent bien communiquer d'une façon ou d'une autre.

Le plus souvent, les plantes communiquent grâce à des messages chimiques, mais elles emploient également le contact, la lumière et, il semblerait, les sons et les champs magnétiques. Le sujet est si vaste que je ne donnerai ici que quelques exemples choisis.

Au début des années 1980, dans la région de Transvaal, en Afrique du Sud, des acacias ont été à l'origine de la mort de milliers de koudous. Ces antilopes, enfermées dans les enclos des réserves de chasse, se nourrissent de feuilles d'acacia. L'attaque des feuilles provoque une cascade de réactions qui aboutit à la mise en place de défenses chimiques : des tanins, molécules qui perturbent

la digestion des antilopes, sont produites dans toute la plante. Et quand leurs agresseurs se sont trouvés en surnombre, les arbres attaqués se sont révélés si riches en tanins qu'ils ont finalement provoqué la mort des antilopes qui les mangeaient. Un véritable massacre ! Mais le plus étonnant, c'est que les acacias attaqués ont alerté les arbres voisins par le biais d'une substance volatile, l'éthylène. Dans les arbres qui se trouvaient dans la direction du vent, la concentration de tanins avait aussi augmenté, les rendant non comestibles pour les koudous.

Autre cas : lors de l'attaque d'un acarien parasite, le haricot de Lima (*Phaseolus lunatus*) produit des messages chimiques qui s'adressent aux prédateurs du parasite (des acariens carnivores). Ces derniers, une fois alertés, rejoignent la plante pour faire un bon repas, et la libèrent ainsi des agresseurs.

Quant aux plants de petits pois (*Pisum sativum*), un mystérieux messager souterrain permet la communication entre leurs racines. Quand un plant est stressé par la sécheresse (induite de façon artificielle en injectant du mannitol à proximité des racines), les stomates de ses feuilles (des pores microscopiques permettant des échanges gazeux entre la plante et l'air environnant) se ferment, ce qui évite une perte d'eau ; et un message est transmis aux plantes voisines qui n'ont pas été traitées avec le mannitol. Ces dernières ferment alors leurs stomates même si elles n'ont pas ressenti de sécheresse ; elles bénéficient ainsi d'un avantage dans le cas où cette condition climatique survienne. Le messager souterrain pourrait être de nature acoustique, car aucun messager chimique n'a été détecté entre les plantes en question.

D'autres découvertes suggèrent que la communication sonore pourrait bien exister dans le monde végétal. J'ai déjà parlé du fait que les plantes perçoivent des sons. On a longtemps cru qu'elles n'en produisaient pas, mais plusieurs sons (qui ne sont évidemment pas émis volontairement) proviennent des plantes, pour la plupart provoqués par le transport interne de liquides. Eh bien, on sait désormais que les racines de maïs (*Zea mays*) émettent des cliquetis, probablement dus à la rupture des parois végétales lors de la croissance. À l'état actuel nous pouvons seulement élaborer des hypothèses sur ce phénomène qui pourrait représenter une forme de communication entre racines, moins coûteuse énergétiquement et plus rapide que la communication chimique.

Toutes ces formes de communication ne révèlent qu'une petite partie des relations complexes entre les plantes et les autres êtres vivants. Les plantes jouent des multiples rôles, et cela serait réducteur de les voir uniquement comme de simples maillons primaires de la chaîne alimentaire.

Intelligence ?

Encore aujourd'hui, si on parle d'intelligence des plantes, on s'expose à la méfiance ou à la moquerie. Dans la communauté scientifique, c'est un thème plutôt controversé : le mot « intelligence » se voudrait réservé aux êtres humains et aux animaux dits « supérieurs » comme les vertébrés.

C'est quoi, au juste, l'intelligence ? Pas facile à définir. Les plantes sont extrêmement sensibles à leur environnement et à leur propre état physique. Elles sont capables de traiter les informations reçues et de les intégrer pour réagir en conséquence. Elles sont capables de compétition ou de coopération, reconnaissent les membres de leur famille, répondent de façon adaptée en fonction des stimuli qu'elles perçoivent (accélérer ou pas la croissance selon les conditions extérieures, pousser dans une direction donnée, etc.).

Des plantes stockent, on ne sait pas bien comment, l'information et la réutilisent plus tard pour adapter leur comportement. Cela passerait par des processus moléculaires ; l'ADN qui se charge de marques épigénétiques en est une forme (voir aussi p. 206). La dionée attrape-mouche, par exemple, ferme ses feuilles seulement au deuxième contact, et évite ainsi de se refermer (donc de gaspiller de l'énergie) à chaque fois qu'un objet inanimé les touche. Pour ce faire, elle doit conserver quelque part l'information relative au premier contact.

Toutes ces facultés, présentes dans le monde des plantes, sont habituellement associées aux êtres intelligents. Donc pourquoi pas les plantes ? Je parle évidemment de formes primaires d'intelligence et de conscience de soi ; je ne dis pas que les plantes se reconnaissent devant un miroir ! Bizarrement, il nous est plus facile d'accepter le concept d'intelligence artificielle en parlant de robots, que d'admettre l'intelligence d'êtres vivants qui évoluent discrètement sur la Terre à nos côtés depuis des millions d'années.

Tout ça sans cerveau et sans organes de sens ?

Pourquoi un tel dédain de notre part ? On pense souvent que pour être intelligent, on a besoin d'un cerveau. Ce n'est pas si simple. Revenons par exemple aux cinq sens : on n'a pas besoin de bouche pour produire des sons, d'oreilles pour entendre et de nez pour sentir. Certains insectes produisent des sons avec les pattes et sentent à travers les antennes ; les serpents sentent à travers la langue et entendent par les vibrations de la mâchoire. La nature a développé des nombreuses solutions pour résoudre les mêmes problèmes !

En réalité, les mécanismes physiques et physiologiques de perception et d'émission de signaux des plantes, et probablement aussi du traitement des informations reçues, montrent de nombreuses similitudes avec les mécanismes qu'on retrouve chez les animaux et les autres êtres vivants (champignons, bactéries, etc.). Pour le transport d'un messager (hormone ou autre) d'une partie à l'autre de la plante, il existe dans la plante des canaux de diffusion, principalement le phloème, qui ressemblent un peu à notre système vasculaire. Des signaux électriques parcourent également la plante, comme dans notre système nerveux. Certaines molécules qui contiennent des informations sont transportées d'une cellule à l'autre par des vésicules comme

les neurotransmetteurs le sont dans nos synapses, les jonctions entre neurones (voir la vidéo p. 92). Enfin, les mouvements cellulaires (et peut-être la production de vibrations et de sons?) sont gouvernés par les mêmes protéines contractiles présentes dans nos muscles (l'actine et la myosine). Bien sûr, plusieurs aspects sont encore inexpliqués, et la recherche de similitudes reste hasardeuse.

Contrairement à la plupart des animaux, les fonctions d'une plante ne résident pas obligatoirement dans des organes bien définis et centralisés. L'ablation d'une partie de la plante ne provoque généralement ni la mort ni d'autres graves problèmes. Les fonctions vitales sont distribuées dans les différents tissus végétaux, et même des parties telles que feuilles et racines gardent la possibilité de reformer une autre partie de la plante qui a été abîmée ou mangée. Les jardiniers qui multiplient leurs plantes par bouturage le savent bien !

En ce qui concerne l'élaboration des nombreuses informations reçues par la plante et l'utilisation qu'elle en fait, il n'y a pas un organe qui commande. Selon certains chercheurs, une partie de la plante semblerait jouer un rôle spécial dans l'élaboration de signaux : la zone de transition. Elle se trouve dans la partie terminale de la racine, entre la zone de division cellulaire et la zone d'élongation des cellules (voir schéma page suivante). En amont de ces trois couches cellulaires se trouve la coiffe, qui protège la racine et récolte les informations sur le sol et ses composantes. Des chercheurs pensent que les informations en provenance de la coiffe pourraient être élaborées dans la zone de transition et traduites en instructions pour les deux autres zones, responsables de l'allongement de la racine. La zone de transition est électriquement active et consomme de grandes quantités d'oxygène, mais son rôle n'a pas encore été éclairci.

Nous sommes habitués à considérer surtout la partie aérienne d'une plante, mais en fait une bonne part de la vie d'une plante se déroule sous terre !

Des idées originales mais pas vraiment nouvelles

Ces idées, en fait, ne datent pas d'aujourd'hui. Devinez qui, le premier, a parlé de ressemblance entre le comportement des plantes et celui des animaux autrefois dits « inférieurs », comme les vers ? Qui, encore, a parlé d'intégration de signaux et informations perçus par les plantes dans le but de guider leur propre comportement, en formulant ainsi la *Brain root theory* (« la théorie de la racine-cerveau ») ? Mais oui, lui, l'infatigable Charles Darwin, qui dédia une bonne partie de sa vie à l'étude des plantes. Il publia, entre autres, *La faculté motrice dans les plantes* avec son fils Francis, qui deviendra un des pionniers de la physiologie végétale. Pour le dire avec les mots de Charles : « C'est à peine une exagération de dire que la pointe de la radicelle, ayant le pouvoir de diriger les mouvements des parties adjacentes, agit comme le cerveau des animaux inférieurs, ce cerveau étant localisé dans la partie antérieure du corps, recevant les impressions depuis les organes des sens, et dirigeant l'ensemble des mouvements. »

Plus tard, en 1878, Claude Bernard, le fondateur de la médecine expérimentale, testa l'administration d'un anesthésique pour souris sur *Mimosa pudica* et vit qu'elle devenait insensible au toucher. Les résultats suggérèrent de fortes similitudes avec le comportement des animaux, comme Claude Bernard l'expliqua dans *Leçons sur les phénomènes de la vie communs aux animaux et aux végétaux*.

Enfin, autour de 1900, un biophysicien indien, Jagdish Chandra Bose, soutint que les plantes modifient leur comportement selon les stimulations auxquelles elles sont soumises. Son idée selon laquelle les végétaux produisent des signaux électriques qui voyagent à l'intérieur de la plante n'a été reprise qu'en 1992, quand une étude a démontré que les plants de tomate blessés réagissent en produisant certaines protéines dans des parties éloignées de la blessure, et que cette réaction est trop rapide pour que l'information ait été relayée par un messager chimique. Seul un signal électrique serait susceptible de conduire une information d'une partie à une autre de la plante à une telle vitesse. Cependant personne n'a encore réussi à enregistrer ce signal électrique de manière répétitive et sûre.

L'exclusion des plantes : les raisons de la méfiance

Certaines découvertes ont mis beaucoup de temps, même un siècle parfois, à être acceptées. Pourquoi ? Parce que la science, comme chacun sait, est faite par des êtres humains qui ne sont ni infaillibles ni exempts de préjugés, liés au contexte historique et aux croyances culturelles/religieuses de leur époque.

Souvent les préjugés sont très vieux. Le récit biblique ne prévoyait pas d'embarquer des plantes dans l'arche de Noé… La question de savoir si les plantes étaient des êtres vivants ne se posait même pas. Dans son échelle de la vie, Aristote (IVe siècle

avant J.-C.), un des pères de la pensée occidentale, les classait seulement un niveau plus haut que les minéraux. Certains de ses contemporains étaient d'un autre avis; la vision d'Aristote a cependant laissé des traces durables dans notre culture. Comme déjà dit, il y a eu des pionniers de la physiologie végétale entre 1800 et 1900, mais le climat culturel n'était pas favorable à leurs idées (et Darwin avait déjà eu suffisamment de problèmes à cause de sa théorie de l'évolution).

Dans les années 1970, deux agents secrets versant dans l'ésotérisme ont écrit un livre mystique: *La vie secrète des plantes*. Sa publication n'a pas aidé la cause. Les scientifiques, ensuite, ont eu peur de l'amalgame avec les hippies enthousiasmés par ce livre; des mécanismes d'autocensure se sont installés, même en présence de résultats parlants sur les surprenantes capacités des plantes.

Au début des années 2000, le botaniste Antony Trewavas, inspiré par les travaux du prix Nobel de médecine Barbara

McClintock qui avait travaillé sur la génétique du maïs, se mit à parler d'intelligence des plantes. C'est seulement après la publication de ses articles que plusieurs chercheurs commencèrent à se pencher sur le sujet.

En 2005 naquit la *Plant Neurobiology Society* (Société de neurobiologie végétale) qui reçut de fortes critiques et engendra des conflits dans la communauté scientifique. En 2007, 36 chercheurs signèrent un article dans lequel ils attaquaient durement les résultats et les activités de la société. Dix ans plus tard, la société a changé son nom en *Society of plant signaling and behavior*, et certains signataires de l'article de 2007 participent désormais à ses congrès. Le tabou est un peu tombé, mais surtout les chercheurs ont réussi à s'expliquer sur la terminologie. Aucun scientifique n'a jamais soutenu que les plantes possèdent cerveau, système nerveux ou neurones ; il ne s'agissait que de métaphores et d'analogies, parfois un peu trop poussées.

En conclusion ?

Évidemment, les plantes ne sont pas des animaux. Mais dans la nature, il n'y a pas de barrières et de compartiments étanches entre les groupes ; ce sont les humains qui ont mis des frontières. Les mécanismes de survie rassemblent le monde du vivant plutôt qu'ils ne le séparent. Et l'intelligence est une propriété de la vie que nous partageons avec les bactéries et les plantes ! Les différences sont davantage quantitatives que qualitatives. Il est temps de poser un nouveau regard sur les végétaux, ces incroyables êtres vivants qui partagent notre monde et qui représentent 99 % de la matière vivante de notre planète.

LES SUPER-POUVOIRS ÉLECTRIQUES DU CERVEAU

Les quelques 100 milliards de neurones que renferme notre cerveau communiquent par le biais de l'électricité. Cette activité électrique peut être enregistrée, analysée… et modifiée ! Dans les pages qui suivent, vous allez découvrir comment réduire des troubles neurologiques grâce à l'électricité, ou encore… comment dompter l'électricité pour nous doter de pouvoirs de télékinésie et de télépathie ! Je vous rassure, je ne parlerai pas des pouvoirs magiques revendiqués par les charlatans dans les émissions du samedi soir. Il s'agit bien de science – de neurosciences plus précisément.

Soulager avec de l'électricité

Implanter des électrodes dans le cerveau pour y transmettre un courant électrique ? Ce n'est pas de la science-fiction, mais le principe d'une thérapie dont bénéficient des patients de plus en plus nombreux : la stimulation cérébrale profonde.

Testée de façon empirique dans les années 1960, cette technique a trouvé sa première application thérapeutique grâce aux travaux du neurochirurgien Alim Louis Benabid et du neurologue Pierre Pollak, de l'Hôpital Universitaire de Grenoble. Dans les années 1980-1990, ces derniers ont mis au point un traitement pour les patients atteints de la maladie de Parkinson. Cette maladie se caractérise par la diminution de la production et du stockage d'un neurotransmetteur*, la dopamine, au niveau de la substance noire : c'est dans cette petite zone, de la taille d'une lentille (environ 500 000 neurones), qu'est majoritairement localisée la dopamine du cerveau. Les neurones à dopamine meurent progressivement, ce qui perturbe les réseaux de neurones qui leur sont associés. Les symptômes de la maladie apparaissent lorsque plus de 50 % des neurones ont dégénéré : le malade se met alors à trembler au repos, souffre de rigidités musculaires, et ressent des difficultés à initier des mouvements – mouvements qui deviennent en outre plus lents.

Au début de la maladie, des médicaments sont administrés pour combler le manque de dopamine : les patients ingèrent par exemple de la Lévodopa, une molécule qui se transforme ensuite en dopamine dans le cerveau. Les symptômes sont atténués par les médicaments, mais après quelques années de traitement, des effets secondaires gênants apparaissent : le malade se met à effectuer des mouvements involontaires, ce qui devient handicapant.

Et c'est là que l'électricité prend le relais, avec la stimulation cérébrale profonde. De quoi s'agit-il ? Deux électrodes sont placées dans le cerveau, au niveau du noyau subthalamique – un noyau profond du cerveau, impliqué dans la génération de mouvements volontaires. Les électrodes sont connectées à un stimulateur, généralement placé sous la clavicule, qui délivre un courant électrique à haute fréquence (100 à 200 Hz). Grâce à cette stimulation, les symptômes moteurs invalidants sont atténués. La maladie n'est pas guérie (à ce jour, on ne connaît pas les causes exactes de la perte de dopamine), mais le patient retrouve un meilleur contrôle de son corps.

* Voir la vidéo de fin de chapitre !

La chirurgie à opérer est assez lourde. Quelques heures avant l'implantation des électrodes, un cadre rigide est fixé sur le crâne du patient qui passe alors une IRM ou un scanner. Une fois les cibles dans le noyau subthalamique repérées de façon très précise, l'opération en elle-même peut commencer : le chirurgien perfore le crâne du patient afin d'y introduire les électrodes. Le patient est ensuite réveillé, et des tests de stimulation sont pratiqués pour vérifier le bon placement des électrodes et l'absence d'effets secondaires. Une fois que les réglages sont optimaux, le patient est appareillé et rentre chez lui après quelques jours de repos.

Pourquoi la stimulation profonde supprime-t-elle les symptômes de la maladie ? L'hypothèse générale est que la zone du noyau subthalamique ciblée se trouve suractivée par la maladie de Parkinson ; cette suractivation serait responsable des mouvements involontaires. En faisant passer du courant à haute fréquence, cette région est inactivée et les symptômes sont donc atténués.

Aujourd'hui, la stimulation cérébrale profonde est également réalisée chez certains patients atteints de troubles obsessionnels compulsifs sévères. Et ses bénéfices sont en cours d'évaluation pour les patients atteints d'anorexie mentale, de dépression, ou encore de la maladie d'Alzheimer… En fait, la technique pourrait être étendue à toutes les maladies qui sont liées à des dysfonctionnements neuronaux ; les régions cibles doivent bien sûr être bien repérées dans chacun des cas, et les caractéristiques de la stimulation adaptées.

Télékinésie : mythe ou réalité ?

Et maintenant, penchons-nous sur la télékinésie, c'est-à-dire la capacité de mettre en mouvement un objet matériel par la pensée ! C'est loin d'être un sujet farfelu : de nombreuses équipes de recherche s'y intéressent. Plus précisément, elles développent des interfaces cerveau-machine (ICM, ou *brain computer interface* en anglais) dont le rôle est d'assurer la communication directe entre un cerveau et un ordinateur. Ce terme d'interface cerveau-machine a été employé pour la première en 1973 par le scientifique américain Jacques Vidal. Avec une telle interface, plus besoin de parler, de bouger ou d'appuyer sur des boutons pour contrôler un objet; il suffit de bien se concentrer et de «faire fonctionner ses méninges»!

Comment procède-t-on? Tout d'abord, il s'agit d'interpréter la pensée; plus concrètement, d'enregistrer l'activité électrique du cerveau. C'est en 1924 que le scientifique allemand Hans Berger découvrit que l'on pouvait détecter un courant électrique en posant des électrodes sur le crâne. Les potentiels mesurés sont faibles: quelques dizaines de microvolts d'amplitude seulement, mais ces courants suffisent à trahir l'activité des neurones du cortex. Les ondes enregistrées ne sont pas dues aux potentiels d'action*, mais représentent la résultante collective des états de polarisation et de dépolarisation des neurones qui se situent sous l'électrode. Leur forme est souvent irrégulière et dépend du niveau d'activité cérébrale; on peut néanmoins repérer des motifs distincts à partir de l'amplitude et de la fréquence des ondes. En plaçant une électrode à l'arrière du crâne, par exemple, on enregistrera des ondes dites «alpha» (entre 8 et 12 Hz) quand le sujet est calme et a les yeux fermés, tandis qu'on enregistrera des ondes «bêta» au rythme plus rapide (de 12 à 20 Hz) quand le sujet a les yeux ouverts. On repérera également des réponses à des stimuli, en séparant soigneusement les signaux du bruit de fond. Grâce à cette technique, appelée électroencéphalographie (EEG), on est donc capable de faire la différence entre plusieurs formes d'activité – bien sûr, impossible de dire si vous pensez au sourire ravageur de votre voisin de bureau ou à vos prochaines vacances,

* Ce n'est pas déjà fait ? Voir la vidéo de fin de chapitre!

mais en plaçant les électrodes convenablement, on distinguera par exemple si vous être en train d'effectuer un mouvement du bras.

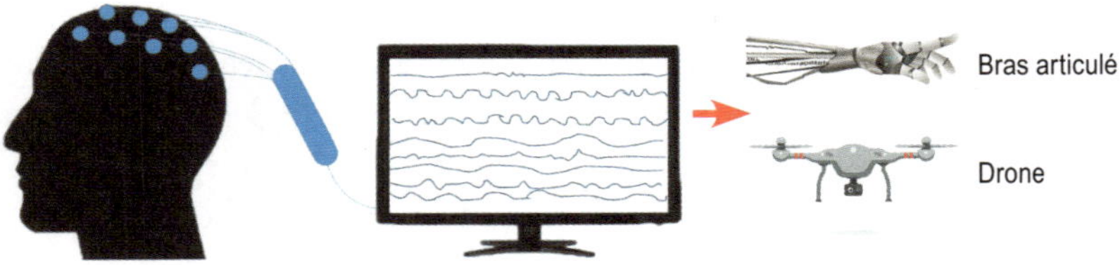

Principe d'une interface cerveau-machine. Grâce aux capteurs EEG posés à la surface du crâne du sujet, on enregistre l'activité électrique du cerveau. Celle-ci est ensuite interprétée par l'ordinateur, qui envoie les commandes adéquates à un objet.

Pour que la télékinésie fonctionne, en pratique, des électrodes convenablement positionnées envoient le signal à un ordinateur qui va le traiter (voir figure ci-dessus). Toute la difficulté réside dans le traitement du signal : ce dernier est d'abord filtré afin de se débarrasser du bruit de fond, puis amplifié et analysé pour repérer des tâches bien précises (par exemple, la pensée « bouger le bras gauche de haut en bas »). C'est la partie la plus délicate ! Une fois que les pensées sont correctement décodées, il suffit de commander le comportement de l'objet téléguidé (avancer, stopper, etc.) ou du logiciel associé (bouger le curseur, cliquer, etc.).

Cette technique est facile à mettre en œuvre et économique, mais elle n'est pas très précise. En effet le signal est altéré par la traversée de la boîte crânienne, et les courants enregistrés correspondent à une large population de neurones. Pour passer à la vitesse supérieure, il faut mettre en place des techniques invasives. On implante alors une grille d'électrodes soit dans le cortex, soit sous la dure-mère (la matière grise). Dans ce cas, le signal capté correspond à une population de l'ordre d'un à quelques dizaines de neurones, ce qui permet de faire une distinction beaucoup plus fine entre les différentes tâches qui occupent le cerveau.

Les interfaces cerveau-machines sont très prometteuses pour les patients handicapés. Le premier essai concluant a eu lieu en juin 2004 : un dispositif d'une centaine d'électrodes a été implanté dans le cerveau de l'Américain Matt Nagle, qui avait été paralysé suite à une agression au couteau ; plus précisément dans la région du cortex moteur contrôlant le bras gauche[1]. L'ordinateur relié aux électrodes a été ensuite configuré pour reconnaître l'activité cérébrale de Matt liée aux mouvements qu'il essayait d'effectuer avec ce bras. Avec ce dispositif, Matt était capable de contrôler le curseur d'une souris d'ordinateur, d'utiliser les boutons qui contrôlent la télévision et de consulter ses emails ; il pouvait également dessiner avec une précision (amoindrie) sur l'écran d'ordinateur. Plus difficile : en 2011, une femme tétraplégique a réussi à contrôler un bras robotisé pour se servir elle-même une boisson[2] ! Et plus récemment, grâce à des chercheurs de l'INRA de Rennes, il est devenu possible de contrôler un drone via la pensée[3]...

De nombreuses équipes de recherche travaillent sur ces développements. Dans un futur plus ou moins lointain, des tétraplégiques – et même des personnes valides – seront peut-être en mesure de contrôler un exosquelette uniquement par la pensée !

Télépathie : bientôt une réalité ?

Pour finir, parlons de la télépathie, c'est-à-dire de la capacité à communiquer via la pensée ! Comment procéder ? Puisque vous avez lu le paragraphe précédent, vous vous doutez qu'un ordinateur vient se glisser entre nos deux télépathes... Il s'agit à présent d'une interface de cerveau à cerveau (*brain to brain interface*). Ce dispositif, tout comme l'interface cerveau-machine, enregistre l'activité électrique du cerveau, la décode, et génère une autre activité électrique dans le cerveau qui reçoit l'information.

C'est en 2013 qu'une équipe de Washington a réalisée pour la première fois une connexion entre les cerveaux de deux chercheurs. Ils ont ensuite reproduit l'expérience sur des volontaires en 2014[4]. Le premier participant (émetteur) se trouvait devant l'écran d'un jeu vidéo ; il s'agissait de défendre une ville en repoussant l'ennemi avec des coups de canon. Au lieu de jouer directement, il se contentait de visualiser le mouvement de la main pour déclencher le tir. Son activité cérébrale, enregistrée par électroencéphalographie à l'aide d'un casque truffé d'électrodes, était alors transmise en temps réel à un ordinateur. Assis dans une autre pièce, le participant récepteur, équipé d'un casque avec une bobine de stimulation magnétique transcrânienne, ne voyait pas le jeu ; sa main se trouvait simplement posée sur une tablette tactile. Lorsque l'interface entre les cerveaux fonctionnait, il suffisait au participant de penser au tir pour que des signaux adéquats soient envoyés à la bobine, qui stimulait alors la partie du cerveau contrôlant les mouvements de la main : la main du destinataire pressait alors la tablette pour déclencher le tir ! La précision à laquelle les participants réussissaient à jouer au jeu variait selon les personnes.

Là encore, ce n'est qu'un premier pas. Mais les perspectives sont époustouflantes ! Tout comme les interfaces cerveau-machine, les interfaces de cerveau à cerveau pourraient être utile aux paralysés (par exemple souffrant du *locked-in syndrome*) afin de transmettre des informations. L'armée américaine s'intéresse également à ce dispositif, avec les applications que vous pouvez imaginer. Évidemment, il reste encore du chemin à faire avant de mettre cette révolution en pratique. Ce n'est pas demain que vous pourrez envoyer un étudiant-zombie passer un examen à votre place…

Pour en savoir plus sur les discussions « électriques » que tiennent les neurones et pour comprendre comment l'activité électrique est généré par le cerveau : visionnez la vidéo !

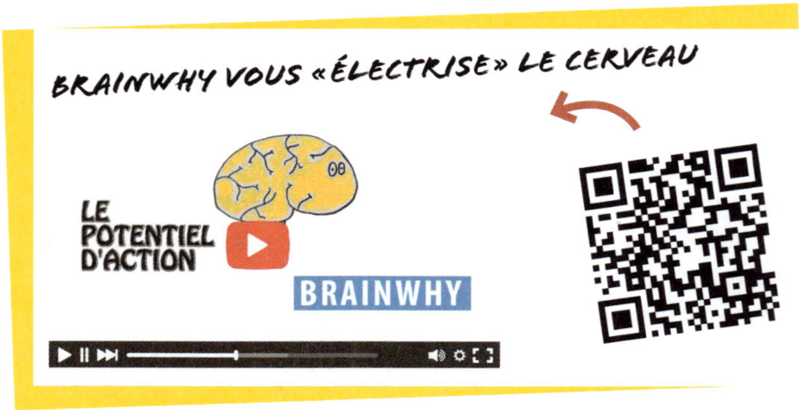

LE *METAL*, ÇA CALME

> Sur l'oreiller du mal c'est Satan Trismégiste
> Qui berce longuement notre esprit enchanté,
> Et le riche métal de notre volonté
> Est tout vaporisé par ce savant chimiste.
>
> Charles Baudelaire, « Au lecteur »,
> *Les Fleurs du mal*, 1857

Quoi ?! Le *metal*, ça calme ???

Oui, mais t'énerve pas, j't'explique.

D'abord, ce n'est pas moi qui le dis, mais Leah Sharman et Genevieve A. Dingle, respectivement étudiante et maître de conférences à la School of Psychology de l'université du Queensland, en Australie, dans un papier publié en 2015 par la revue *Frontiers in Human Neuroscience*, et intitulé : « Metal extrême et gestion de la colère »[1]. Alors, t'énerve pas.

Petite parenthèse pour bien comprendre. Pour un scientifique, les musiques « extrêmes » ont pour caractéristiques (d'après

Shafron et Karno, 2013) de mêler des sonorités « chaotiques, bruyantes, lourdes, et puissantes » à des vocaux très émotionnels aux paroles souvent centrées sur les thématiques de « l'anxiété, la dépression, l'isolement social, et la solitude » (rien sur les relations contre-nature avec des chèvres* ? ça manque de précision, mais bon). Sont considérés comme « extrêmes » une flopée de genres et sous-genres dont on pourrait certainement discuter des heures durant, mais que Sharman et Dingle résument en « *punk*, *heavy metal*, *hardcore*, *death metal*, *emo* et *screamo* ». En gros, donc, tout ce qui est un peu plus rugueux que la pop *bubble gum* de Mika.

Passons sur l'expertise musicologique des chercheurs en psychologie australiens. L'important, c'est que les scientifiques s'interrogent depuis des années sur le rapport des musiques extrêmes (extrêmes ou non, d'ailleurs) avec un certain nombre de

---

* *Capra hircus* Linnaeus, 1758.

nos émotions ou de nos comportements ; questionnement que l'on pourrait résumer par un classique : « corrélation ou causalité ? »

Selon certains auteurs, les caractéristiques des musiques extrêmes susciteraient *par nature* de la colère chez leurs auditeurs, et favoriseraient ainsi l'expression de celle-ci à travers des comportements agressifs, délinquants, toxicomanes ou suicidaires (là encore, silence sur les sévices caprins*). Pour d'autres, elles seraient *a contrario* choisies par des auditeurs *déjà* en colère, précisément en raison de leur nature excitante : elles aideraient en effet l'auditeur à gérer des états émotionnels *déjà présents*.

L'étude de Sharman et Dingle visait à départager les deux hypothèses. Les deux chercheuses ont soumis 39 personnes à un petit test destiné à établir l'effet de l'écoute de musique extrême sur leur gestion de la colère. Pour quantifier cette dernière, elles ont combiné des mesures subjectives de l'hostilité et de l'agressivité, et un enregistrement en continu du rythme cardiaque (censé accélérer lorsque la colère monte).

Le test se déroulait en trois temps. Au temps T1, les participants remplissent un questionnaire PANAS (*Positive and Negative Affect Scale*), une échelle d'affectivité positive et d'affectivité négative qui quantifie leur humeur et leurs sensations ; s'ensuit un « entretien stress » destiné à induire de la colère, c'est-à-dire un face-à-face au cours duquel les participants sont invités, 16 minutes durant, à décrire différents événements de leur vie personnelle leur ayant tapé sur le système. En T2, nouvelle ration de PANAS, histoire de vérifier l'efficacité de l'entretien stress, suivi d'une pause de 10 minutes, en musique pour une partie des participants (libres d'écouter leur musique personnelle, évidemment « extrême »), en silence pour l'autre partie, formant un groupe

* L'ancêtre sauvage de la chèvre est l'aegagre (*Capra aegagrus*), que l'on trouve actuellement dans les massifs montagneux, de l'Asie centrale à l'Anatolie. La chèvre a été domestiquée voici 10 500 ans à l'est de l'Anatolie / nord-ouest de l'Iran.

contrôle. Enfin, en T3, nouvelle salve de questionnaires pour tout le monde, dont un troisième PANAS pour la route. Le tout combiné à la mesure permanente du rythme cardiaque. De quoi devenir chèvre*...

Selon Sharman et Dingle, les résultats sont sans équivoque et, écrivent-elles, « en contradiction avec les affirmations selon lesquelles la musique extrême provoque la colère et favorise un comportement agressif ». Lesdits résultats indiquent que l'écoute de la musique extrême n'a pas accru la colère des participants, mais, au contraire, a exalté leurs émotions positives (contrairement à ce qui a été observé dans le groupe contrôle). Conclusion : « écouter de la musique extrême peut constituer une façon saine de gérer sa colère pour ces auditeurs ». Et si Cannibal Corpse

* Les chèvres sont capables d'apprendre une suite de mouvements ordonnés des dents et des babines pour manipuler des leviers et appuyer sur des boutons afin d'accéder à de la nourriture. Mieux, elles mémorisent cette connaissance acquise sur le long terme. Ça aussi, ça calme.

était remboursé par la Sécurité sociale ? Précipitez-vous sur leur discographie !

Si cette étude tranche *a priori* entre les deux hypothèses de départ (« la musique extrême induit la colère » *vs* « la colère favorise l'écoute de la musique extrême car elle permet précisément de la gérer »), il convient de souligner, avec leurs auteures elles-mêmes, ses limites méthodologiques, parmi lesquelles celle-ci : les participants ont été explicitement recrutés pour une étude des « bénéfices potentiels » de la musique extrême, et qui plus est, pour partie parmi des étudiants en psychologie… Leur profil, par ailleurs, n'est peut-être pas forcément représentatif de la population globale (41 % jouent d'un instrument ou chantent, ce qui montre un rapport à la musique étroit), d'autant que 60 % disent, par-dessus le marché, écouter préférentiellement du *classic metal*. Enfin, et c'est certainement la principale limite de l'étude, un second groupe contrôle, écoutant de la musique, mais d'un autre type, aurait permis de mieux cerner si la gestion de la colère était favorisée par le simple fait d'écouter de la musique, en général, ou s'il y avait bel et bien une vertu spécifique de la musique extrême.

Parmi les 46 morceaux ayant décontracté nos mélomanes stressés, Sharman et Dingle relèvent que la moitié traitaient de thèmes agressifs ou comportaient des paroles évoquant la colère (on ne peut que sourire en imaginant nos téméraires pionnières de la connaissance se penchant sur l'exégèse des textes de Marduk : « Il dit qu'il va lui couper la gorge et lui savater la gueule, je coche quoi ? »[2]), le reste traitant de la solitude et de la dépression, mais pas que. Si cette précision est intéressante, c'est qu'elle semble jeter une pierre dans le jardin des études investiguant non pas l'influence de la musique sur les comportements, mais celle des paroles.

Dans un article paru en 2016 dans le magazine *Cerveau & Psycho*[3], intitulé « Comment les chansons nous manipulent », Nicolas Guéguen, chercheur en sciences du comportement, souligne que des études de plus en plus nombreuses s'intéressent

aux paroles plutôt qu'aux mélodies, en mettant en évidence leurs effets sur nos comportements. Leurs résultats sont tantôt inquiétants, lorsqu'ils évaluent par exemple les effets de l'écoute de rap comportant des paroles où les femmes sont traitées comme des objets sexuels, tantôt instructifs (surtout si vous tenez un débit de boissons), lorsqu'ils mesurent l'effet des chansons parlant d'alcool sur la fréquentation et la consommation des piliers de comptoir, ou même consternants, lorsqu'ils quantifient l'impact des chansons d'amour. Dans une expérience confinant au sadisme pur, Nicolas Guégen a ainsi constaté que dans une salle d'attente, les femmes sont nettement plus nombreuses à communiquer leur numéro de portable à un inconnu après avoir été exposées en fond sonore à *Je l'aime à mourir* de Francis Cabrel, que celles ayant été exposées à une chanson sans lien explicite avec l'amour (ni avec quoi que ce soit d'autre), *L'Heure du thé*, bêlé* par Vincent Delerm.

OK. Et un match Francis Cabrel/Marduk, ça donnerait quoi ?

Si vous voulez le savoir, il va falloir donner plus d'argent à la recherche : envoyez vos chèques à l'éditeur, qui transmettra. Mais

---

* Bêlement \bɛl.mɑ̃\ masculin : cri des ovins et des caprins.

avant cela, sachez que les musiques extrêmes n'ont pas totalement échappé à la curiosité des chercheurs en parologie. En 2011, deux psychologues américains, John Mast et Franck McAndrew, du Knox College dans l'Illinois, énoncèrent ainsi sans sourciller, en conclusion d'un de leurs papiers[4] : « les résultats indiquent clairement que ce sont les paroles et non d'autres caractères de la musique qui sont responsables des comportements agressifs »…

Comment Mast et McAndrew étaient-ils arrivés à cette inquiétante conclusion ? Grâce à la sauce piquante, pardi !

T'énerve pas, j't'explique. Les deux psychologues avaient repris à leur compte un protocole malin qui avait déjà fait ses preuves : placez un pistolet dans les mains du mâle moyen, et demandez-lui de verser de la sauce piquante dans un verre d'eau destiné à être bu par quelqu'un d'autre ; le mâle avec pistolet aura la main plus lourde sur la sauce et affichera un taux de testostérone plus élevé que le mâle désarmé. Remplacez le pistolet par une écoute de musique aux paroles violentes, et vous tenez votre protocole de test. Recrutez ensuite des étudiants en psychologie (qui, si l'on lit attentivement la littérature, ont l'air de passer leur temps à gagner leurs unités d'enseignement en participant à ce genre d'étude), et faites-leur écouter de la musique *metal* avant de pratiquer le test de la sauce piquante. L'astuce consiste à constituer trois groupes : deux groupes soumis à des morceaux *metal* similaires mais aux paroles différentes, violentes pour l'un et non violentes pour l'autre, et un groupe contrôle privé de musique. Le groupe « musique violente » eut ainsi le droit à *Bloodmeat* et *Limb from Limb*, par Protest the Hero, et le groupe « musique pas violente » à trois morceaux de System of a Down. Résultat, le groupe qui avait écouté Protest the Hero eut la main significativement plus lourde sur la sauce piquante que les deux autres groupes.

Vous l'aurez compris, on est face à une contradiction. Comment écouter de la musique extrême pourrait-il à la fois constituer une façon saine de gérer sa colère et vous inciter, en même temps, à arroser le gosier de vos petits camarades de capsaïcine dès lors que les paroles sont un peu trop agressives ?

On pourrait, comme pour bien des études en psychologie, discuter de la méthodologie de Mast et McAndrew, en particulier de la taille des groupes et de leur recrutement (un étudiant en psychologie digne de ce nom n'aurait-il pas dû saisir le but de la manœuvre ?). Sans vouloir couper les chèvres en quatre*, on pourrait aussi s'interroger sur la pertinence des choix musicaux (difficile d'imaginer que System of a Down, énorme vendeur d'albums finalement assez *mainstream*, produise le même effet sur les auditeurs que Protest the Hero, dont certains éléments musicaux sont un poil plus abrupts… un protocole d'étude sérieux ne devrait-il pas utiliser deux versions du même morceau ne différant que par les paroles ?). Mais il y a pire. Mast et McAndrew closent leur article par l'aveu d'un incident technique indépendant de leur volonté : « Malheureusement, une panne de frigo a endommagé les échantillons de salive et nous a empêchés d'obtenir des données sur la testostérone. » Impossible, donc, de corréler les écarts observés avec un quelconque paramètre physiologique « objectif », et, partant, d'en déduire quoi que ce soit de vraiment solide…

La contradiction demeure. On pourra le regretter… ou au contraire se réjouir que le phénomène complexe du goût humain pour la musique ne puisse être réduit à ses composantes, même à coups de sauce piquante. Mais pour en revenir à nos moutons, pardon, à nos chèvres**, voyons maintenant comment d'autres chercheurs en psychologie ont tenté de prendre un peu de hauteur

---

* « Le fait, publiquement ou non, d'exercer des sévices graves, ou de nature sexuelle, ou de commettre un acte de cruauté envers un animal domestique, ou apprivoisé, ou tenu en captivité, est puni de deux ans d'emprisonnement et de 30 000 euros d'amende. » (Article 521-1 du *Code pénal*)

** Non, rien.

pour aborder les effets prétendument délétères de la musique *metal* sur notre belle jeunesse.

Voyant déjà leurs rejetons en proie aux multiples challenges de leur développement, de la puberté à la recherche d'identité, en passant par la pression parentale et sociale, les relations avec leurs compagnons d'acné et les affres de la sexualité bourgeonnante, de nombreux parents sombrent encore plus dans le marasme lorsque tout ceci se fait en musique dite « à problème » (ou à tout le moins, vestimentairement suspecte) : c'est la fin, il va tomber dans la drogue, rater ses études et finir sa vie dans son canapé devant la télé. Qu'ils se rassurent, c'est tout le contraire !

Certes, différentes recherches suggéraient que les adolescents qui s'identifiaient à des genres musicaux marginaux étaient, plus que d'autres, confrontés à des tendances suicidaires ou à des comportements asociaux. Mais qu'en était-il sur le long terme ?

Pour le savoir, Tasha R. Howe, de l'université d'État de Humboldt (Californie), et ses collègues ont longuement sondé, à l'aide de questionnaires en ligne, un groupe de *metalheads* quadragénaires (incluant quelques groupies, des musiciens professionnels et un contingent robuste de simples fans), un groupe témoin de quadragénaires aimant tout sauf le *metal*, et un groupe témoin d'étudiants actuels lambda. Leurs résultats ont été publiés en 2015 dans la revue *Self and Identity,* sous le titre « Trois décennies plus tard : les expériences et le fonctionnement à mi-vie de groupies, musiciens et fans de *heavy metal* dans les années 1980 »[5]. Le moins qu'on puisse dire est qu'ils battent en brèche quelques idées reçues.

Si l'on n'est pas surpris que les groupies, en gros, soient un peu plus barges que la moyenne, que les musicos emballent nettement plus et que les fans de *metal* aient eu, dans leur jeunesse, une vie un peu plus « sexe, drogues et rock'n'roll » que leurs alter ego non *metal*, conformément aux canons de leur culture d'appartenance, on s'aperçoit aussi que cette identification forte à un genre musical et à une communauté de fans est cela même qui a contribué à les protéger du pire (suicide, problèmes physiques ou mentaux, inadaptation au travail). Encore mieux : ils disent avoir été plus heureux dans leur jeunesse pourtant tumultueuse et se sentir aujourd'hui mieux adaptés à leur vie d'adulte que les non métalleux ; du reste, ils ont un bon niveau d'études et gagnent tout à fait bien leur vie, merci pour eux. Pour les auteurs, « Ces résultats suggèrent que les cultures marginales peuvent attirer des jeunes en difficulté, susceptibles d'adopter des comportements à risque, mais qu'elles ont également un rôle protecteur, en tant que source de lien et d'appartenance pour des jeunes qui cherchent à consolider leur identité en développement. » Dit autrement, le *metal*, ça calme, et durablement.

S'il vous prenait encore l'idée d'en douter, j'aimerais pour terminer mentionner une fort originale quatrième publication scientifique dédiée au *metal*, publiée en 2016 dans *Frontiers in Psychology*[6] par Rodney Schmaltz, professeur associé de psychologie de l'université MacEwan d'Emonton, au Canada. Schmaltz s'adresse à ses collègues professeurs. Passant en revue diverses affaires de suicide et de comportements violents dans lequel l'écoute de musique fut incriminée, il ne leur propose rien de moins que d'utiliser le *heavy*

metal en classe afin de développer l'esprit critique des étudiants, en les incitant à questionner les faits, examiner les arguments avancés par « l'accusation » de façon critique, proposer une façon de tester la validité de ces arguments, et finalement conclure par eux-mêmes en examinant la littérature scientifique disponible sur le sujet. De l'esprit critique par le *metal*!

Une initiative intéressante pour promouvoir la démarche scientifique, mais aussi lutter contre les stéréotypes, et que l'on aimerait peut-être étendre à nos amis chercheurs en psychologie afin qu'ils lâchent un peu la grappe aux musiques extrêmes...

À quand des publications titrant : « Attitudes violentes et aspirations universitaires retardées : effets néfastes de l'exposition à la salsa », « Les effets de l'italo disco sur l'excitation et la colère »,

« Adolescent, problèmes de comportement et préférences pour le chant grégorien : le cas d'étude d'un collège du sud », « Les relations entre la rumba congolaise et les troubles de l'adolescence : réalité ou artifice ? », « Préférence pour le flamenco, mauvaises fréquentations, contrôle social et délinquance », ou encore : « Le côté obscur d'étudiants brillants : doués et talentueux mais fans de fanfare »* ?

* Vous l'aurez compris, il s'agit de quelques titres d'études bien réelles pour lesquels j'ai simplement modifié le style de musique ; la pertinence du questionnement scientifique ne saute plus tout à fait aux yeux.

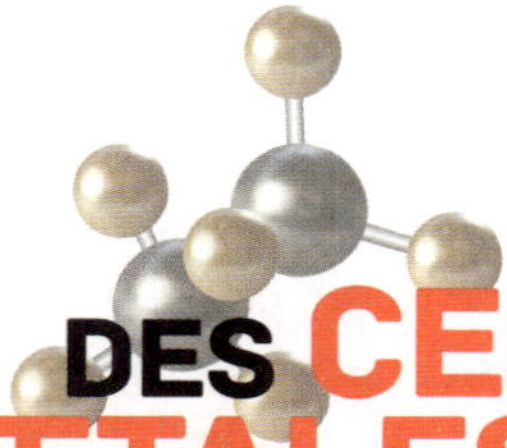

DES CELLULES FŒTALES COLONISENT LE CERVEAU DE LA MÈRE

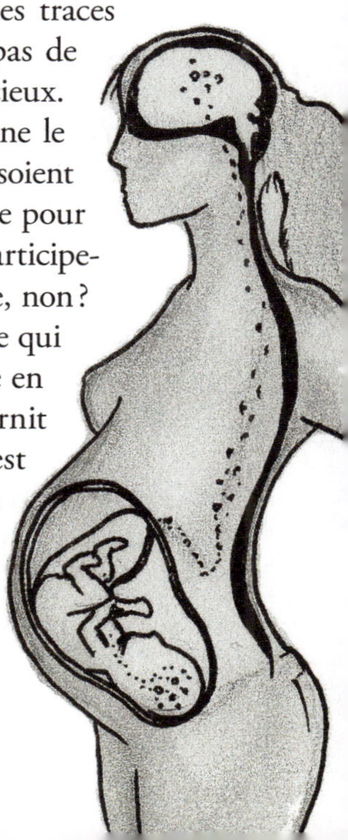

Je suis mère depuis bientôt 15 ans. Eh bien, figurez-vous qu'il n'est pas impossible que cette grossesse ait laissé des traces physiques au plus profond de moi. Et je ne parle pas de cicatrice, de peau détendue, de vaisseaux disgracieux. Non, c'est bien plus incroyable que cela; j'ose à peine le dire: il n'est pas exclu que des cellules de cet enfant soient encore, à l'heure où j'écris ces mots, en moi et même pour certaines, logées là-haut dans mon cerveau. Elles participeraient même à son fonctionnement! Difficile à croire, non?

Effectivement, on a tendance à penser que la mère qui accueille en elle pendant de longs mois ce petit être en développement, qu'elle nourrit et fait grandir, fournit tout ce dont a besoin son bébé, et que le transfert est à sens unique! Détrompez-vous. Un bébé qui donne des cellules à sa maman est un phénomène déconcertant mais réel. C'est cette jolie histoire que je m'apprête à vous conter!

Le microchimérisme : qu'est-ce que c'est ?

Le phénomène que je viens de mentionner s'appelle le « microchimérisme » fœtal. Ce terme est un peu barbare : que signifie-t-il ? Le microchimérisme se définit par la présence au sein d'un individu de cellules vivantes d'origine génétique différente, donc issues d'un autre organisme. Et ce phénomène existe chez l'humain. Des cellules étrangères peuvent être transférées et s'intégrer à l'hôte lors d'une transfusion sanguine, lors d'une transplantation mais surtout, et c'est le sujet qui nous intéresse, lors d'une grossesse via le placenta (l'adjectif fœtal est alors ajouté pour préciser l'origine du microchimérisme).

Ce phénomène fut mis en évidence dès 1893 par Georg Schmorl, un pathologiste allemand. Il avait alors observé des cellules étrangères dans la circulation pulmonaire de femmes décédées des suites d'éclampsie (une crise de convulsions pouvant survenir en fin de grossesse). Il fit alors l'hypothèse que ces cellules étaient issues d'un transfert du fœtus vers la mère, mais la preuve n'a pu être apportée qu'au début des années 1970, lorsque des cellules porteuses de chromosomes XY furent détectées dans la circulation sanguine d'une femme enceinte d'un garçon. Dans les années 1990, d'autres études ont prouvé que des cellules d'un fœtus pouvaient quitter l'utérus, passer le placenta et diffuser dans le corps maternel.

Penchons-nous quelques instants sur l'étymologie du mot « microchimérisme ». Dans la mythologie grecque, la Chimère était un monstre constitué de différentes parties : à la fois lion, chèvre et dragon (elle est représentée ci-contre sur un plat d'environ 350-340 av. J.-C., conservé au musée du Louvre). Le mot est ensuite passé dans le langage courant pour décrire un être ou un objet composé de parties disparates. Le chimérisme est possible dans le monde animal via la reproduction entre deux espèces proches ; il correspond à ce qu'on appelle des hybrides (c'est le cas du ligron, issu du croisement entre un père « lion » et une mère « tigre »). Mais lorsque qu'une faible fraction de cellules étrangères est présente dans un organisme, comme c'est le cas pour la mère avec des cellules du fœtus, on parle plutôt de microchimérisme.

À quelle fréquence et avec quelle intensité le microchimérisme survient-il ?

Le microchimérisme survient-il systématiquement chez la mère lors de sa grossesse ? D'une femme à l'autre, la quantité de cellules provenant d'un fœtus est variable. On sait qu'elles sont acquises lors d'une grossesse menée à terme, mais aussi en cas d'avortement ou de fausse couche. Pour mettre en évidence ces cellules fœtales chez la mère, la méthode la plus simple est la recherche de cellules mâles XY quand l'enfant est de sexe masculin.

Ces cellules « étrangères » apparaissent dans la circulation sanguine de la mère entre la 7e et 24e semaine de gestation, et leur présence est maximale au moment de la naissance. Mais le plus fou dans cette histoire est qu'une fois passées dans l'organisme maternel, ces cellules peuvent y séjourner plusieurs dizaines d'années, voire toute la vie.

Le phénomène n'est pas systématique : les cellules fœtales ne persistent pas chez toutes les femmes ayant démarré ou mené à terme une grossesse. La fréquence du microchimérisme fœtal est néanmoins élevée. En 2012, une étude a par exemple retrouvé ce type de cellules étrangères dans 63 % des cas étudiés (bien que dans le cadre de cette étude, l'origine des cellules étrangères n'ait pas été spécifiquement attribuée à une grossesse). De précédentes recherches évoquent le chiffre de 30 à 50 % de femmes (ayant eu un garçon) concernées par la présence de cellules d'origine fœtale dans leur circulation sanguine.

Plusieurs questions viennent alors à l'esprit : qu'advient-il de ces cellules étrangères ? Où migrent-elles ? Bref, comment se répartissent-elles dans le corps de la mère ? Il s'avère que ces cellules restent actives dans le sang, les os et la moelle osseuse pendant plusieurs années ; certaines sont éliminées par le système immunitaire tandis que d'autres s'intègrent progressivement dans les tissus. Mais elles ne s'accumulent pas partout : certaines voyagent et se concentrent au niveau des poumons, de la rate, du foie, de la tyroïde, des reins, des seins, du cœur, et même du cerveau.

Nous y reviendrons un peu plus tard car à ce stade, il s'agit de comprendre comment tout cela est rendu possible.

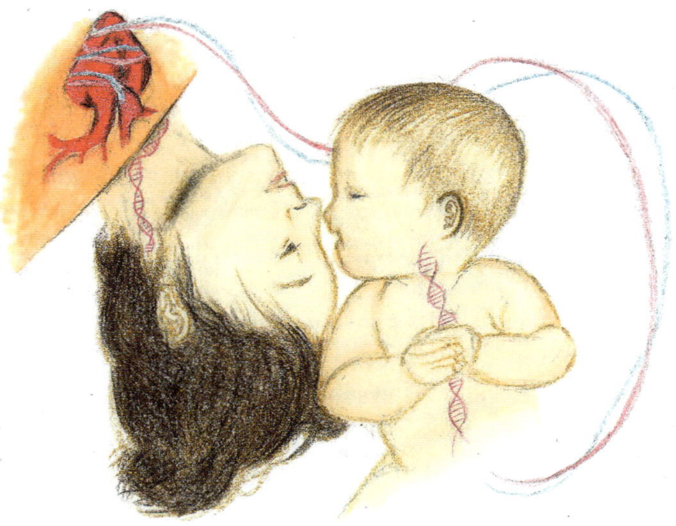

Comment se fait l'intégration au sein des tissus maternels ?

Comme nous l'avons vu, la quantité de cellules fœtales présentes dans le corps maternel augmente avec l'avancée de la grossesse. Avant de se demander comment le transfert fœtus-mère se met en place et comment ces cellules étrangères s'intègrent au sein même des tissus maternels, il nous faut d'abord comprendre de quel type de cellules il s'agit.

Les cellules fœtales qui migrent vers la mère sont majoritairement des cellules issues de la moelle osseuse : des globules rouges à noyau (stade précédant le globule rouge mature), des lymphocytes (globules blancs impliqués dans l'immunité), des cellules souches (jeunes cellules immatures capables de donner naissance à des cellules fonctionnelles) mais aussi des cellules du trophoblaste (couche de cellules qui entoure l'œuf). Finalement, elles sont de natures assez diverses.

Ces cellules passent par le système veineux de l'utérus, puis finissent par rejoindre les capillaires des poumons : les tissus environnants y accueillent très chaleureusement ces cellules étrangères. La concentration y est 10 à 100 fois plus élevée que dans les autres organes ! Certains chercheurs expliquent cette forte concentration par la richesse des poumons en capillaires sanguins : c'est le premier réseau de capillaires rencontré par les cellules fœtales après leur entrée dans la circulation sanguine maternelle. En outre le débit sanguin à travers les tissus pulmonaires est élevé.

Les cellules fœtales s'implantent également dans des niches à cellules souches de la mère, telles que la moelle osseuse.

Ce qui autorise de tels transferts – on parle même de « transfection » (c'est-à-dire de transfert de gènes) –, c'est le fait que le système immunitaire soit modifié durant la grossesse ; il est rendu plus tolérant de façon à ne pas rejeter le fœtus et permettre la poursuite de la gestation. En revanche, le ou les mécanismes

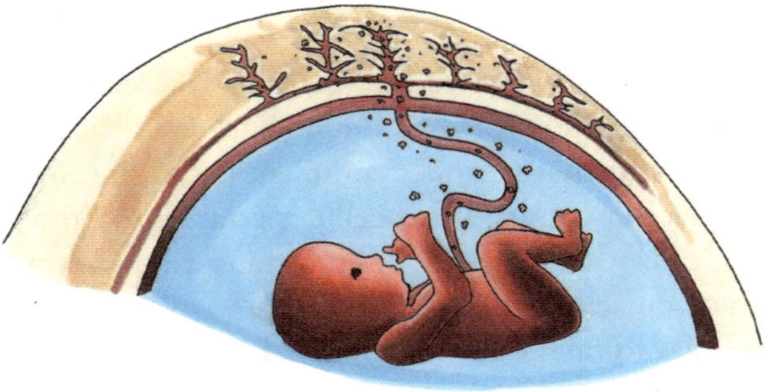

par lesquels des cellules sont susceptibles de franchir la barrière placentaire ne sont pas encore élucidés.

Après la naissance de l'enfant, le système immunitaire de la mère élimine une bonne partie des cellules étrangères, mais toutes ne sont pas évacuées. Celles qui subsistent vont se différencier puis, parvenues à maturité, elles s'intègrent dans les tissus et deviennent des cellules spécifiques : celles des organes dans lesquelles elles prennent place. On passe donc de cellules fœtales à des cellules cardiaques, des cellules de peau, de muqueuses ou même des neurones (ainsi que d'autres cellules spécifiques du cerveau)... Bref, les cellules issues du bébé s'intègrent parfaitement parmi celles de la mère !

Des cellules dans le cerveau et le cœur maternel

Examinons plus en détail le cas du cerveau et du cœur, qui ont été explorés chez l'humain et chez la souris. Des travaux de détection et de quantification d'ADN masculin ont été effectués dans différentes régions du cerveau de femmes de tous âges, décédées et ne présentant pas de maladie neurologique. En ciblant une séquence particulière du chromosome Y, les chercheurs ont observé que les cellules étrangères se répartissaient dans des zones bien définies. Ils ont également examiné le rôle de la barrière hémato-encéphalique, un filtre normalement très sélectif entre le cerveau et la circulation sanguine, à travers lequel ne transitent que les nutriments nécessaires et les déchets à évacuer; ils ont montré que cette barrière pouvait être franchie par des cellules étrangères dans ce contexte de microchimérisme fœtal. Des études précédentes avaient déjà identifié des changements dans la perméabilité de la barrière… Ce résultat est assez surprenant dans la mesure où des cellules étrangères devraient déclencher des mécanismes de rejet: généralement, le système immunitaire s'active dès lors que des éléments ne relevant pas de l'individu (appelés le « non-soi ») pénètrent dans l'organisme. C'est la raison pour laquelle les greffes restent difficiles (voir aussi p. 201).

En 2015, une étude a confirmé la présence marquée de cellules fœtales dans le cerveau de femmes décédées pendant leur grossesse ou juste après leur accouchement. Par ailleurs, preuve est également faite que ces cellules peuvent persister très longtemps dans le cerveau: une femme de 94 ans y possédait de l'ADN

étranger ! Une si longue persistance est le signe d'une parfaite intégration au sein de cet organe. Effectivement, d'autres travaux ont montré que les cellules fœtales ayant migré dans le cerveau ont pour la plupart des morphologies identiques à celles de neurones, et qu'elles expriment des gènes spécifiques des cellules neuronales, mais aussi des gènes d'autres cellules du cerveau.

Et du côté du cœur ? Des expériences sur la souris ont prouvé qu'après un infarctus du myocarde, des cellules fœtales se greffent et se différentient en cellules musculaires, en cellules de type tissu et en d'autres types de cellules cardiaques : bref, un joli cocktail pour réparer une lésion. Ne serait-ce pas là l'utilité de leur présence, s'il y en avait une ? Et si on imaginait que les cellules fœtales, migrant chez la mère et s'intégrant dans différents organes-clés, l'aidaient à vivre mieux et plus longtemps ? La mère donne la vie et le fœtus le lui rend bien : voilà une bien jolie hypothèse que plusieurs équipes ont voulu éprouver. Voyons si elle est scientifiquement valable.

Quelles fonctions et quels effets sur le long terme ?

Plusieurs indices laissent penser que le microchimérisme fœtal pourrait contribuer à la santé des mères : sa fréquence élevée, la diversité et la durabilité des cellules acquises durant la grossesse, les organes cibles, etc. Malgré les nombreuses recherches liées au microchimérisme fœtal, il est difficile de trancher, et les avis sont plutôt divisés.

Plusieurs données ont montré une diminution de l'incidence de la malignité de certaines tumeurs avec l'augmentation du nombre de grossesses : le rôle protecteur du microchimérisme est donc suspecté. D'autres preuves sont plus concrètes : un effet réparateur de lésions superficielles ou plus profondes est ressorti d'un certain nombre d'études. Par exemple, en traquant les protéines produites par ces cellules étrangères chez leur hôte, des chercheurs ont montré qu'on les retrouvait souvent au niveau de blessures, mais que leur nombre diminuait après la cicatrisation. En outre, la nature des cellules participant à la guérison varie au cours de la réparation : plutôt de type leucocytes, ou globules blancs, au départ, ce sont surtout des cellules endothéliales – partie interne des vaisseaux sanguins – qui apparaissent à la fin. Grâce à leur capacité de différentiation, les cellules fœtales jouent *a priori* un rôle réparateur de tissus endommagés, et contribueraient à la synthèse de vaisseaux sanguins.

Les cellules fœtales sont fréquemment rencontrées au niveau des seins, et certains chercheurs y voient un rôle de stimulation pour la production lactée : elles favoriseraient l'évolution du sein pour qu'il produise plus de lait.

La présence de cellules fœtales est également accrue dans la thyroïde, qui joue un rôle dans la thermorégulation et le métabolisme. Aident-elles à une meilleure régulation de la température, afin d'optimiser le transfert de chaleur de la mère vers son petit ? Une hypothèse qui se tient quand on connaît l'importance, pour le nouveau-né, du contact « peau à peau » avec la mère ; contact qui joue également un rôle dans la mise en place de l'attachement mère-enfant.

Et pour le cerveau alors ? Là encore, peu de certitudes. Certains évoquent l'idée que l'intégration si profonde de cellules fœtales jouerait un rôle d'optimisation du câblage neuronal et de la communication chimique (n'oublions pas que les cellules deviennent « neurones »). Encore une fois, cela favoriserait l'attachement mère-enfant !

Oui mais voilà, ces effets positifs sont remis en question par d'autres scientifiques qui suspectent des effets pathogènes sur le long terme. Des données vont dans le sens de cette suspicion ; par exemple, la concentration en ADN masculin est significativement plus élevée dans le sang des femmes touchées par des maladies auto-immunes comme l'arthrite, la polyarthrite rhumatoïde et le lupus. On retrouve également une plus forte présence de cellules microchimériques dans la thyroïde de femmes souffrant de thyroïdites… Effectivement, le transfert de cellules étrangères vers la mère risque de provoquer une forte réponse du système immunitaire lorsqu'il retrouve ses fonctions optimales après l'accouchement ; cet « effet secondaire » a d'ailleurs été montré en 1996. Mais le consensus n'est pas établi.

Ce qu'il reste à découvrir

Le microchimérisme fœtal pose encore de nombreuses questions. Avant même d'en chercher les bénéfices ou les désavantages, les chercheurs aimeraient déjà élucider les mécanismes sous-jacents, notamment en vue de mieux maîtriser les greffes. En ce qui concerne le cerveau, le microchimérisme modifierait-il le comportement de la mère, et y aurait-il un lien avec la dépression postpartum (période qui suit l'accouchement) ? Mystère. Quoiqu'il en soit, il est fascinant de se dire que le bébé laisse à sa mère quelques souvenirs « vivants » de sa vie prénatale, et que ses cellules s'intègrent parfaitement à son corps. Avec, à la clé, un potentiel régénérateur accru ? Les futures études devraient nous en dire plus !

DU SANG BLEU POUR SAUVER DES VIES

Cousines éloignées des scorpions et des araignées, plus proches parents vivants des trilobites, 4 espèces contemporaines de

LIMULES

se partagent les côtes américaines et asiatiques

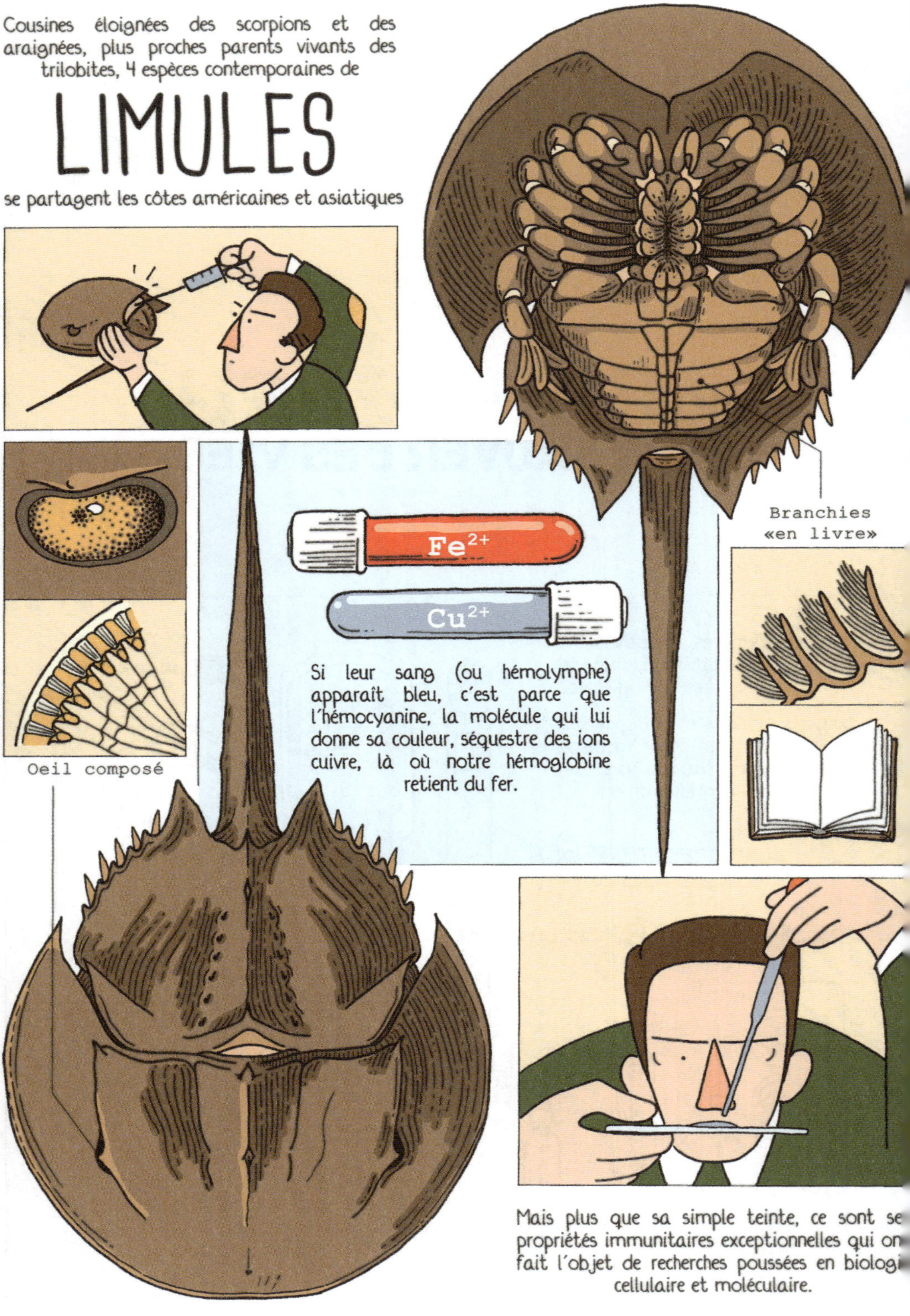

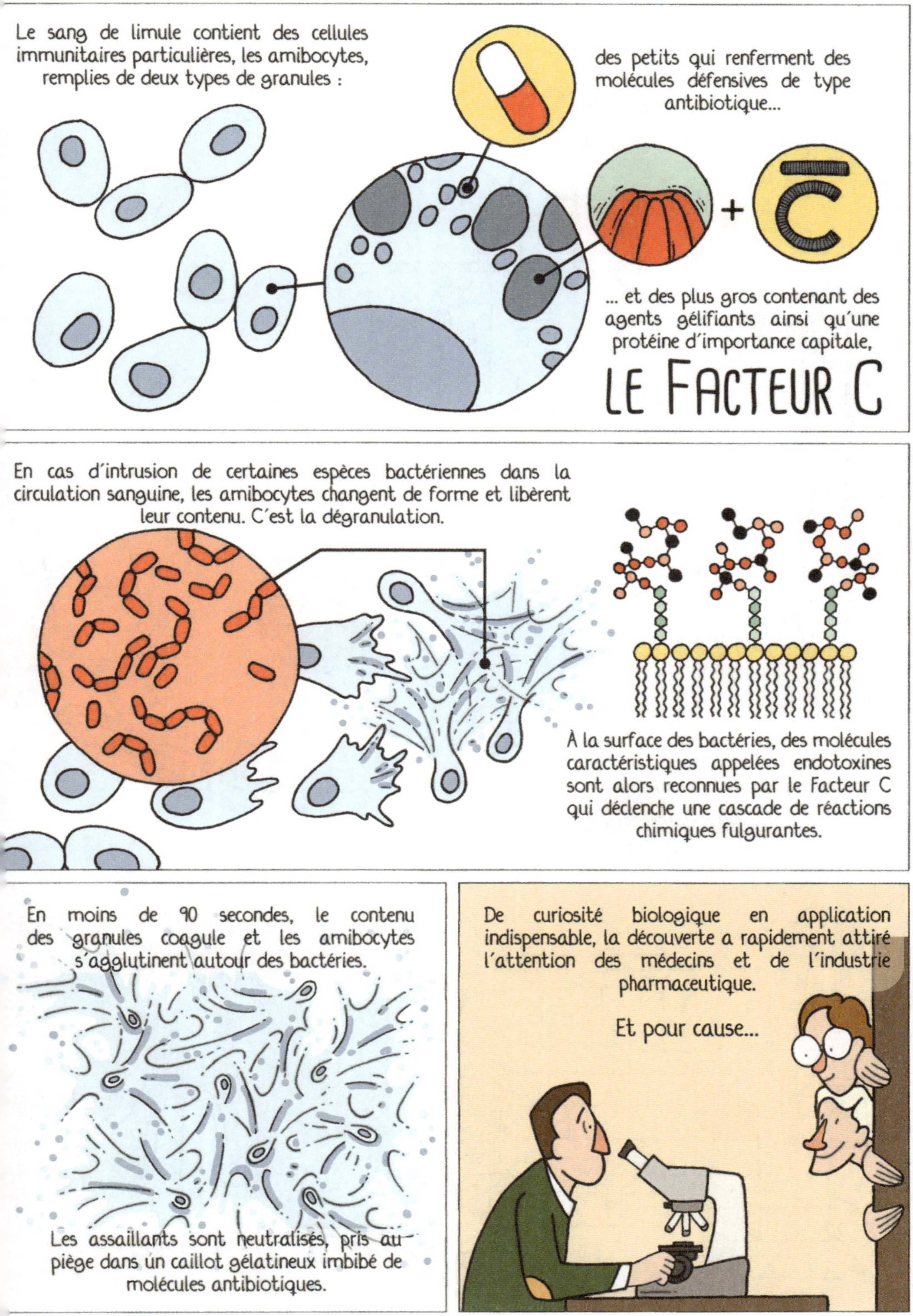
Le sang de limule contient des cellules immunitaires particulières, les amibocytes, remplies de deux types de granules :
des petits qui renferment des molécules défensives de type antibiotique...
... et des plus gros contenant des agents gélifiants ainsi qu'une protéine d'importance capitale,
LE FACTEUR C
En cas d'intrusion de certaines espèces bactériennes dans la circulation sanguine, les amibocytes changent de forme et libèrent leur contenu. C'est la dégranulation.
À la surface des bactéries, des molécules caractéristiques appelées endotoxines sont alors reconnues par le Facteur C qui déclenche une cascade de réactions chimiques fulgurantes.
En moins de 90 secondes, le contenu des granules coagule et les amibocytes s'agglutinent autour des bactéries.
Les assaillants sont neutralisés, pris au piège dans un caillot gélatineux imbibé de molécules antibiotiques.
De curiosité biologique en application indispensable, la découverte a rapidement attiré l'attention des médecins et de l'industrie pharmaceutique.
Et pour cause...

Le risque de contamination par les endotoxines est très présent dans les chaînes de fabrication de médicaments.
Que ce soit au niveau des matières premières, des machines ou du personnel, les sources potentielles sont multiples.
Or un produit contaminé, en particulier une solution destinée à l'injection, c'est un danger pour le patient.

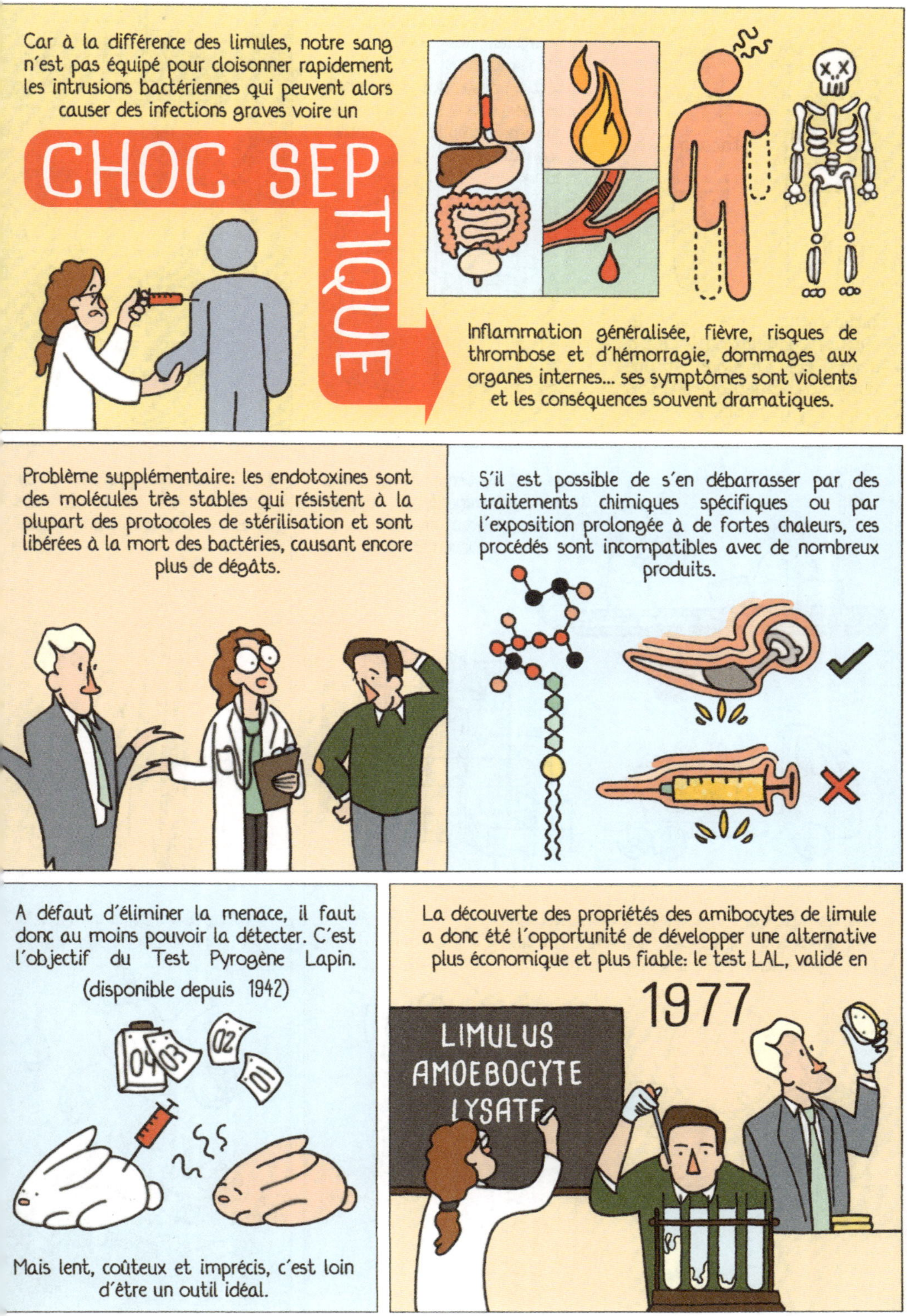
Car à la différence des limules, notre sang n'est pas équipé pour cloisonner rapidement les intrusions bactériennes qui peuvent alors causer des infections graves voire un
CHOC SEPTIQUE
Inflammation généralisée, fièvre, risques de thrombose et d'hémorragie, dommages aux organes internes... ses symptômes sont violents et les conséquences souvent dramatiques.
Problème supplémentaire: les endotoxines sont des molécules très stables qui résistent à la plupart des protocoles de stérilisation et sont libérées à la mort des bactéries, causant encore plus de dégâts.
S'il est possible de s'en débarrasser par des traitements chimiques spécifiques ou par l'exposition prolongée à de fortes chaleurs, ces procédés sont incompatibles avec de nombreux produits.
A défaut d'éliminer la menace, il faut donc au moins pouvoir la détecter. C'est l'objectif du Test Pyrogène Lapin.
(disponible depuis 1942)
04
03
02
01
Mais lent, coûteux et imprécis, c'est loin d'être un outil idéal.
La découverte des propriétés des amibocytes de limule a donc été l'opportunité de développer une alternative plus économique et plus fiable: le test LAL, validé en
1977
LIMULUS
AMOEBOCYTE
LYSATE

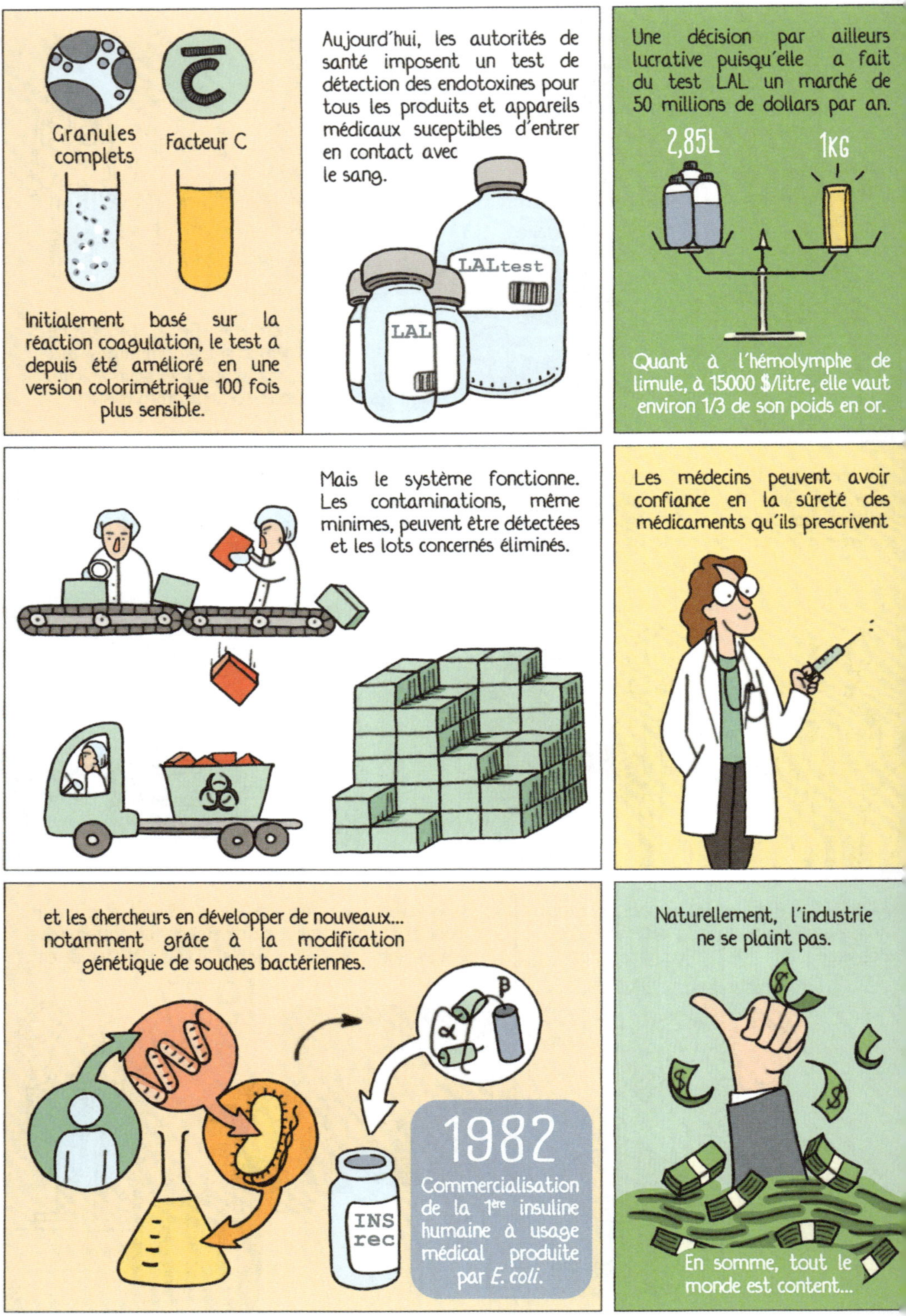

Granules complets
Facteur C
Initialement basé sur la réaction coagulation, le test a depuis été amélioré en une version colorimétrique 100 fois plus sensible.
Aujourd'hui, les autorités de santé imposent un test de détection des endotoxines pour tous les produits et appareils médicaux suceptibles d'entrer en contact avec le sang.
LALtest
LAL
Une décision par ailleurs lucrative puisqu'elle a fait du test LAL un marché de 50 millions de dollars par an.
2,85L
1KG
Quant à l'hémolymphe de limule, à 15000 $/litre, elle vaut environ 1/3 de son poids en or.
Mais le système fonctionne. Les contaminations, même minimes, peuvent être détectées et les lots concernés éliminés.
Les médecins peuvent avoir confiance en la sûreté des médicaments qu'ils prescrivent
et les chercheurs en développer de nouveaux... notamment grâce à la modification génétique de souches bactériennes.
β
α
INS rec
1982
Commercialisation de la 1ère insuline humaine à usage médical produite par *E. coli*.
Naturellement, l'industrie ne se plaint pas.
En somme, tout le monde est content...

... ou presque. Car malgré des avancées techniques, la matière première indispensable à la fabrication du test LAL reste l'hémolymphe de limule.
Trop difficiles à maintenir en aquaculture, les animaux sont capturés dans leur milieu naturel pour être ponctionnés.
La procédure commence par une étape de transport.
Viennent ensuite le grattage des carapaces, le nettoyage, la désinfection, la fixation sur un support à l'aide de sangles...
et l'insertion de l'aiguille de saignée à la jointure entre le céphalothorax et l'abdomen...
'est-à-dire directement dans
e vaisseau dorsal principal, l'équivalent du coeur.
1/3
Dans ces conditions, chaque limule se voit délestée d'environ un tiers de son volume sanguin total...
avant d'être transportée de nouveau et relâchée sur les lieux mêmes de sa capture.
e la première à la dernière étape, les limules
euvent ainsi passer jusqu'à 3 jours hors de l'eau.
Un stress important puisque selon les études, entre 10 et 30% des individus relâchés meurent des suites de la procédure.

Chaque année 500 000 limules sont prélevées sur les côtes américaines, principalement lors des saisons de reproduction.
C'est en effet pendant ces périodes, rythmées par les marées et les cycles jour/nuit, que les adultes se rassemblent en masse sur les plages.
Une aubaine pour le marché de l'hémolymphe, mais un problème d'importance pour l'espèce.
Car désorientés et épuisés, les animau ponctionnés peinent à se joindre a groupe et se reproduisent moins.
Malgré des mesures de conservation mises en vigueur en 2006, le nombre de captures augmente et les populations diminuent.
Une tendance que n'améliorent ni un cycle de vie très lent
(10 ans avant d'atteindre la maturité sexuelle)
ni la prédation par la faune sauvage...
l'utilisation comme appât de pêche...
ou encore la consommation par l'humain comme dans certains pays d'Asie où les oeufs sont cuits et servis directement dans la carapace.

Les limules vont-elles disparaître? Sommes-nous à l'aube d'une triple catastrophe: sanitaire, économique et écologique?
On peut espérer que non. Car si le marché du test LAL ne semble pas s'essouffler, dans les laboratoires l'innovation se poursuit également sur plusieurs fronts.
RÉDUCTION DE LA PRESSION DE PÊCHE
Certains groupes développent des appâts artificiels pour la pêche à l'anguille et au bulot.
PRODUCTION DU TEST LAL SANS LIMULES
D'autres ont isolé le gène codant le facteur C afin de le produire en laboratoire.
2001
(en utilisant la même technique que pour l'insuline en 1982)
rC
LIMITATION DES RISQUES DE CONTAMINATION
Enfin, une souche mutante d'E. coli nouvellement créée et garantie sans endotoxine permettra une utilisation plus sûre des cultures bactériennes dans l'industrie.
2015
es dégâts causés par quarante ans l'exploitation d'une ressource naturelle ragile sont déjà visibles et e s'effaceront pas du our au lendemain.
lais pour l'humain omme pour la limule, la erspective qui se dessine aujourd'hui ourrait bien être celle d'une fin heureuse.

UNE PIN-UP Playboy INSPIRE DES CHERCHEURS EN INFORMATIQUE

Les « petites histoires » et les anecdotes donnent aux disciplines scientifiques un côté humain, et contribuent à leur mythologie. Par exemple, les physiciens des particules savent que le nom « quark » fut tiré du roman *Finnegan's Wake* de James Joyce ; et les astrophysiciens se souviennent que le terme « Big Bang » fut inventé par Fred Hoyle pour tourner la théorie en dérision, avant d'être définitivement adopté par la communauté. À cet égard, l'histoire de Lenna mérite également d'être connue. Laissez-moi vous la conter…

Lenna, c'est le nom donné à la photographie en page suivante. Depuis 1973, les chercheurs en informatique l'utilisent pour évaluer le résultat des traitements d'image qu'ils développent, qu'il s'agisse de compression comme dans le format JPEG très répandu sur le web, ou encore de réduction du bruit qui crée des défauts perceptibles à l'œil, etc. La photo s'y prête parfaitement car elle présente aussi bien des aplats que des textures et des ombres, et regorge de détails capables de mettre à l'épreuve le

meilleur des algorithmes : les cheveux, les plumes, le tissu. Mais qui a eu, le premier, l'idée quelque peu inattendue d'utiliser cette image ? Le responsable est Alexander Sawchuk, alors professeur assistant à l'Institut de traitement du signal et des images de l'université de Californie du Sud. Quand ce dernier, fatigué d'utiliser les images standard de test qui remontaient au début des années 1960, chercha un portrait sur papier brillant pour dépanner un collègue qui devait présenter ses travaux à un colloque, il ne se doutait pas qu'il ferait l'histoire. Il a suffi qu'une personne entre au laboratoire avec un numéro récent (novembre 1972) de *Playboy* pour que la photo soit toute trouvée ! L'encart central du magazine mettait en scène la délicieuse Lena Söderberg (dont le nom était anglicisé en « Lenna ») à l'âge de 21 ans ; il ne restait plus qu'à scanner la photographie en coupant aux épaules. Elle est on ne peut plus suggestive dans son entier, et les amateurs de photos de nu feront avec profit de l'histoire des sciences appliquée en cherchant le cliché original sur Internet*.

L'histoire de Lenna ne serait sans doute pas la même si les chercheurs en informatique ne formaient pas une communauté essentiellement masculine, qui préfère travailler sur un joli minois que sur une photo quelconque. Mais de là à utiliser la photo d'une pin-up, on n'est pas très loin du monde des chauffeurs routiers ! Certaines chercheuses du domaine ont d'ailleurs manifesté publiquement leur malaise. N'oublions pas non plus que la photographie est sous droit d'auteur, même si le magazine *Playboy* est resté jusqu'à présent magnanime.

Il n'empêche, l'histoire de Lenna n'est pas prête de s'arrêter. Qu'on en juge : une requête dans le moteur de recherche spécialisé Google Scholar renvoie une liste de plus de 17 000 publications scientifiques exploitant la photographie, en français ou en anglais ! Au fil du temps, les chercheurs se sont plaints qu'il leur manquait des informations précises sur la numérisation originale de la photo pour pouvoir travailler efficacement. Jeff Seideman, président à Boston de la section locale de la *Society for Imaging Science and Technology*, envisageait de scanner à nouveau l'image en collaboration avec les archivistes de *Playboy*, et d'en faire l'image de référence du XXIe siècle pour comparer les techniques de compression… Lena Söderberg, pas rancunière, honora de sa présence le 50e congrès annuel de cette société savante en 1997, et fut invitée d'honneur au repas de gala de l'*International Conference on Image Processing* en 2015. Coïncidence ou non, le numéro de *Playboy* de

* Par exemple sur www.lenna.org/full/len_full.html

novembre 1972 est aussi celui qui s'est le plus vendu dans l'histoire du magazine : plus de 7 millions d'exemplaires !

Un an après le scan de Lenna, un informaticien décidait pour la première fois de faire afficher « hello world » à un programme, lançant ainsi une tradition qui se perpétue encore aujourd'hui : les débutants commencent très souvent par cette commande quand ils s'initient à un nouveau langage ! Une grande partie de la mythologie qui fonde l'informatique s'est donc forgée aux débuts des années 1970. D'autres fragments de cette mythologie restent sans doute à élucider. Avis aux historiens des sciences en herbe…

MÊME LES HIPPIES SONT VIOLENTS

« Il ne ferait pas de mal à une mouche ! » « C'est un gros nounours. » « Il est doux comme un agneau. » Autant d'expressions qui nous font, l'air de rien, croire que la personnalité de chacun est stable et bien définie. Cette croyance est d'autant plus forte quand il s'agit de faire la distinction, quelque peu relative, entre les « bons » et les « méchants ». Certains comportements sont très vite catégorisés comme compatibles ou non avec un individu en particulier ; on s'étonnera qu'un « méchant » devienne soudainement « gentil » et qu'un « gentil » devienne « méchant ». De la même manière, dans de nombreux domaines, nous avons tendance à croire que notre personnalité est la principale régisseuse de nos comportements – notamment les comportements agressifs et violents. Si nous admettons assez facilement que l'environnement* joue sur notre humeur et puisse nous faire sortir de nos gonds ou au contraire nous apaiser, il est bien plus difficile d'admettre que notre environnement puisse nous influencer de manière subtile et inconsciente ; ou pire, qu'il nous pousse à agir de façon contraire à nos valeurs ! Sur ce dernier point, notre erreur

* « Environnement » est utilisé dans ce contexte comme l'ensemble des influences extérieures à soi. Cela peut être la température de la pièce tout comme le comportement d'un autre individu.

est grande. Nous verrons que l'environnement joue plus d'un rôle, que ses effets sont sournois, et qu'il peut nous influencer jusqu'à nous transformer en criminels...

Vu à la télé

En ce moment vous lisez... c'est bien ! Mais il vous arrive certainement de vous occuper de manière plus passive, en regardant la télévision par exemple. La trouvez-vous violente ? Pensez-vous qu'elle puisse vous rendre plus agressif? Après avoir lu l'introduction de ce chapitre, vous vous doutez certainement de la réponse. Oui, la télé nous rend plus agressifs !

Toute la télé, qu'importe ce qu'on regarde ? Non : les images violentes vont bien évidemment nous rendre plus agressifs que le dernier épisode des Bisounours au pays des licornes. Malheureusement, même si l'on ne s'en rend pas compte, alors qu'il est facile d'éviter les Bisounours, il l'est beaucoup moins d'éviter les scènes violentes.

Restons sur la chaîne pour enfants alors ! Pas sûr... Il suffit d'observer à quel point le scénario est quasi systématiquement stéréotypé, opposant le clan des gentils à celui des méchants, pour s'apercevoir que la bagarre est souvent inévitable. Les enfants doivent donc être accompagnés et encadrés dans leur usage de la télévision.

Que les enfants ? N'oublions pas déjà le « nous ». Les adultes aussi sont vulnérables et influençables. Nous n'en sommes que rarement conscients. Et quand nous percevons un effet sur notre humeur – par exemple, nous nous surprenons à être agités après avoir vu le dernier *Rocky Balboa* –, nous pensons généralement que l'effet sera de courte durée. Hélas, la télé nous influence également de manière plus subtile et parfois sur le long terme. Les études scientifiques sur le sujet sont désormais innombrables et ne laissent plus place au doute ! Impossible de toutes les mentionner ici ; tâchons de prendre quelques exemples.

Au cours de différentes études expérimentales effectuées dans des conditions contrôlées, les chercheurs ont observé que les sujets étaient plus agressifs après avoir visionné une émission violente qu'après une émission plus neutre[1].

Certaines études ont suivi un même groupe d'individus sur plusieurs années pour analyser leur évolution au fil du temps. Une d'entre elles, menée par J. G. Johnson et ses collaborateurs, a duré plus de 17 ans et s'est efforcée de distinguer l'influence des médias des autres facteurs comme l'environnement social, le niveau économique, etc. Les chercheurs ont conclu à une corrélation nette entre le temps passé devant la télévision et les actes agressifs.

D'autres études plus anciennes[2] ont mesuré l'impact de l'arrivée de la télévision dans certaines régions épargnées jusqu'alors. Elles ont constaté une élévation globale du niveau d'agressivité.

Chacune de ces études ne prend son entière valeur qu'au vu du consensus dans lequel elle s'inscrit. Le nombre de publications et la cohérence de tous les résultats amènent très clairement à conclure que la télévision nous rend plus agressifs. Un résultat qui interpelle lorsqu'on sait que plus de 86 % des Français la regardent quotidiennement[3] ! Nous tenons beaucoup à l'innocence de ce loisir et encore plus à l'idée que nous nous faisons de notre hermétisme à l'influence des médias, mais il faudra en faire le deuil…

L'enfer, c'est les autres

Très bien. Si la télévision nous influence de façon négative, quoi de mieux que de revenir à la vie réelle, en cherchant le contact humain ? Et fréquenter de vraies personnes qui sauront réprimer nos comportements agressifs – les normes sociales et les lois sont là pour ça. Ensemble, nous sommes plus forts!

Hélas, les choses ne sont pas si simples. Il va de soi que le fait d'être observé nous donne des ailes et nous pousse parfois à nous dépasser. Mais les dynamiques de groupe sont parfois insidieuses.

En groupe la responsabilité se dilue, et les conséquences d'une décision ne pèsent plus sur les épaules d'un seul individu; le groupe est donc susceptible de prendre des risques inconsidérés. Ainsi, dans une expérience de M.A. Wallach, N. Kogan et D. J. Bem menée en 1964, les participants devaient répondre à différentes questions dont ils choisissaient au préalable le niveau de difficulté, sachant qu'ils ne seraient rétribués qu'en cas de succès et que la récompense serait d'autant plus élevée que le niveau choisi était difficile. Après avoir discuté avec un groupe, le choix se portait en moyenne vers un niveau de difficulté supérieur. Le groupe prenait donc plus de risques!

Autre exemple: quand les affinités créent un groupe (par exemple une communauté de discussion sur un forum), les membres ont plus de chances d'échanger avec des gens qui sont d'accord avec eux. On assiste alors à ce qu'on appelle un phénomène de polarisation: les membres du groupe affichent des opinions de plus en plus marquées, et les autres groupes leur paraissent de plus en plus différents du leur. Une mauvaise pente qui peut pousser à dénigrer les autres et à les déshumaniser...

La foule favorise en outre l'anonymat, ce qui soulève un autre problème. En présence d'autres personnes, même sans lien particulier avec elles, nous sommes visibles, soumis au jugement des autres, et cela nous freine. Mais plus le nombre de spectateurs augmente, plus nous ne sommes qu'un individu parmi tant d'autres. Nous sommes donc moins identifiables et nous risquons moins la répression. C'est dans ce cadre-là que nos tendances agressives augmentent. Prenons un cas concret. Un chercheur[4] a compilé des observations effectuées lors de 21 situations où une personne menaçait de se jeter dans le vide depuis un pont ou un bâtiment. Quand la scène se déroule en plein jour et que peu de badauds sont présents, tout se passe généralement comme on l'imagine : les spectateurs retiennent leur souffle ou tentent de dissuader le malheureux. Mais quand la scène se passe en soirée ou de nuit et que les spectateurs sont plus nombreux, des moqueries fusent parfois, et avec elles des incitations à sauter… Plus nous sommes noyés dans la foule, plus nos comportements pro-sociaux disparaissent et semblent parfois même laisser place à des envies bien moins bienveillantes !

Ne compter que sur soi

Si tant de facteurs extérieurs nous poussent à la violence, alors il n'y a qu'une façon d'être sûr d'être « gentil » : se repenser en tant qu'individu à part entière à chaque instant. Cela suffit-il ?

Malheureusement, encore une fois, non… Les situations d'anonymat ne se limitent pas à la foule. Les internautes, par exemple, seuls devant leur écran, deviennent plus facilement violents dans leurs propos, et lors de débats sur les réseaux sociaux, ils invectivent parfois leurs contradicteurs avec bien plus de fougue que s'ils avaient la personne visée en face[5]. Plus surprenant : nos comportements sont modifiés par le port de l'uniforme ! Les uniformes gomment notre individualité et nous font nous identifier à quelque chose d'impersonnel. En uniforme, nous endossons un rôle : l'habit crée des attentes chez les autres et influence son porteur. L'habit ferait-il le moine ? En 1979, une expérience menée par Johnson et Downing[6] a comparé les comportements de sujets en fonction de l'uniforme porté et de leur niveau d'anonymat. Les participantes, toutes des femmes, revêtaient une tenue du Ku Klux Klan ou un uniforme d'infirmière. Dans chacun des groupes, la moitié des participantes enfilait en outre une cagoule, tandis que l'autre moitié restait à visage découvert. Elles étaient ensuite invitées à envoyer des chocs électriques de la valeur qu'elles voulaient (limitée tout de même) à d'autres sujets, sous prétexte d'une étude sur l'apprentissage. Il s'est avéré que les participantes en tenue du Ku Klux Klan envoyaient de plus grosses décharges que les pseudo-infirmières, et que les décharges étaient plus fortes quand elles portaient une cagoule ! En condition d'anonymat, les pseudo-infirmières, quant à elles, étaient plus altruistes que les sujets à visage découvert. C'est plutôt une bonne nouvelle. Seulement, ces résultats semblent tout de même indiquer que plus nous sommes anonymes, plus nous nous identifions à ce qui nous caractérise de façon visible… Que ce soit le groupe ou notre propre apparence. Encore une fois, notre personnalité perd un peu de ses frontières.

Soit… Mais la conscience de ce que nous infligeons à l'autre et nos capacités d'empathie devraient nous empêcher de basculer du « côté obscur de la Force » !

C'est largement envisageable en effet, mais certaines études suggèrent que plus nous venons de souffrir, plus nous sommes enclins à faire souffrir. Même s'il s'agit d'infliger une douleur comparable ! Dans de nombreuses expériences de psychologie, les chercheurs font tester au sujet une valeur tolérable de ce qu'ils devront administrer, que ce soit des chocs électriques, sonores ou autres (vous en découvrirez des exemples plus bas). Et au vu des résultats observés, la connaissance de la souffrance de l'autre ne semble pas déterminante…

Jusqu'à tuer

Les quelques facteurs que nous venons de citer (télévision, port de l'uniforme, anonymat, dilution de responsabilité, etc.) ne font qu'augmenter la probabilité d'apparition de nos comportements violents ou les accentuer. Aucun d'eux, pris isolément, n'est vraiment fatal à l'idée que nous nous faisons de notre personnalité. Bien sûr, si suffisamment de facteurs sont présents, nous pourrions peut-être bien aller un peu loin... mais quand même... pas jusqu'à torturer ou tuer, n'est-ce pas ?

Encore une fois les données qu'apporte la science sur ce point ne sont pas très reluisantes ! Une des expériences les plus connues de psychologie sociale est celle de la prison de Stanford, menée en 1971 par le psychologue américain Philip Zimbardo. Des sujets volontaires ont été assignés au hasard au rôle de « prisonnier » ou au rôle de « gardien ». Chaque sujet avait donc conscience qu'il aurait très bien pu se retrouver dans l'une ou l'autre situation. L'expérience avait tout d'un jeu de rôles : les gardiens devaient administrer la prison comme bon leur semblait, tandis que les prisonniers se voyaient attribuer un numéro, chacun étant costumé selon son statut. De fil en aiguille, après les premières contestations du côté des prisonniers et leur répression par les gardiens, l'aspect « jeu » disparut totalement ; des comportements violents et humiliants sont apparus du côté des gardiens, et par symétrie des comportements de soumission du côté des prisonniers. Seulement ces comportements quelque peu prévisibles (on connaissait déjà quelques facteurs mentionnés plus tôt) ont de loin dépassé les attentes des expérimentateurs qui ont dû arrêter l'expérience au bout de seulement 6 jours au lieu des 14 prévus à l'origine. Les sujets avaient pourtant été sélectionnés, sans troubles physiques ou psychologiques... Ce qui n'était plus le cas au bout de 6 jours. De nombreux participants quittèrent l'expérience émotionnellement perturbés.

Cette expérience (controversée) est difficilement interprétable au vu de son protocole peu scientifique. Elle n'est pas non plus reproductible pour des questions évidentes d'éthique... Elle donne néanmoins une bonne idée de ce que des personnes « lambda » sont capables de faire. Elle eut d'ailleurs un triste écho avec l'affaire de la prison d'Abou Ghraib. À partir de 2003, pendant la guerre en Irak, l'armée américaine a administré cette prison. Des incidents ont rapidement eu lieu, et le scandale éclata finalement en 2004 : des photos de tortures et de sévices particulièrement dégradants ont émergé. Des témoignages effarants de détenus irakiens ont été recueillis, et plusieurs militaires ont été inculpés.

Sommes-nous tous des bourreaux en puissance ? Un facteur a été très clairement identifié dans de nombreux cas : celui de l'obéissance. Si une autorité que l'on estime légitime le demande, on peut aller jusqu'à tuer… C'est ce qu'on appelle la soumission à l'autorité.

En 1960, Stanley Milgram, un chercheur de psychologie sociale, met en place une recherche qui deviendra la plus célèbre dans ce domaine. À l'origine, l'étude visait à comprendre comment des gens « ordinaires » avaient pu participer aux violences nazies. Pour cela, Milgram convia des participants à une expérience, présentée comme une étude sur l'apprentissage. Ces derniers se retrouvaient dans le rôle du professeur : sous le contrôle de l'expérimentateur, une figure d'autorité, ils étaient invités à envoyer des chocs électriques à un élève pour le « punir ». Ces chocs électriques, supposés améliorer l'apprentissage, s'incrémentaient de 15 volts (V) à chaque erreur, allant jusqu'à 450 V. L'expérience se déroulait comme suit. Le participant était tout d'abord invité à tester sur lui-même un choc de 45 V pour se convaincre de la véracité de l'expérience. L'élève, attaché sur une chaise et muni d'un bracelet électrique dans une pièce attenante, commençait ensuite à mémoriser et à réciter des listes de mots. Chaque fois que le participant constatait une erreur, il devait rappeler la réponse exacte, annoncer la valeur du choc électrique de la punition et l'envoyer en actionnant un petit interrupteur. En réalité, l'élève était un complice, et les réactions de douleur, simulées, étaient pré-enregistrées… Les erreurs de l'élève s'enchaînaient, et à partir de 75 V, le participant entendait des gémissements; à partir de 120 V les plaintes étaient explicites, et à 150 V l'élève suppliait d'être libéré. À ce moment une majorité des participants doutait... Mais l'expérimentateur en blouse sermonnait alors le professeur réticent, et l'incitait à continuer: « Veuillez continuer, s'il vous plaît. » Le professeur n'était pas convaincu? L'expérimentateur insistait: « L'expérience exige que vous continuiez », puis: « Il est absolument indispensable que vous continuiez. » Si le participant maintenait sa décision d'arrêter après la dernière injonction « Vous n'avez pas le choix, vous devez continuer », alors l'expérience prenait fin. Mais s'il se résignait à poursuivre, il entendait d'encore plus vives plaintes à 270 V. Finalement, l'élève annonçait qu'il ne répondrait plus à 300 V. Le participant, s'il continuait, devait considérer l'absence de réponse comme une erreur. Au bout d'un moment l'élève restait complètement silencieux, et même les gémissements cessaient. À 450 V, l'expérience s'arrêtait. Sachant qu'une tension de 450 V est potentiellement mortelle, et qu'il était indiqué assez explicitement sur la machine qu'il s'agissait d'un choc très dangereux, nous pouvons supposer que rares sont ceux qui sont allés jusque-là pour l'unique raison qu'un expérimentateur habillé d'une blouse le leur a demandé. Plusieurs psychiatres et étudiants de l'époque avaient d'ailleurs donné leurs pronostics: seulement 2 % iraient jusqu'à 450 V, et la moyenne serait de maximum 150 V.

Résultats réels: 62,5 % des participants administrent jusqu'à 450 V... Si on en croit cette étude, presque deux tiers d'entre nous sont capables d'infliger des chocs potentiellement mortels parce qu'une personne en position d'autorité l'a demandé, en insistant avec des phrases rationnellement peu convaincantes! En moyenne, nous serions prêts à envoyer 368 V, et tous enverraient au moins 135 V... Dans une variante de l'expérience où l'expérimentateur se trouve physiquement très proche du participant, plus de 90 % acceptent d'aller jusqu'à 450 V. Et nous serions même 92 % à poursuivre l'expérience jusqu'au bout si c'est à un autre d'appuyer sur l'interrupteur…

Notre première réaction à la lecture de ces résultats, c'est de ne pas y croire. Nous n'aurions jamais pu faire ça. Nous faisons forcément partie de ces 38 % ou de ces 8 % qui ont interrompu l'expérience ! Sauf que nous sommes certainement une bonne majorité à nous croire dans cette petite minorité… une contradiction qui fait réfléchir. Pour se convaincre, et se rassurer, il faut savoir qu'aucune des personnes testées n'a pris plaisir à l'expérience, et que de hauts niveaux d'inconfort sont observés chez les participants. Cette expérience est d'ailleurs considérée comme traumatisante, et pour la reproduire, il faut aujourd'hui construire un protocole rigoureux satisfaisant à des critères éthiques très stricts. Elle a néanmoins été très souvent reproduite sous des formes diverses dans les dernières décennies.

Milgram a mis en évidence des variantes faisant descendre notre tendance à l'obéissance, comme le fait d'être en contact visuel ou physique avec l'élève (30 à 40 % des participants vont alors jusqu'à 450 V), ou encore quand la personne donnant les consignes ne se présente pas comme un scientifique mais comme une personne ordinaire (la valeur tombe alors à 20 %). La variante la plus frappante est celle où un second expérimentateur vient contredire le premier : tous les participants saisissent alors l'opportunité, et aucun ne va jusqu'à la fin.

Le problème avec cet effet, c'est qu'il ne concerne pas que l'autorité scientifique. Toute forme d'autorité est susceptible de provoquer cette soumission aveugle : la famille, l'entreprise, l'armée, la religion, etc.

Revenons sur le premier facteur que nous avons mentionné : la télévision. En 2009, des réalisateurs ont décidé de produire un documentaire critiquant les écarts de la télé-réalité* : ils ont adapté l'expérience de Milgram pour évaluer l'impact de l'autorité de la télévision sur l'obéissance. L'expérience se déroulait sous l'œil des caméras au cours d'une fausse émission, *La Zone Xtrême*. La machine pour envoyer les chocs était un peu plus impressionnante ; et les faits se déroulaient devant un public, dont les ovations (guidées par le « chauffeur » de salle) constituaient l'encouragement ultime à continuer. Le tout était supervisé par une présentatrice télé, qui représentait l'autorité. Dans ces conditions, près de 80 % des participants sont allés jusqu'à 450 V sous la pression de « la télé ». Évidemment les changements opérés rendent l'expérience difficilement comparable avec l'originelle, et le protocole confond tant de facteurs que les résultats sont difficilement interprétables. Mais ce chiffre n'est pas très rassurant et ne plaide pas en faveur de la télévision dont l'image a déjà un peu été écornée plus tôt…

Cette expérience a également permis d'aller un peu plus loin, car elle a été suivie par des mesures de la personnalité. Quels traits de personnalité facilitent la rébellion, et au contraire lesquels encouragent l'obéissance ? Les résultats sont plutôt surprenants : il semblerait que les personnalités les plus enclines à respecter l'autorité, et donc à monter haut dans les volts, soient les personnalités les plus consciencieuses et les plus aimables. Cette dernière caractéristique correspond essentiellement à une confiance plus élevée envers les autres, une plus grande préoccupation du bien-être des autres, et donc globalement des comportements plus altruistes[7].

Ce résultat est donc le plus concret pour témoigner du fait que les « gentils » peuvent devenir « méchants » ! Dans certaines situations de soumission à l'autorité, ce seraient même les plus

* *Le jeu de la mort*, documentaire écrit par Christophe Nick et coproduit par France Télévisions et la Radio Télévision Suisse 1 en 2009, diffusé pour la première fois en mars 2010.

« gentils » qui seraient les plus susceptibles d'être violents. Bien sûr, dans le cadre de la soumission à l'autorité, on ne parle pas un instant de sadisme ; les actes sont souvent visiblement en contradiction avec les envies des participants.

Ni fatal, ni absolu

D'autres facteurs que ceux que nous venons de lister nous poussent à la violence. Ces influences agressogènes sont souvent subtiles, inconscientes et agissent sur tout le monde. Même sur les hippies, l'archétype des doux rêveurs, rebelles à toute forme d'autorité et pacifistes dans l'âme ! Mais il ne faut pas pour autant désespérer et plonger dans le fatalisme. Il existe autant de facteurs qui nous rendent « gentils ». Et certains traits de caractère, que nous pouvons cultiver, limitent les dégâts. C'est le cas de notre entraînement à la désobéissance, qui pour peu qu'elle soit raisonnée, est susceptible de nous protéger de certaines dérives. Les hippies resteraient donc, dans l'idée stéréotypée, les plus armés contre la violence !

Il reste en outre une variable importante qui nous aide à lutter contre ces influences : maintenir sa vigilance. J'espère que la tâche sera plus facile après cette lecture !

En conclusion, il faut abandonner l'illusion que la personnalité est stable. Il semble que les conditions extérieures aient une influence bien plus importante que nous voulons l'admettre sur nos comportements. Il ne s'agit cependant pas de réduire tous nos actes à de simples conséquences des circonstances, une attitude que nous avons également tendance à embrasser quand cela nous arrange… Et comme presque à chaque fois que nous expliquons nos comportements en fonction de ce qui nous arrange, nous nous trompons. C'est le cas de la consommation d'alcool, qui se retrouve souvent être une magnifique excuse de notre instabilité, alors que notre taux d'alcoolémie est loin d'être le seul responsable. Et vu que l'apprentissage est largement facilité par une variation des modalités, nous n'aborderons pas ce sujet de l'influence de l'alcool sur la violence à l'écrit, mais en vidéo !

ALCOOL : LA BONNE EXCUSE ?

LES PHOBIES SE TRANSMETTENT DE GÉNÉRATION EN GÉNÉRATION

Vous êtes-vous déjà demandé ce qui fait que vous êtes vous-même ? Blond, brun, roux, avec des yeux bleus, verts, noirs… Vous connaissez sûrement la réponse : ces caractères individuels, tout comme les caractères propres à l'espèce humaine, sont codés par votre ADN, que l'on peut comparer au plan d'un architecte. Toutes les informations permettant à votre corps d'être tel qu'il est et de fonctionner correctement y sont inscrites. Plus précisément, chaque caractère est piloté par un ou plusieurs gènes, un gène correspondant à une portion d'ADN. L'ADN est « lu » et transcrit en ARN par des protéines spéciales ; on peut comparer ces protéines à des chefs de chantier, qui savent déchiffrer le plan de l'architecte et qui transmettent ensuite l'information aux ouvriers. Ces ouvriers, d'autres acteurs cellulaires, produisent alors ce qui leur est demandé : des protéines. Celles-ci assurent ensuite des fonctions essentielles dans notre organisme. Jusque-là, ce n'est pas trop compliqué.

Tout individu est le produit de gènes hérités à parts égales de ses deux parents. Les caractères transmis par l'ADN de génération en génération, et que vous avez reçus dès votre naissance, sont appelés « caractères héréditaires ». Au cours de votre vie, vous pouvez acquérir de nouveaux caractères, comme la peau bronzée si vous vivez dans des pays ensoleillés, ou encore la phobie des avions après avoir vécu un vol particulièrement mouvementé... Jusqu'à récemment, on pensait que ces caractères acquis, et donc non inscrits sur les gènes, ne se transmettaient pas à la descendance.

Or, dans un article publié en décembre 2013 par le prestigieux journal scientifique *Nature Neuroscience*[1], des chercheurs américains ont montré que des souvenirs terrifiants pouvaient être transmis sur deux générations ! Brian Dias et Kerry Ressler, de l'université Emory à Atlanta, ont conditionné des souris à craindre l'odeur d'acétophénone (une molécule caractéristique du parfum de la fleur de cerisier). Des souris mâles (génération F0) recevaient une petite décharge électrique sur les pattes chaque fois qu'elles étaient exposées à l'odeur d'acétophénone, jusqu'à l'obtention d'un réflexe de peur conditionnée, c'est-à-dire une peur provoquée par la seule présence de l'odeur. Les auteurs ont alors constaté plusieurs impacts de ce stress paternel sur la génération suivante (F1). D'une part, les souris de la génération F1 réagissaient davantage à cette odeur, et étaient beaucoup plus stressées que les souris dont les pères n'avaient pas été conditionnés. D'autre part, les souris F1 possédaient plus de neurones sensoriels responsables de la détection de l'odeur de l'acétophénone. Ces caractéristiques se retrouvaient également dans la seconde génération (F2) obtenue par fécondation *in vitro*. Il est intéressant de noter que les souris de cette seconde génération n'ont pas été en contact avec celles de la génération F1. Les nouvelles caractéristiques sont donc bien transmises par le sperme, et donc par l'ADN !

Cette découverte a remis en cause l'idée qu'un caractère acquis ne peut pas être transmis à la descendance. Une chose est sûre : ce n'est pas une modification de la séquence de l'ADN (le « plan de l'architecte »), ni un ajout de gènes qui assurent la transmission de ces nouveaux caractères à la descendance. Alors comment se fait-elle ?

C'est là que ça se corse. Dias et Ressler se sont intéressés au sperme des parents (F0) et de leur progéniture (F1). Au cours de leur analyse, ils ont observé que le gène régulant la sensibilité à l'acétophénone était « hypométhylé ». En voilà un mot compliqué !

Pour faire simple, la méthylation d'un gène permet de réguler son expression. Quand un gène est hyperméthylé, il sera très faiblement, voire pas du tout, exprimé. C'est comme si vous vouliez déchiffrer le plan de l'architecte, mais qu'une partie de celui-ci était complètement repliée et prise dans un imbroglio de cordes nouées dans tous les sens. Pas facile ! À l'inverse, quand un gène est hypométhylé, il va être fortement exprimé : le plan est bien déplié, sur une table correctement éclairée. On fonce !

La sensibilité à l'odeur d'acétophénone se transmet donc de génération en génération via une modulation de l'expression d'un gène – c'est ce qu'on appelle un processus « épigénétique ». Bien que les chercheurs n'aient pas encore compris comment les modifications épigénétiques ont pu atteindre les spermatozoïdes (par un signal hormonal ? un signal nerveux ?), cette découverte a ouvert la voie à de nombreuses autres recherches.

Chez nous, comme chez la souris, les déséquilibres nutritionnels chroniques comme la malnutrition sont source de stress pour l'organisme. En 2016, une équipe danoise s'est intéressée aux modifications épigénétiques entraînées par de tels déséquilibres[2]. Pour cela, les chercheurs ont récupéré des spermatozoïdes de sujets atteints d'obésité avant qu'ils ne subissent une chirurgie bariatrique – un acte médical visant à réduire la capacité à ingérer des aliments, de façon à favoriser la perte de poids. Un an après cette opération, les sujets étudiés ont perdu 30 kg en moyenne. Les scientifiques danois ont à nouveau récupéré des spermatozoïdes. Ils ont alors remarqué que plusieurs milliers de gènes différents (sur environ 30 000 gènes) portaient de nouvelles marques épigénétiques ! Étonnamment, ces nouveaux marqueurs sont apparus au niveau de gènes contrôlant la prise alimentaire, la sensation de faim ou de satiété. Selon Romain Barrès, directeur de l'équipe de recherche danoise, « les spermatozoïdes des sujets ayant perdu du poids portaient donc des marques épigénétiques capables d'influencer le comportement alimentaire de leurs enfants et d'améliorer leur métabolisme ».[3] Avec un ton plus personnel, Romain Barrès s'interroge également sur l'héritage que sa génération et celle de ses parents, qui ont vécu la guerre, ont légué à leurs enfants : « Mon fils avait-il donc, comme des millions d'Européens, tous enfants des deux guerres mondiales, hérité des marques de ce traumatisme ? Avait-il hérité d'un comportement prédéfini ? » La réponse à ces questions se trouve peut-être dans une autre étude parue en 2015.

Une équipe de recherche new-yorkaise, spécialisée dans l'étude du stress post-traumatique, a étudié l'impact de la Shoah sur les marqueurs épigénétiques[4]. Ils ont remarqué des modifications épigénétiques autour du gène de stress *Fkbp5* (les gènes ont tous un petit nom, souvent pas très prononçable...) chez les survivants et leurs descendants. Ces modifications ne sont pas retrouvées chez les sujets témoins. Cependant, de par le faible nombre d'individus étudiés (32 survivants de l'Holocauste et 22 de leurs descendants contre 17 individus témoins), les résultats de cette étude sont à prendre avec précaution.

À l'avenir, des études épigénétiques plus poussées offriront peut-être des solutions pour soigner les personnes atteintes de stress post-traumatique. En 2014, une équipe du MIT annonçait une piste de traitement prometteuse : ils ont réussi à effacer les marqueurs épigénétiques présents chez des souris stressées en leur administrant un médicament approprié. Les souris traitées ont alors perdu leurs peurs, et les nouvelles générations n'ont plus eu à subir les conséquences de certaines phobies ancestrales… Dans un futur plus ou moins proche, aurons-nous tous droit à des traitements permettant de réécrire notre programme épigénétique ? Nous nous affranchirions alors des effets néfastes de situations traumatisantes vécues au cours de notre vie ou par nos ancêtres.

COMMENT *VALIDER* UNE THÉORIE SANS JAMAIS LA *CONFIRMER*

Vous tenez entre vos mains un livre présentant les découvertes les plus renversantes en science. Mais a-t-on pris le temps de se questionner sur l'aspect renversant de la recherche scientifique elle-même ? La signification de la « science » est pourtant à la base de bon nombre d'incompréhensions, et il me semble judicieux d'approfondir cet aspect à l'aide de quelques interludes vidéo comme celui-ci :

BIENVENUE

Voici une phrase, quelque peu énigmatique, que l'on trouve régulièrement sous la plume des philosophes des sciences : « Une bonne manière de prouver une hypothèse scientifique consiste à essayer de la contredire, et c'est à force d'échouer avec conviction qu'elle est admise comme probablement vraie » – du moins, jusqu'au succès d'une telle réfutation.

Cette phrase soulève l'un des plus grands paradoxes de la science. D'un côté, n'importe quel chercheur en science expérimentale (physique, biologie, chimie, etc.) a conscience qu'il est impossible de tout observer avant d'émettre une hypothèse, ne serait-ce que parce qu'il est impossible d'avoir réalisé des observations futures. Rappelons que l'utilité d'une théorie scientifique tient justement dans son pouvoir prédictif (c'est-à-dire sa faculté à prédire de prochaines observations). Et d'un autre côté, le but de la science est de décrire et expliquer le monde avec la plus grande précision possible.

Cependant, lorsque les médias évoquent maladroitement la science, ou devrais-je dire « LA SCIENCE » (telle une entité supérieure et informelle qui devrait rendre muet le profane), ils emploient des formulations péremptoires du style : « la science affirme [...] », « la science a découvert [...] », « la science prouve [...] ».

LA SCIENCE ?

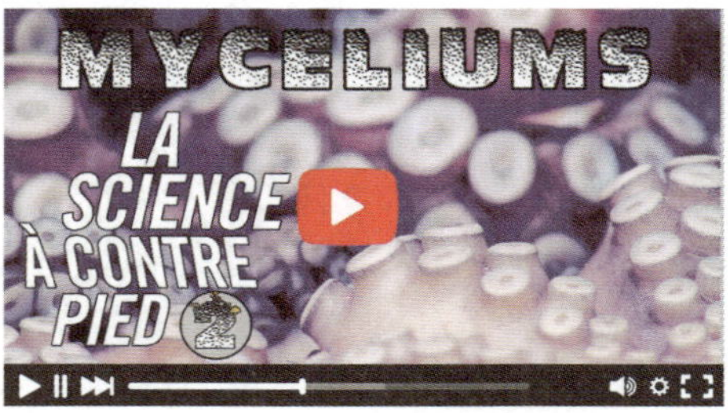

Bien entendu, cette vision de « la science » comme une autorité infaillible émettant des vérités irréfutables est complètement caricaturale. Comme dans le domaine de la justice, la vérité absolue est inaccessible ; chacun tente de s'en approcher au travers d'éléments aussi factuels que possible, éléments que l'on sait ne pas être exhaustifs. Ainsi, la recherche scientifique est une réalité, tandis que la vérité scientifique ultime à laquelle elle est censée aboutir n'est qu'un idéal. La science découle du souhait de mieux comprendre notre monde, de découvrir son fonctionnement, et d'en tirer le meilleur.

Malheureusement, malgré des fouilles minutieuses, les archéologues, historiens et savants de tout poil n'ont pas encore trouvé la notice du fonctionnement de l'Univers. Pas plus que de guide de démarrage rapide. Mais qu'à cela ne tienne ! Nous, les humains, ne sommes pas du genre à nous décourager pour si peu. Et spontanément, nous nous sommes mis à rédiger par nous-mêmes le mode d'emploi de l'Univers. Dès l'Antiquité, certains philosophes grecs se sont ainsi interrogés sur la bonne manière de comprendre notre monde*.

Plusieurs approches de la construction du savoir ont alors émergé. Ces méthodes s'appuyaient, et s'appuient encore d'ailleurs, sur plusieurs manières de penser et de raisonner autour d'un problème, ce qu'on appelle des inférences. Inférer, c'est partir de propositions (les prémisses) pour aboutir à de nouvelles affirmations (les conclusions) grâce à un raisonnement logique, et donc de nouvelles connaissances. Trois types d'inférence ont eu et ont toujours une importance majeure dans la méthode scientifique : la déduction, l'abduction et l'induction. Passons-les rapidement en revue.

* On peut citer Aristote, qui est l'un des premiers à s'être penché sur la question : « Nous estimons posséder la science d'une chose d'une manière absolue [...] quand nous croyons que nous connaissons la cause par laquelle la chose est, que nous savons que cette cause est celle de la chose, et qu'en outre il n'est pas possible que la chose soit autre qu'elle n'est. » (*Seconds Analytiques* I, 2, 71b, 9-11).

Le verre d'eau et l'océan

Tout d'abord la déduction. Dans la démarche scientifique, le raisonnement déductif permet de décrire un cas particulier issu d'une théorie générale. Par exemple : *Sachant qu'il existe un océan d'eau salée dans lequel je peux prélever des verres d'eau, j'en infère que je peux remplir un verre d'eau salée.* Une déduction a la particularité de ne produire que des conclusions vraies. Si la conclusion est fausse, ce n'est pas qu'on a mal raisonné, c'est que les hypothèses de départ sont fausses.

DÉDUCTION

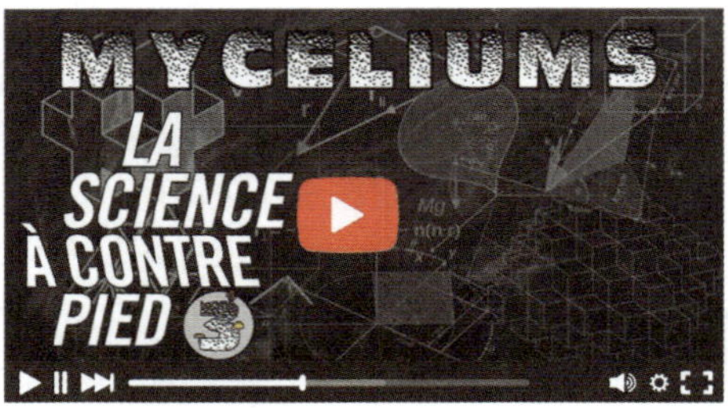

Pilier de la méthode scientifique, le raisonnement déductif permet de formuler des prédictions. C'est en prédisant avec succès des événements précis, voire des événements qu'on n'a encore jamais observés, qu'on peut éprouver la validité d'une théorie.

Mais que se passe-t-il lorsque la réalité diffère de la conclusion logique d'une théorie ; concrètement, qu'on observe autre chose que ce qu'on a prédit ? Dans le cas d'une déduction, la conclusion ne peut pas être fausse. Dès qu'une seule observation se trouve en contradiction avec la conclusion, c'est que la théorie elle-même est fausse ou mal définie, ou bien qu'elle ne s'applique pas à l'objet d'intérêt. Nous sommes alors face à une forme de réfutation que nous avons nous-mêmes construite grâce au protocole expérimental. Une fois en possession d'un contre-exemple, nous savons que la théorie est fausse.

Mais du coup, nous n'avons pas vraiment avancé... Le but, c'était quand même de produire de la connaissance, c'est-à-dire d'ajouter de nouvelles théories à l'ensemble du savoir humain ; et dans ce cas, ne vient-on pas de réduire à néant nos efforts, en réfutant la théorie qui aurait dû compléter l'ensemble de nos connaissances ? En fait, la réfutation d'une théorie n'est pas si contre-productive. L'observation qui a contredit notre prédiction est une véritable découverte ! D'accord, le résultat obtenu n'est pas celui attendu, mais nous disposons alors d'un cas particulier que nous ne pouvons pas encore expliquer – bref, un nouveau mystère à étudier et à résoudre.

Pour élaborer une nouvelle théorie qui prenne en compte cette observation inattendue, nous pouvons alors procéder d'une autre manière. Par exemple : *Sachant qu'il existe un océan d'eau salée et que je dispose d'un verre d'eau salée, j'en infère qu'il a probablement été prélevé dans cet océan.* Ce type d'inférence, c'est ce qu'on appelle une abduction.

ABDUCTION

L'abduction est le raisonnement à l'origine du processus créatif de la science. Face à l'inexpliqué, il s'agit de concevoir de nouvelles hypothèses. Il y a néanmoins quelques règles à respecter. Tout d'abord, les hypothèses ne doivent faire appel qu'à des éléments nécessaires à l'explication du phénomène nouveau et surprenant qu'on tente d'expliquer – nul besoin de remonter aux origines de l'Univers pour expliquer pourquoi l'eau bout à 100 °C.

Il faut aussi que les hypothèses soient vraisemblables. Imaginons que nous enfermons un chat et une souris dans une boîte ; si, en rouvrant cette dernière, il ne reste aucun signe de la souris, nous serions bien mal avisés d'expliquer sa disparition en formulant l'hypothèse qu'elle a été sauvée par un extraterrestre intangible de la planète Mu*.

Et enfin, il faut que l'hypothèse soit testable d'une manière ou d'une autre. Les recherches scientifiques ne s'intéressent qu'aux éléments concrets de notre monde. Il faut donc disposer d'un outil physique, ou même mathématique, permettant de vérifier la conclusion de l'hypothèse. Pour rappel, notre but est d'acquérir une meilleure compréhension du monde. Et concernant les objets et les êtres intangibles, disons qu'il n'y a pas grand-chose à tester ! Ici, l'hypothèse « le chat a mangé la souris » est une hypothèse qui est à la fois simple (le chat est un prédateur carnivore), vraisemblable (dans d'autres circonstances, on a déjà observé des chats attaquer et manger des souris) et testable (il suffit d'examiner l'estomac du félin).

Malheureusement, on ne peut accorder qu'un certain degré de confiance à notre hypothèse, même très simple, plausible, et tout à fait testable. En effet elle est au mieux « probable » et au pire « possible » – ce qui est bien mais pas top, et très loin d'être

* Extraterrestre que je nommerai un Muon. Car il est bien connu que les Muons détestent les chats.

L'EXPÉRIENCE OPÉRA

satisfaisant pour acquérir de la connaissance, car cette dernière semble impliquer l'idée de certitude.

En revanche, l'abduction est très utile pour construire un raisonnement fondé sur la troisième forme d'inférence majeure, à savoir : l'induction.

L'induction est le raisonnement qui consiste à formuler une généralité suite à l'observation d'un grand nombre de cas particuliers. C'est le raisonnement humain par excellence, parce qu'il s'appuie sur l'habitude que nous avons de voir les choses se passer d'une certaine façon à chaque observation. Par exemple : *Je prélève un grand nombre de verres d'eau dans un océan. Ils sont tous salés. J'en infère que cet océan est salé.*

Il faut bien comprendre que l'induction, au contraire de la déduction, est susceptible d'aboutir à une conclusion fausse, même si toutes les prémisses sont vraies (dans notre exemple, le verre d'eau que je m'apprête à prélever dans l'océan pourrait tout à fait ne pas être salé).

L'induction est un raisonnement probabiliste qui se sait potentiellement aboutir à une conclusion fausse.

INDUCTION

La naissance de la certitude

Mais alors, avec cet arsenal logique, peut-on avoir la certitude absolue qu'une théorie scientifique est vraie ?

Cette question a une réponse très simple : absolument pas. Et ce en raison du fait que dans les sciences de la nature, la conclusion d'un raisonnement abductif ou inductif peut toujours se révéler fausse. Tous les chercheurs en sont convaincus. La certitude absolue est une chimère, et le mieux qu'on puisse obtenir, c'est une connaissance « la plus probable possible ». Pour les scientifiques, le but du jeu sera d'augmenter cette probabilité jusqu'à une quasi-certitude.

Il est clair maintenant que nous n'aurons jamais aucune certitude absolue. Mais nous ne sommes pas pour autant forcés de renoncer à toute science ! Ce que nous pouvons tenter de faire, à présent, c'est d'énumérer les axiomes sans lesquels aucun travail scientifique n'est possible. Il va falloir définir un point de départ de ce qui est admis comme vrai.

Pour commencer, disons que le monde existe. Ensuite, disons que l'Univers fonctionne, et fonctionnera toujours de la même manière. Par exemple, quand on chauffe de l'argent pur à pression atmosphérique à plus de 1 000 °C, ce dernier fond. Si ce constat est vrai aujourd'hui, admettons qu'il était vrai hier, et qu'il le sera aussi demain. Autrement dit, les lois qui gouvernent notre univers (celles qu'on souhaite découvrir) étaient, sont, et seront toujours les mêmes. Ça n'a l'air de rien, mais sans ce postulat, il serait impossible d'acquérir la moindre connaissance, car toute observation future contredisant la théorie pourrait s'expliquer par une variation des lois de l'Univers, et ne nécessiterait pas la formulation d'une nouvelle théorie.

Et ensuite ? Nous sommes maintenant face à un univers qui existe, et qui ne changera pas. Nous pouvons commencer à formuler des hypothèses, tester leur fiabilité, et inciter d'autres chercheurs à reproduire des expériences équivalentes – tout cela pour s'assurer qu'il n'y a pas d'erreur, et ainsi pouvoir formuler des théories scientifiques. Ces théories (acceptées par la communauté scientifique) serviront ensuite à construire de nouvelles théories, les plus fiables possible. Et pour cela, les scientifiques disposent de l'abduction, permettant de formuler des hypothèses qui sont au mieux probables, de l'induction qui permet de généraliser des observations sans certitude (avec tous les problèmes que ça pose), ainsi que de la déduction, qui n'apporte aucune nouvelle connaissance, bien qu'elle permette de vérifier que les théories formulées n'ont pas des conséquences totalement absurdes. Si vous pensez que tout cela n'est pas suffisant pour être scientifiquement acceptable, alors vous avez en partie raison !

On peut ajouter un critère supplémentaire pour considérer qu'une théorie est scientifique : il s'agit de la réfutabilité. Cette notion désigne tout simplement la capacité à pouvoir réaliser une expérience contredisant la théorie. C'est l'absence de ce critère de réfutabilité qui permet d'affirmer que quelque chose est irréfutable. Eh oui, contrairement à l'idée reçue, le mot « irréfutable » a une connotation négative en science !

Suggérons, comme l'a fait Bertrand Russell, qu'une théière en porcelaine orbite entre la Terre et Mars. Et précisons que cette théière est si petite qu'aucun instrument de mesure ne constatera jamais son existence… Faute de pouvoir l'étudier, ni même de pouvoir prouver qu'elle n'existe pas, cette théière ne présente aucun intérêt scientifique. Autre exemple : selon la pratique alchimique, pour réussir la transmutation du plomb en or, l'expérimentateur doit d'abord purifier sa propre âme. Si l'expérience échoue, faut-il conclure que la transmutation des métaux est impossible avec de simples outils de paillasse, ou que l'expérimentateur n'a pas l'âme assez pure ? Ce dernier point n'est bien sûr pas mesurable…

RÉFUTATION

Une théorie irréfutable est une impasse, et ne présente aucun intérêt. Dans ce cas-là, on ne peut plus parler de théorie scientifique. Au mieux, il s'agit d'un scénario qui tantôt valide les hypothèses, et tantôt prend en compte toute forme de réfutation comme faisant partie de l'explication.

Finalement, c'est bien là l'aspect renversant de la science elle-même : une découverte se construit non sur l'observation de ce qui la confirme, mais sur la recherche de contre-exemples qui pourraient la réfuter. Un travail scientifique rigoureux ne consiste pas seulement à élaborer une hypothèse sexy. Ce n'est pas non plus uniquement l'observation méthodique d'un grand nombre de confirmations. C'est avant toute chose la recherche incessante de toute forme de contradiction.

Un bon scientifique ne cherche pas à confirmer ses travaux. Non, il échoue du mieux possible à les réfuter.

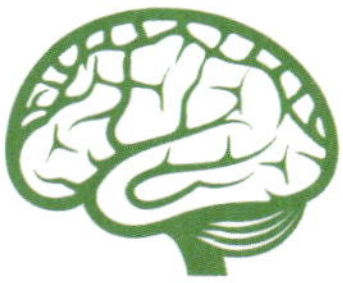

VOTRE CERVEAU N'EST PAS FAIT POUR PENSER

À votre insu peut-être, vous mobilisez votre cerveau à cet instant précis, en lisant ces lignes. C'est un fait connu : dans la tête de tous les humains où l'on a regardé, on a trouvé un cerveau. Et si l'on retire le cerveau de la boîte crânienne, son propriétaire meurt… Le consensus est plutôt général. Mais ce que nous savons aujourd'hui sur le cerveau, nous ne l'avons pas toujours su.

Ce qu'on pense savoir

Le plus ancien document faisant référence au cerveau est un papyrus égyptien datant de 1600 avant notre ère*. Il s'agit d'un texte quasi-scientifique qui s'intéresse aux conséquences de

* Le document est connu sous le nom de Papyrus Edwin Smith. Ce n'est évidemment pas le nom de son auteur égyptien, qui est inconnu, mais celui du collectionneur qui en fit l'acquisition en 1862.

traumatismes violents et notamment de coups reçus à la tête (l'auteur, un chirurgien, était probablement confronté à des blessures de guerre). On y trouve entre autres les plus anciennes descriptions du liquide céphalo-rachidien ou de la surface du cortex cérébral. De façon notable, il n'y a pas de précédents : la méconnaissance sur cette partie du corps et sur son rôle semble générale à l'époque.

Pour Aristote, penseur du IVe siècle avant notre ère, le cerveau n'est guère qu'un radiateur : sa grande taille chez l'humain l'aiderait à garder son sang-froid, et l'assurerait donc d'être plus raisonnable que les autres bêtes. Longtemps, comme Aristote, de nombreux savants ont positionné le siège de la pensée et des émotions dans le cœur, même si Hippocrate et certains autres suspectaient déjà qu'il en allait autrement. Pendant des siècles, les dissections du corps humain étant peu pratiquées pour des raisons morales et/ou religieuses, la connaissance n'a pas beaucoup progressé… Au IIe siècle de notre ère, Galien montre que c'est bien dans le crâne que se forment les pensées ; mais il faut attendre le XIXe siècle pour connaître la nature électrique des signaux qui parcourent le cerveau, et ce n'est qu'à l'aube du XXe siècle que seront découverts les neurones.

Aujourd'hui, il nous semble évident que le cerveau est le lieu où s'élaborent nos pensées, nos émotions et notre représentation du monde et de nous-mêmes. Notre organe cérébral est extraordinairement complexe ; on le considère même comme la structure la plus complexe connue à ce jour dans l'Univers. Bien sûr nous en tirons orgueil, car il nous donne le sentiment d'occuper une place à part dans la Nature. Et nous oublions allégrement nos autres qualités : il est d'usage de dire que nos sens ne sont pas particulièrement développés par rapport à ceux des autres animaux, de rappeler que nous n'avons pas de pelage, pas de griffes, et seulement des crocs piteux ; nous serions des créatures inermes et chétives. En réalité nous sommes de gros animaux, plus massifs et plus forts que la plupart de ce qui rampe, vole, nage, trottine ou reste en place. L'*Homo sapiens* est un redoutable coureur de fond qui sait épuiser sa proie, et notre vue n'est franchement pas mauvaise (pour les moins myopes ou astigmates d'entre nous). Mais notre impressionnant quotient d'encéphalisation* fait notre fierté ; c'est un peu notre superpouvoir à nous. Et s'il est si facile d'en faire la marque de ce qui nous distingue de tous les autres êtres vivants, c'est que nous ignorons collectivement et individuellement beaucoup de choses sur la manière dont cet organe fonctionne, sur l'histoire de son évolution, et sur comment il produit cette chose inexplicable : la conscience.

Les méconnaissances passées doivent nous inciter à l'humilité. Dans mille ans, on jugera sans doute bien limitée la connaissance actuelle de cet organe, et bien téméraires certaines spéculations que nous faisons sur son fonctionnement. Une chose est sûre : le cerveau n'existe pas pour penser. « C'est absurde ! », me rétorquerez-vous. Il est évident pour tout le monde que c'est avec le cerveau que nous pensons. Alors oui, bien sûr, nous pensons avec notre cerveau, et nos facultés de raisonnement ont joué un rôle fondamental dans l'histoire de la lignée humaine. Il n'en demeure pas moins un petit problème dans la phrase « le cerveau existe pour que nous pensions » : c'est le mot *pour*. Ça n'a peut-être l'air de rien, mais ce petit mot qui nous vient si facilement trahit notre difficulté à tirer les bons enseignements de la théorie de l'évolution. Si le cerveau était fait pour penser, alors tout ce qui possède un cerveau penserait. Un petit survol de l'évolution de cet organe nous montrera qu'il n'en est rien…

* Le coefficient d'encéphalisation (QE) mesure le rapport entre la taille du cerveau d'une espèce par rapport à la taille de son corps, et sa taille prédite par une loi allométrique (c'est-à-dire qui établit des relations de taille entre les parties du corps) fondée sur les mêmes mesures chez les espèces voisines. Par exemple, le QE est de 7,44 chez l'humain, de 2,80 chez le bonobo et de 2,09 chez le macaque Rhésus.

*Petit historique de l'évolution du cerveau**

Si le cerveau fonctionne, c'est parce que les cellules qui le composent sont capables de réagir à leur environnement de manière coordonnée en réponse à des signaux chimiques ou électriques. Une capacité qui ne date pas d'hier : on a montré que des organismes unicellulaires marins très frustes, les choanoflagellés, communiquent entre eux grâce à des composés identiques à ceux qu'échangent nos neurones. Et ils possèdent les mêmes canaux sodiques (des structures membranaires permettant le passage d'ions sodium) que nos neurones mettent à profit pour la transmission d'un signal électrique. Ces organismes ressemblent probablement aux créatures qui, il y a 850 millions d'années, marquèrent l'émergence de tout le règne animal.

Par la suite, chez les métazoaires (c'est-à-dire les animaux constitués de plus d'une cellule), certaines cellules se sont spécialisées dans la transmission d'informations, permettant ainsi une meilleure réactivité de l'organisme à son environnement. Chez les éponges de mer, qui ne possèdent aucun système nerveux, on trouve pourtant des structures qui ressemblent aux synapses**.

Il y a quasiment 600 millions d'années, à l'époque où nos ancêtres semblables à des vers acquéraient une symétrie bilatérale, un système nerveux central a commencé à se mettre en place avec des rassemblements de neurones : des ganglions. Le ganglion le plus sophistiqué s'est développé près de la bouche et des yeux. Parmi les vertébrés, on trouve aujourd'hui un cerveau rudimentaire chez les amphioxiformes, où il se compose d'une structure dédiée au contrôle de la nage, et une autre dédiée à la

* Cette section est en partie inspirée par l'article « A brief history of the brain » de David Robson, publié dans *New Scientist* en 2011.

** Les synapses sont les zones de contact spécialisées entre deux neurones, par lesquelles ils échangent des signaux chimiques.

vision. Cette lignée d'animaux s'en sort parfaitement bien depuis plusieurs centaines de millions d'années, sans s'encombrer de plus de matière grise. On pense même que la lignée des *Enteropneusta* (des vers marins) a perdu son cerveau au fil des générations, preuve que cet organe n'apporte pas que des bénéfices : les coûts (notamment énergétiques) sont susceptibles de remettre en question l'avantage de le maintenir.

Le mouvement serait la clef du mystère

Pour le neurobiologiste Daniel Wolpert, tous ces éléments indiquent que si les animaux ont acquis un cerveau, cela a tout à voir avec le mouvement. Comment se déplacer, comment agir sur l'environnement, comment contrôler ses mouvements de sorte à produire un comportement viable ? Tels étaient sans doute les défis auxquels la branche du vivant menant aux animaux a répondu en produisant, petit à petit, sous la contrainte de la sélection naturelle, le cerveau.

Ce point de vue est étayé par l'étrange particularité des ascidies, qui sont des vertébrés marins à la morphologie primitive (c'est-à-dire proche des formes fossiles de nos ancêtres communs avec elles). Leur cycle de vie comporte un stade larvaire dit « libre » et un stade adulte où l'animal reste fixé sur un support. Durant le stade larvaire, l'ascidie doit être capable de nager et de trouver un support où se fixer. Elle se métamorphose ensuite pour passer au stade adulte, pendant lequel elle ne se déplacera plus jamais. N'ayant plus besoin de générer le moindre mouvement, l'ascidie digère alors son propre système nerveux !

Si l'on poursuit notre examen de l'évolution des caractères dans la partie de l'arbre du vivant où nous nous trouvons, on constate que les vertébrés ont acquis une morphologie de poisson, et que leur cerveau a vu se développer des structures toujours présentes chez nous comme le tectum optique, qui dirige notre attention vers des objets d'intérêt dans notre champ visuel, ou encore l'amygdale, un ensemble de structures, au cœur du système limbique (la zone la plus fortement impliquée dans nos émotions), qui sont impliqués dans l'évaluation de la valeur émotionnelle des stimuli. Nos réactions instinctives de plaisir mais surtout de peur viennent de cette région.

Sur l'arbre du vivant, les organismes qui prennent une forme d'amphibien continuent d'être favorisés quand ils possèdent des cerveaux plus grands et plus complexes. Quand arrive le tour des mammifères, il y a 250 millions d'années, on observe une tendance accentuée de la croissance de la taille du cerveau proportionnellement à la taille du corps. Dans les crânes fossilisés de ces mammifères anciens, on constate que les zones qui se sont développées en premier sont liées au sens de l'odorat et au toucher. Plus tard se développent les couches externes des hémisphères cérébraux chez les animaux qui nous sont apparentés. Ce néocortex se met en place en étroite relation avec le système limbique. Après la disparition des dinosaures, il y a 65 millions d'années, de nouvelles niches écologiques s'ouvrent pour les mammifères, et notamment pour les primates chez qui l'environnement sélectionne une bonne vue et une grande agilité, des caractères étroitement liées aux capacités de traitement du cerveau.

Nous examinons à présent la branche des primates, et le plus gros du voyage est déjà derrière nous. Chez ces animaux au comportement complexe, les interactions entre les individus et la vie sociale sont devenues cruciales. Parmi les différentes espèces de primates, on relève une corrélation entre le nombre de relations que les individus entretiennent entre eux et la taille du cerveau, en particulier le néocortex frontal. Déjà, le cerveau est capable d'abstraction et d'inférences à partir de la très grande quantité d'informations qu'il traite. Cependant, il doit encore se dérouler un événement important pour que la branche des hominidés (la nôtre au sein du groupe des primates) continue à se doter d'un cerveau de plus en plus volumineux, alors que les branches voisines conduisant aux autres grands singes ne présentent pas cette tendance. Les hominidés ont quitté la forêt, ont marché sur deux jambes… mais le cerveau de nos ancêtres se serait démarqué de celui de nos cousins primates il y a seulement 2,5 millions d'années, et par un mécanisme non encore élucidé. Ce n'était sans doute pas « pour » faire des maths ou se poser des questions existentielles.

Une explication possible à cette poussée de croissance du cerveau est liée aux muscles de la mastication. Le régime alimentaire de nos ancêtres s'est modifié, les besoins en mastication se sont réduits et les muscles dédiés sont devenus moins proéminents. Ce phénomène a probablement réduit une contrainte physique sur le crâne, qui a alors pu se développer et offrir plus de place au cerveau[1]. À partir de là, les choses se sont emballées grâce à des boucles de rétroaction positive : un cerveau plus gros élabore de meilleures stratégies en vue d'obtenir des ressources, et ces ressources supplémentaires sont alors capables d'alimenter… un cerveau encore plus gros. La cuisson des aliments suite à la domestication du feu a pu jouer un rôle similaire. En conséquence, la survie des individus avec les plus gros cerveaux, et celle de leur descendance, étaient favorisées.

En parallèle éclot la culture : avec le langage, les outils, l'apprentissage, etc., elle apporte de nouveaux avantages dans la lutte pour la survie. Une fois le langage acquis, on peut s'attendre à une forte pression de sélection pour la fixation des caractères biologiques qui améliorent son usage. À cela s'ajoute la compétition sexuelle, apte à sélectionner des caractères extravagants comme la queue du paon ; elle a pu jouer un rôle de premier plan dans l'apparition des gros cerveaux humains (des recherches sont encore en cours pour clarifier ce rôle). Et puis enfin, il y a 200 000 ans, nous voici, nous, *Homo sapiens*, embarqués dans ce mouvement dont nous sommes une des extrémités momentanées, comme l'ont été en leur temps toutes les générations qui nous ont précédés.

L'histoire du cerveau humain, rapidement survolée dans ces quelques lignes, ne doit surtout pas nous faire croire qu'il existerait dans la nature une force directrice vers un cerveau de plus en plus gros. Si cela semble être le cas parmi certaines familles de vertébrés, cette évolution est loin d'être la règle dans le reste du vivant. Et le reste du vivant est beaucoup plus vaste que la branche des vertébrés. Du reste, on constate une légère diminution de la taille du cerveau de notre espèce depuis les débuts d'*Homo sapiens*. N'oublions pas non plus que les plus gros cerveaux de notre famille se nichaient dans la tête des Néandertaliens, disparus voici trente ou quarante mille ans…

Si le cerveau existe sans doute initialement pour faire bouger un corps, comment en sommes-nous arrivés là ? Qu'est-ce qui explique que les écosystèmes soient dominés par tant d'espèces possédant un cerveau développé ? Quel est le véritable rôle d'un très gros cerveau comme le nôtre ?

Sécréter du futur ?

Les organismes autour de nous sont le résultat d'une histoire évolutionnaire complexe. Ils ont hérité leurs caractères des générations précédentes. Le jeu continuel des mutations et des brassages génétiques est impitoyablement sanctionné par la compétition entre espèces et entre individus qui a éliminé, lentement et par itérations, toutes les variantes peu aptes à la survie et à la reproduction. Après plus de trois milliards d'années d'évolution, les organismes actuels se trouvent dotés des caractères qui assurent les meilleures chances de survie… pourvu que l'environnement continue à suivre les règles qui présidaient au cours des générations passées. À cet égard, le cerveau loge à la même enseigne que le pancréas ou le gros orteil : il existe chez nous parce qu'il a participé à la survie et/ou à la reproduction de nos ancêtres. Tous nos organes sont par définition des organes de survie. Tout ce paragraphe tient de la lapalissade ; c'est évidemment la base de ce que dit la théorie de l'évolution, mais voyons où cela nous mène.

Nous avons vu que le cerveau a vraisemblablement pour origine le besoin de contrôler les mouvements de l'organisme, puisque ce qui ne bouge pas n'a pas de cerveau. Mais pourquoi passe-t-on d'un cerveau à un *très gros* cerveau ? Comment le gros cerveau participe-t-il à la survie ? Il semble que la réponse à cette deuxième question soit en fait intimement liée à la première. Un gros cerveau offre une meilleure anticipation de ce qui se passe autour de l'animal. Et l'anticipation est ce qui permet d'adopter un comportement, d'engager un mouvement compatible avec la survie. On peut voir le gros cerveau comme une glande qui forme une représentation du futur, représentation à partir de laquelle l'animal adapte son comportement.

Qu'est-ce qui permet de considérer que le cerveau « sécrète du futur » ? Eh bien, regardons comment son action s'inscrit dans le temps. Le cerveau centralise les informations collectées par les organes récepteurs : ceux de la vue, de l'odorat, de l'équilibre, de la douleur, etc. Le temps que le signal soit reçu, transmis, intégré et traduit en une représentation de l'environnement, des centaines de millisecondes s'écoulent. Le cerveau conscient n'a accès qu'à une image du monde légèrement périmée. Nous percevons donc le passé ! Quand nous prenons la décision de bouger notre corps, il se produit quelque chose de similaire : la commande est produite quelque part dans le système nerveux central, elle est transmise via les fibres nerveuses jusqu'aux organes qui effectuent le mouvement, et cela prend encore des centaines et des centaines de millisecondes. L'action décidée ne se produit donc pas instantanément, mais dans un futur proche.

Comme nous l'avons dit, les animaux qui ont les meilleures chances de rester en vie et de se reproduire, et donc de transmettre leurs caractères aux générations suivantes, sont ceux qui sont capables d'agir conformément à ce que le monde autour d'eux propose de défis, d'opportunités et de dangers. Toutes choses égales par ailleurs, le cerveau qui sera capable, à partir des données périmées dont il dispose, de se doter d'une représentation fidèle de ce que sera le monde au bout du laps de temps qu'il faudra au corps pour réagir aux données recueillies… ce cerveau-là apportera au corps qui l'abrite, qui le nourrit, et aux gènes qui codent sa fabrication, de meilleures chances de survie et de reproduction. Le rôle principal du gros cerveau semble donc d'assurer une forme de contemporanéité entre le corps et son environnement, en dépit d'un décalage irréductible.

Dans son livre *Le gène égoïste*, inspiré des travaux de George C. Williams, Richard Dawkins estime que les organismes sont des « machines à survivre », produites par des gènes pour lesquels ils représentent de simples véhicules assurant leur dissémination. Le cerveau assume les fonctions qui ont gardé nos ancêtres en vie assez longtemps pour se reproduire efficacement, et il a donc des caractères compatibles avec la survie. Mais si la survie est LE critère autour duquel est centrée l'édification du cerveau, alors la conformité de nos représentations avec le monde réel n'est plus nécessaire, car d'autres facteurs peuvent avoir un rôle plus important encore pour une espèce sociale comme la nôtre. L'environnement le plus crucial pour la survie des humains, c'est son entourage formé par les autres humains, avant même la nature sauvage qui les entoure. Il faut donc que le cerveau soit adapté à cette dimension prééminente de notre environnement. Or, dans ce contexte, la rationalité (au sens d'un mode de raisonnement structuré qui élabore des pensées sur le mode hypothético-déductif) n'est pas forcément le meilleur atout ; et c'est bien pour ça que les maths, la logique et les sciences représentent des activités coûteuses et *a priori* peu attrayantes. Si elles sont si complexes pour nous, c'est parce que nos ancêtres n'étaient pas obligés d'y exceller. L'évolution ne les a pas prioritairement dotés de ces facultés-là !

Dans les grandes lignes, nos aptitudes cognitives et intellectuelles sont le résultat de la sélection pour des cerveaux capables de sécréter du futur – en particulier dans le cadre des interactions sociales – et le résultat des paramètres qui ont présidé au choix des partenaires sexuels de nos très nombreux ancêtres.

Mais il n'y avait pas vraiment d'obligation à ce que la capacité à élaborer une pensée rationnelle et méthodique s'impose chez l'humain. Nul doute que cette aptitude apporte de grands avantages en rendant plus efficace et plus durable l'exploitation des ressources dont dépend une lignée ; et on peut s'attendre à ce que ce caractère bien particulier, quand il apparaît, soit aussitôt favorisé sur le plan de la sélection naturelle. Mais avoir un gros cerveau, ça se paie énergétiquement. Cher. Un gros cerveau n'est pas forcément un équipement souhaitable pour un animal. La preuve en est que les gros cerveaux sont rares ; l'humain est peut-être le seul être de toute l'histoire de la vie sur Terre à en posséder un qui soit aussi complexe. Et on peut se demander pourquoi...

Faites-en bon usage malgré tout !

En conclusion, vous pensez avec un organe qui est le fruit imprévu d'une longue histoire. Au cours de celle-ci, les avantages successifs apportés par le cerveau ont fait émerger les ingrédients de la conscience, préalable à l'exercice du raisonnement et de la pensée réflexive. Que l'émergence de la conscience soit une étape logique et inévitable de la vie, ou qu'elle soit au contraire un accident statistiquement des plus improbables, l'existence même de cette matière pensante nous donnera encore longtemps matière à penser... Parce que le cerveau n'est pas fait pour penser, penser est un exercice complexe et truffé de pièges. Et pour bien penser, nous avons besoin de pallier nos erreurs intuitives, inhérentes à un organe qui répond surtout aux besoins de la survie dans la savane. Pour contrer nos approximations, nos multiples biais de raisonnement et les raccourcis cognitifs que sont par exemple les préjugés, nous avons besoin de passer nos idées au crible de la démarche scientifique. Celle-ci est notre meilleure option pour aboutir à une pensée raffinée – et pour nous débarrasser enfin des scories d'irrationalité laissées par l'histoire mouvementée du cerveau, le premier organe à enquêter sur les raisons de sa propre existence.

Anarchie dans la colonie !

Les insectes sont rarement dans la lumière des projecteurs ; nous leur préférons les mammifères, poilus et mignons, ou encore les oiseaux, dont nous envions l'élégance en vol… Un groupe fait cependant exception et suscite à la fois fascination et curiosité : celui des fourmis.

Les fourmis sont principalement connues pour leur organisation sociale en différentes castes : ouvrières affairées, soldates aux mandibules acérées et bien sûr, une reine occupant le cœur de la colonie. Mais ce qui nous étonne et nous interroge, c'est la capacité qu'ont ces petits organismes à réaliser des prouesses. Minuscules, elles construisent pourtant des cités souterraines gigantesques à faire pâlir un architecte. Fragiles, elles se lancent sans crainte dans des combats sans merci contre leurs adversaires, et maîtrisent l'art de la guerre. Munies d'une intelligence limitée, elles utilisent cependant des outils et résolvent des problèmes complexes. Fortes de ces capacités, les quelque 12 000 espèces de fourmis se sont réparties sur tous les continents (en dehors de l'Antarctique) ; et on les trouve dans les endroits les plus improbables, depuis les déserts sahariens jusqu'aux grottes les plus profondes, sans oublier le sommet des montagnes.

Évidemment, cet incroyable succès n'est pas sans rappeler une autre espèce, un peu plus grosse certes, mais qui a également imposé son empreinte sur le monde : l'espèce humaine. Les similitudes entre les sociétés de fourmis et les nôtres ont conduit de nombreux savants, politiciens et écrivains à les considérer comme de véritables répliques miniatures de nos sociétés humaines. Il existe pourtant une différence de taille entre elles et nous : leurs sociétés sont purement et simplement anarchistes ! Aucun contrôle descendant ne s'exerce dans la fourmilière ; il n'y a aucun centre de commande, aucune chaîne hiérarchique assurant la distribution des tâches. L'idée dominante et tenace selon laquelle la reine joue un rôle prépondérant dans la centralisation et dans la distribution de la main-d'œuvre est totalement erronée. En outre, individuellement, les fourmis ne sont pas très… comment dire ? Malines. La réalité est donc très éloignée des représentations romancées d'individus conscients, intelligents, rationnels et parfois même philosophes, comme ils sont présentés dans la célèbre trilogie sur les fourmis écrite par Bernard Werber. Une fourmi seule est *a priori* incapable d'intégrer des informations complexes sur les besoins de l'ensemble de la colonie, et encore moins de former des pensées abstraites. Et pourtant ces individus limités, sans conscience définie de ce qu'ils font ni du but de leurs actions, réalisent ensemble des exploits remarquables! Mais comment?

Sans dieux ni maîtres, l'union fait la force

Premier élément du succès des fourmis: l'incroyable cohésion et la solidarité entre les individus d'une colonie. Partage de nourriture, surveillance et protection collective, soins et sacrifices individuels sont le quotidien de ces petites bêtes. Comble du comble, dans la fourmilière, seule la reine se reproduit, assistée, bichonnée et chouchoutée par ses servantes. Tout cela semble louche voire... contre-nature. Nul besoin d'observer la nature pendant des lustres pour constater que bien souvent, chacun lutte égoïstement pour sa propre survie – et que le meilleur gagne! Pourquoi donc travailler sans relâche pour les autres? Pourquoi risquer sa vie à chaque croisement de chemin pour nourrir des individus qu'on n'a jamais croisés? Et surtout, pourquoi les milliers voire millions de fourmis ouvrières et soldates ne se reproduisent-elles pas dans leur coin, au lieu de laisser ce «Graal biologique» à la reine?

Pendant des décennies, les scientifiques tentèrent en vain d'expliquer comment un tel degré d'altruisme avait pu apparaître au cours de l'évolution. Un beau jour de 1964, la première explication solide fut proposée par le biologiste anglais William Donald Hamilton. Ce dernier proposa que l'altruisme entre individus d'une même espèce peut être retenu par le processus de sélection naturelle à condition que l'apparentement entre individus soit important, c'est-à-dire que les individus aient de nombreux gènes en commun. La théorie de la «sélection de parentèle» était née.

Très bien, me direz-vous, mais où est le lien avec nos bestioles? Regardons de plus près: dans le schéma habituel, une fourmilière n'est autre qu'une grande famille composée d'une seule reine fondatrice, fécondée par un mâle pendant son vol nuptial, et dont la seule raison de vivre est de pondre des œufs. De ces œufs éclosent les milliers voire millions d'ouvrières et soldates affairées au bon fonctionnement de la colonie. Dans ce schéma, tous les membres de cette société (ouvrières et soldates) sont des sœurs... Mais des sœurs vraiment très proches, grâce à une subtilité génétique caractéristique des fourmis. En effet, dans l'espèce humaine, mâles et femelles sont « diploïdes », c'est-à-dire qu'ils possèdent chacun des paires de chaque type de chromosomes, un provenant de la mère, et un provenant du père (l'exemple le plus connu étant la paire de chromosomes sexuels: un X et un Y pour les garçons, deux X pour les filles). Ainsi, chez les humains, le pourcentage de similitude génétique entre enfants d'une même famille est de 50 % en moyenne, chacun ayant aléatoirement hérité d'une moitié du patrimoine de chaque parent. Or, chez les fourmis, les mâles proviennent d'œufs non fécondés et ne possèdent donc qu'un seul chromosome par type de chromosome. On dit qu'ils sont « haploïdes ». Par conséquent, le père de la fourmilière transmet exactement le même patrimoine génétique à toutes ses filles, alors que la mère, diploïde, transmet aléatoirement 50 % du sien. Pour la faire courte, on se retrouve avec 75 % de gènes en commun entre sœurs d'une fourmilière (si vous n'avez pas tout suivi, le schéma explicatif ci-contre est là pour vous). Et ça fait beaucoup! Au point que la proximité entre sœurs est plus grande que la proximité génétique qu'aurait une ouvrière avec sa propre progéniture si elle se reproduisait avec un mâle. En conclusion, du point de vue génétique, les membres de la colonie ont donc tout à gagner à œuvrer au succès collectif et à assurer le bien-être de la reine, plutôt que de se lancer en free-lance. Les comportements

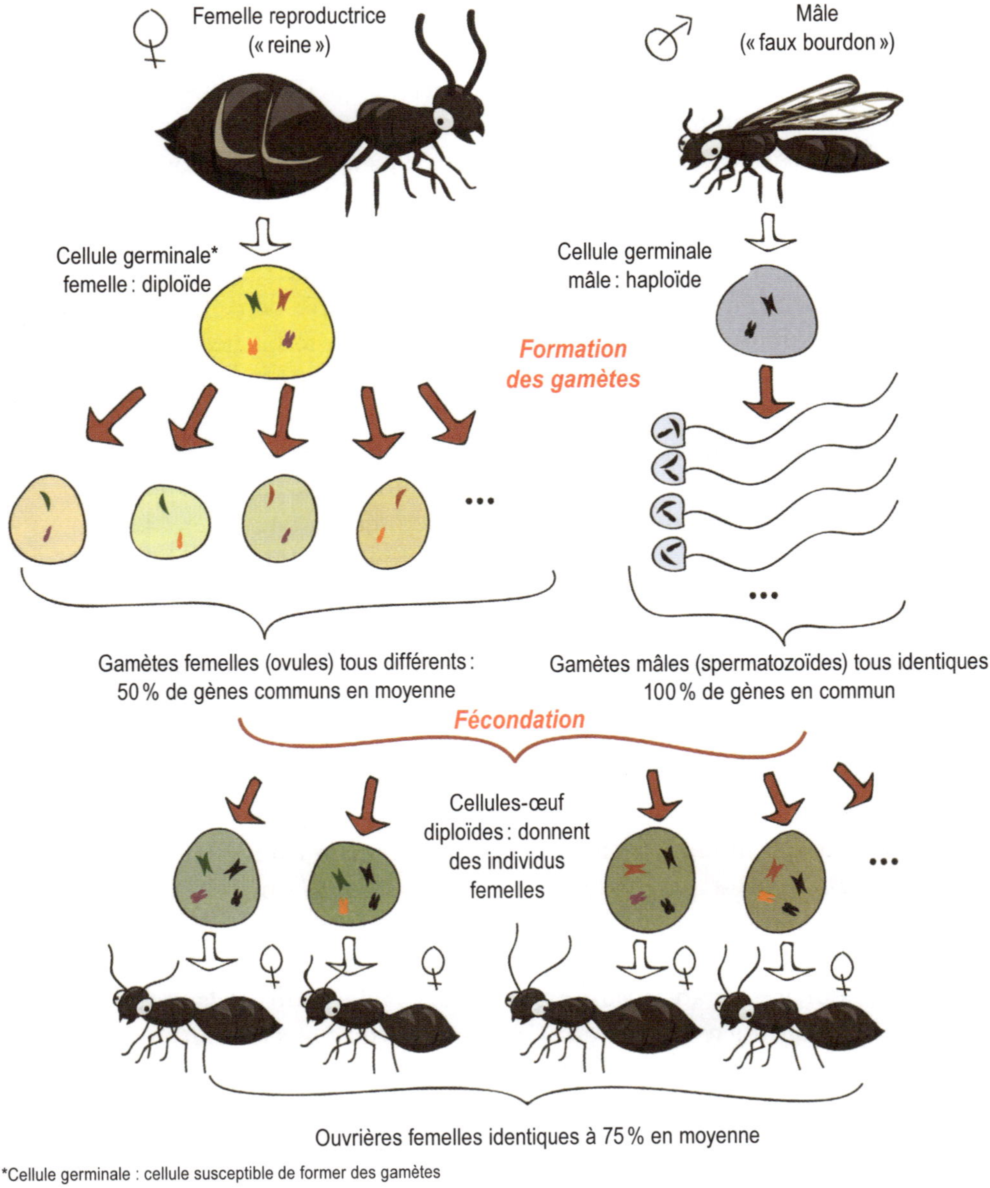

Sélection de parentèle. C'est grâce à la proximité génétique entre les individus que la cohésion sociale est maintenue dans les fourmilières.

altruistes que l'on observe ne sont en réalité que le produit d'un « égoïsme génétique ».

La proximité génétique est donc un élément essentiel et fondateur de l'altruisme dans la colonie. Une nouvelle question se pose alors : comment font les fourmis d'une même colonie pour s'identifier et se reconnaître entre elles ? Placez une fourmi de la même espèce mais étrangère à la colonie à l'entrée de celle-ci : si la malheureuse n'a pas le temps de fuir, elle finira hachée menu dans les mandibules d'une soldate sans autre forme de procès. Ici, la réponse tient à une forme de code d'identification immatériel qu'arborent les membres d'une colonie, sous la forme d'un bouquet de phéromones étalé sur leur cuticule. Chaque espèce de fourmis a son propre mélange de phéromones qui diffère des autres, et au sein d'une même espèce, ce sont simplement les quantités relatives de chaque phéromone composant le bouquet qui varieront selon les colonies. Bien entendu, comme les produits sont synthétisés par des individus ayant des patrimoines génétiques proches, les parfums individuels vont de fait avoir une base commune et facilement reconnaissable par toutes ! Il n'est donc point nécessaire de connaître l'identité de chacune pour savoir si une fourmi fait bien partie de la famille : un simple test olfactif suffit, ce qui fluidifie nettement les contrôles à la frontière.

Mais ce n'est pas tout. L'odeur de chaque fourmi est aussi influencée par son âge et par son environnement, ce qui implique que ses activités journalières modifient son odeur. Par exemple, une nourrice restant au nid pour s'occuper des œufs de la reine n'aura pas la même odeur qu'une soldate postée dans les fourrés à l'extérieur de la colonie. D'après les chercheurs, il semblerait que ces variations olfactives permettent à chaque individu de reconnaître la fonction qu'occupe la fourmi voisine, et ainsi d'adapter son comportement. Des myrmécologues facétieux se sont ainsi amusés à placer à l'entrée de la colonie une fourmi nourricière qui n'avait jamais mis une antenne dehors. Il ne fallut pas longtemps pour qu'elle soit ramenée *manu militari* au sein du nid par des fourrageuses qui revenaient d'expédition! Malgré les variations odorantes induites par les activités pratiquées, la reconnaissance se maintient grâce à des échanges corporels fréquents entre les individus, que ce soit via la promiscuité physique dans le nid, le toilettage collectif ou encore via les trophallaxies (des séances de partage de contenus stomacaux, en bouche-à-bouche, ce qui est plutôt commode quand une fourmi a un petit creux). Grâce à un fin équilibre entre les petites variations individuelles et l'homogénéisation régulière de l'odeur, la colonie maintient ainsi son intégrité intacte, tout en facilitant son organisation interne.

Où tu iras, j'irai

Maintenant que nous avons éclairci le premier élément du succès des fourmis, voyons comment nos petites anarchistes assurent une tâche complexe comme la recherche et la collecte de vivres. Quand on observe les fourmis s'affairer à l'extérieur du nid, il semble que chacune sait ce qu'elle fait et où elle va, sans l'aide de GPS ni de plan. Comme dit plus haut, en réalité, la plupart d'entre elles n'ont pas la moindre idée de ce qu'elles font. L'exploration commence par quelques individus qui s'éloignent du nid en quête de ressources, de matériaux de construction pour le nid, ou d'embrouilles. Ces fourmis pionnières laissent derrière elles, telles des petits poucets, une trace odorante composée de phéromones sécrétées par une glande proche de la région anale : la glande de Dufour. Grâce à cette trace, elles retrouveront le chemin du nid quelle que soit la direction prise. Lorsqu'une exploratrice découvre une ressource alléchante, comme une baie ou un insecte juteux, l'excitation induite modifie le cocktail de phéromones qu'elle dépose sur le chemin du retour. Et c'est précisément cette nouvelle odeur qui attire les autres fourmis des alentours : ce phénomène d'attraction s'appelle « le recrutement ». En quelques secondes, les fourmis les plus proches se mobilisent et prêtent patte forte pour le transport de la ressource nouvellement acquise vers le nid. Ces recrues laissent à leur tour un signal positif qui sera reçu par de nouvelles fourmis, et ainsi de suite jusqu'à l'épuisement de ladite ressource. Celles qui arrivent après la bataille repartent sans laisser de traces intéressantes, si bien que les phéromones, à défaut d'être entretenues, finissent par être dispersées par évaporation naturelle – c'est la fin du mouvement de foule. Ce signal chimique est d'autant plus intéressant que les fourmis semblent capables de le moduler en fonction de l'intérêt gustatif et nutritif de leur trouvaille. Par exemple, si on dépose deux gouttes d'eau sucrée à une même distance du nid, les fourmis exploratrices laisseront une trace olfactive d'autant plus attirante que la goutte est riche en sucre. Ainsi, un observateur extérieur aura l'impression que la colonie, placée devant ce dilemme cornélien, fait « un choix » éclairé entre les deux ressources.

De même, la fourmilière semble toujours apte à choisir le chemin le plus court pour rallier un point A, disons le nid, à un point B (un point d'eau ou une ressource alimentaire, par exemple). Le mécanisme est en réalité très simple : une fourmi exploratrice parcourant le chemin le plus court reviendra plus vite au nid que celle ayant choisi un chemin plus long. Ainsi le premier chemin sera plus odorant que le second, et les fourmis suivantes suivront naturellement le chemin le plus parfumé, renforçant à leur tour la trace olfactive. Par ailleurs, les phéromones étant volatiles, elles disparaissent rapidement de la piste ; celles déposées sur le chemin le plus long auront donc tendance à s'envoler avant d'être perçues par une autre fourmi. À terme, il ne reste plus que le chemin le plus court. Ce mécanisme simple de création « d'autoroute à fourmis » est particulièrement efficace, et fait économiser à la colonie une énergie et un temps précieux. Malheureusement, la simplicité du mécanisme induit parfois des erreurs à la portée dramatique, notamment chez les fourmis légionnaires d'Amérique du Sud. Ces nomades bigleuses de la forêt ont pour habitude de se déplacer en caravanes de plusieurs milliers à millions d'individus, formant des autoroutes gigantesques. Or, des observateurs ont eu la surprise de rencontrer des tourbillons géants allant jusqu'à plusieurs dizaines (voire centaines) de mètres de circonférence: les fourmis esseulées y tournent toutes autour d'un même point jusqu'à mourir d'épuisement! Une unique fourmi peut être à l'origine de ce comportement aberrant. Il suffit qu'elle fasse un tour par erreur et retrouve par hasard l'arrière de la caravane; suivie des autres fourmis, elle entraînera la colonie tout entière dans une spirale infernale.

Ces rares déconvenues mises à part, le mécanisme de recrutement est particulièrement efficace. Reste une question à élucider pour comprendre comment la fourmilière s'organise. La force des fourmis réside dans leur capacité à gérer plusieurs choses en même temps et à se répartir les tâches. Cependant des dizaines voire centaines de signaux olfactifs sont continuellement déposés par chaque individu. Comment les fourmis font-elles pour hiérarchiser les tâches, ou plus simplement, comment choisissent-elles le chemin olfactif à prendre?

La subtilité réside dans le fait que les fourmis, en fonction de leur âge, de leur caste, de leur état physiologique et même de leur expérience personnelle, ne répondent pas de la manière identique à un même stimulus. Certaines, généralement les plus adaptées à la tâche proposée, sont physiologiquement programmées pour réagir au quart de tour à la réception d'un certain type de phéromone, quand d'autres y seront insensibles. Il est en effet préférable que ce soient des soldates qui répondent aux phéromones de stress émises en cas d'attaque, plutôt que de jeunes ouvrières, plus petites et moins armées pour repousser un agresseur... Chaque individu est donc amené à poursuivre une activité adaptée à sa caste et à ses capacités. À l'échelle de la colonie, cette diversité physiologique des réponses maintient une « réponse globale » cohérente face aux besoins divers et variés du groupe : défense, construction, ressources. Les scientifiques estiment même que cette flexibilité et ce dynamisme des réponses aux stimuli sont au cœur de la réussite des animaux eusociaux* comme les fourmis, mais également les abeilles, les guêpes et les termites.

Pas d'ego dans le lot

Chez les fourmis, le succès dépend également de l'absence quasi-totale « d'importance » de l'individu. Dès qu'elles atteignent leur forme adulte, les fourmis travaillent sans relâche pour la colonie et se sacrifient à l'intérêt général. Dans les fables de La Fontaine et dans la culture populaire, la fourmi est donc la bosseuse par excellence, dont toute la vie est consumée par le labeur ! De nouvelles observations semblent pourtant contredire cette vision. En effet, les scientifiques ont remarqué qu'un bon nombre de fourmis ne font strictement rien dans la colonie. Ces fourmis, dites « paresseuses », semblent profiter de la climatisation du nid quand d'autres s'échinent à rapporter des vivres, réparer les toitures et chasser les intrus du territoire… Tricheuses ? Révolutionnaires ? Rien de tel. Une étude récente a montré que ces fourmis bulleuses endossent en réalité un rôle nécessaire pour assurer la continuité des tâches de la colonie : elles sont simplement « désactivées » en attendant de remplacer des camarades fatiguées. Ainsi, en réduisant la productivité immédiate de certains membres de la société, la productivité globale s'en trouve maximisée.

* Le préfixe « eu- » signifie « vrai ». L'eusocialité en biologie définit des sociétés d'organismes répondant aux critères suivants : division en plusieurs castes avec une caste reproductrice, cohabitation de plusieurs générations, cohésion sociale et soins collectifs aux jeunes.

La valeur même de la vie d'un individu n'est qu'accessoire. Dans certains cas extrêmes, certaines fourmis en viennent à se suicider pour assurer le bon fonctionnement de la colonie. À l'instar des abeilles qui meurent après avoir piqué leur agresseur, plusieurs espèces de fourmis n'hésitent pas à se confronter à un ennemi beaucoup plus gros qu'elles si cela s'avère nécessaire. D'autres vont carrément jouer les kamikazes, comme les espèces *Camponotus saundersi* et *Camponotus cylindricus*, qui possèdent des glandes à glu corrosive qu'elles font exploser afin de terrasser l'ennemi. Vous allez me rétorquer que faire la guerre et sacrifier des vies, les humains savent aussi le faire, et avec un certain talent! Et vous avez raison. Mais connaissez-vous beaucoup de gens qui se sacrifient juste pour fermer la porte de leur maison? Non? Rendez-vous compte: chez les fourmis brésiliennes *Forelius pusillus*, ce petit drame se déroule quotidiennement! À la fin du jour, elles ont pour habitude de fermer les entrées de leur nid en les bouchant avec quelques particules de sol et de sable. Quand le trou est presque clos, les travailleuses rentrent aux abris… à l'exception d'une ou deux ouvrières qui restent dehors pour fignoler le travail et soigneusement camoufler l'entrée. Pour elles, il n'est point de salut. Elles meurent dans la nuit d'une quelconque façon, mangées, gelées, voire plus poétiquement: emportées par le vent vers des contrées lointaines. Mais pourquoi donc se séparer ainsi, tous les jours, d'une partie de sa force de travail?

Eh bien, la dure loi de la productivité fait que ces quelques individus seront remplacés, en une contraction d'abdomen, par la reine de la colonie (certaines reines pondent jusqu'à 50 millions d'œufs par an !), et qu'en proportion de la masse globale (100 000 individus environ par colonie chez cette espèce), ces quelques individus sacrifiés sont parfaitement négligeables. De plus, comme nous l'avons vu précédemment, l'individu sacrifié tire lui aussi un

intérêt de cette triste situation, puisque son action protège le nid, donc la reine, donc la transmission de ses propres gènes.

En guise de conclusion...

En conclusion, la nature offre de beaux exemples de sociétés altruistes et efficaces, sans le moindre centre de commandement. Ces sociétés reposent sur des mécanismes précis de transmission du patrimoine génétique qui s'avèrent être très différents des nôtres, et sur une absence de conscience individuelle marquée (et de Ligue des droits de la fourmi!). Globalement, la fourmilière peut être vue non pas comme une multitude d'individus séparés, mais comme un organisme à part entière, dont les membres sont les cellules constitutives, et la reine l'organe reproducteur.

De fait, bien qu'il soit tentant de copier nos modèles de production sur ces petites infatigables, il faut raison garder et se rappeler que le prix de cette productivité n'est bien souvent autre que la vie des individus! En revanche, il est tout à fait profitable de s'inspirer des fourmis pour résoudre nos problèmes sur le plan logistique, informatique ou médiatique. Ce terrain de recherche porte déjà ses fruits: pour calculer les trajets de fret les plus économiques, des algorithmes s'appuient actuellement sur les règles de déplacement des fourmis. De même, le déplacement en groupe des fourmis est étudié de près dans l'optique d'améliorer nos propres moyens de circulation autoroutière. En robotique, leur système de recrutement, couplé à différentes sensibilités individuelles, s'applique avec profit à la programmation des essaims de robots, qui doivent accomplir des tâches complexes et organisées sans que nous ayons besoin de nous en mêler. Bref, il nous reste beaucoup à apprendre de ces merveilleux insectes, qui nous livrent sur un plateau des stratégies performantes, façonnées par plusieurs millions d'années d'évolution.

UNE HISTOIRE ÉLECTRIQUE À CONTRE-COURANT

Il y a un siècle, qui aurait imaginé que les inventions de Thomas Edison et Nikola Tesla auraient un tel retentissement ? Les ampoules à incandescence qui illuminaient il y a peu nos intérieurs sont nées dans les laboratoires d'Edison, et des principes fondamentaux du réseau électrique actuel s'appuient sur les découvertes de Tesla. Les personnages eux-mêmes ont leur

légende. Edison est souvent mis sur un piédestal en tant qu'inventeur par excellence et capitaine d'industrie innovante à nul autre pareil. Tesla, de son côté, serait l'archétype du savant précurseur, promouvant des inventions qui ne seront exploitées que cinquante ans plus tard. Et on aime aussi les opposer au sein d'une « guerre des courants » qui aurait vu le premier défendre le courant continu, et le second le courant alternatif. C'est en tout cas ce que la majorité d'entre nous retiennent, pour ceux qui connaissent Tesla et Edison.

Comme souvent, un grand fossé sépare cette vision idéalisée et ce que fut la réalité des travaux de ces deux personnages. Certes Edison et Tesla ont été importants, mais ils ne sont pas les génies, rêveurs et innovateurs infatigables auxquels nous avons trop tendance à vouloir les identifier. Non, Edison n'a pas inventé seul l'ampoule à incandescence. Non, Tesla n'a pas inventé le courant alternatif. Et quant à cette fameuse guerre, il faut la mettre en contexte.

Remettons un peu d'ordre dans tout cela, et tentons de nous rapprocher de la réalité historique.

L'ampoule à incandescence, inventée par Edison ?

Commençons par Thomas Alva Edison, né en 1847 dans l'Ohio et considéré comme l'un des plus grands inventeurs américains. Il a commencé à travailler vers 14 ans en vendant des confiseries, puis la presse locale, dans les trains circulant entre Port Huron (à la frontière avec le Canada) et Détroit[1]. Après quelques expériences de chimie ratées, il fut jeté hors du train et prit son indépendance… en devenant inventeur ! Pêle-mêle, il mit au point le télégraphe « quadriplex » (une amélioration du télégraphe, capable de transmettre deux messages dans deux directions différentes en même temps), une version du téléphone* et une version perfectionnée du phonographe. L'histoire retient partiellement cette dernière contribution**, mais quand on parle d'Edison, on l'associe la plupart du temps à l'invention de l'ampoule à incandescence. Penchons-nous sur les événements qui se sont effectivement déroulés pour comprendre le rôle réel que fut le sien dans cette « invention ».

Évacuons tout de suite le plus évident. Non, Edison ne créa pas l'ampoule dans un éclair de génie, tirant l'objet du néant pour le mener à la maturité industrielle. Il travaillait plutôt par analogie et s'inspirait de technologies existantes, afin d'en améliorer d'autres pour les produire en masse[2].

* Il était en concurrence avec Graham Bell et développa sa version dans la foulée des travaux de Bell.

** Il semble qu'il n'en comprit pas de prime abord l'intérêt pour le divertissement.

Et c'est ce qu'Edison a fait pour l'ampoule à incandescence. Le monde ne l'avait pas attendu pour se pencher sur la question... À l'époque, deux types d'ampoules électriques avaient déjà fait l'objet de recherches. Les premières, les ampoules à arc, étaient fondées sur la génération d'un arc électrique entre deux plaques au sein de l'ampoule. Les secondes, les ampoules à incandescence, utilisaient des filaments portés à haute température par effet Joule*. Oui, ces ampoules existaient déjà ! Il est donc faux d'en attribuer la paternité à Edison.

Les ampoules à arc posaient deux problèmes principaux : il fallait fournir une tension élevée, et la lumière produite était trop forte et fluctuante. Les ampoules à incandescence n'étaient pas non plus la panacée. L'usage d'un filament en carbone (le mieux à l'époque) en empêchait le développement commercial massif à un prix contenu. En effet le filament avait une durée de vie très courte. Le matériau chauffé se consumait progressivement, et au bout de quelques heures tout au plus, le filament cassait. De surcroît, la combustion produisait de la fumée au sein de l'ampoule, et des résidus noirs venaient obscurcir l'intérieur du verre. L'intensité lumineuse était ainsi fortement réduite avant même que le filament ne cède.

Comment Thomas Edison a-t-il pu transformer cette ampoule bien peu intéressante en un objet incontournable ? La réponse tient en trois mots : il a galéré ! Il a exploré des pistes qui se sont avérées infructueuses. De très nombreuses. Il s'est entêté à suivre certaines d'entre elles. Et il a eu la chance d'être entouré de collaborateurs qui l'ont aidé à en développer d'autres.

Comme évoqué plus haut, le passage de l'électricité dans le filament en provoquait la combustion rapide. Pour résoudre ce problème, Thomas Edison a examiné deux solutions : 1) ralentir

* L'effet Joule se manifeste dans tout matériau conducteur parcouru par un courant électrique, du fait de sa résistance : le matériau s'échauffe.

au maximum la combustion en faisant le vide le plus poussé possible dans l'ampoule, et 2) trouver un matériau pour le filament qui ne se consumerait pas du tout, ou du moins, pas aussi vite.

Regardons déjà le premier point. Pourquoi faire le vide dans l'ampoule ? L'idée est d'éviter de fournir l'oxygène nécessaire à la combustion. En effet, pour qu'une combustion ait lieu, comme avec la flamme d'une bougie, il faut un carburant (la paraffine pour la bougie), et un comburant, l'oxygène. Une enceinte avec un air raréfié assure ainsi une plus grande durée de vie du filament. Il fallait donc disposer de pompes performantes pour obtenir un vide assez poussé dans les bulbes des ampoules... Pour vendre les ampoules à un prix modique, il était également nécessaire de développer des méthodes de fabrication des parties en verre qui soient industrialisables (et qui ne requièrent donc pas un souffleur de verre). Et dans la seconde moitié du XIXe siècle, ces étapes représentaient un défi de taille !

Pour ce qui est du problème de filament, Edison a d'abord souhaité remplacer le carbone par le platine. Selon lui, ce matériau avait un point de fusion suffisamment haut et présentait une résistance à l'oxydation supérieure à celle du carbone[3]... Edison était tellement convaincu de la pertinence de ce choix qu'il nia pendant un temps la réalité technique et économique. En effet, il se retrouva confronté à plusieurs obstacles insurmontables. D'une part, le point de fusion du platine est plus bas que la température à atteindre pour générer suffisamment de lumière. D'autre part, le platine étant rare, il coûte cher. Il était donc impossible de réaliser un produit bon marché et efficace avec ce matériau.

En même temps, Edison chercha à améliorer le filament en carbone. Comment le produisait-on ? La technique était relativement simple : une fibre était carbonisée et mise en forme de filament. Celle-ci pouvait être à base de carton, de tissu ou encore... de bambou ! Et les qualités de ce dernier matériau le firent sortir du lot. Par sa structure, sa composition et sa capacité à résister à la combustion, c'était le matériau le plus pertinent à l'époque pour produire des filaments – tout du moins pour les ampoules qu'Edison allait mettre sur le marché. Car pour arriver à cette constatation, il testa une grande quantité de matériaux, et envoya des assistants aux quatre coins du monde pour trouver le meilleur approvisionnement en bambou.

En fait, malgré ces recherches sur le carbone, Edison était tellement certain de la supériorité du platine qu'il s'avança, vers la fin 1878, à annoncer la commercialisation prochaine d'ampoules (qu'il imaginait fondées sur le platine), alors que les recherches en cours étaient infructueuses. Heureusement, les bons résultats obtenus avec le bambou le sauvèrent du ridicule : il réussit à produire à temps une ampoule susceptible d'être vendue massivement.

N'allez pas imaginer que la durée de vie de ces ampoules se comptait en milliers d'heures. À cette époque, les ampoules ne fonctionnaient pas plus d'une quarantaine d'heures en moyenne… Le fait qu'Edison ait annoncé une durée de vie bien supérieure souleva un tel vent de scepticisme qu'il dut faire des démonstrations d'envergure dans ses laboratoires de Menlo Park. La longévité de ses ampoules fut décisive pour imposer leur usage étendu. Ces dernières étaient aussi plus économes en électricité que les ampoules à arc.

En 1879, Edison mit en application son nouveau procédé industriel de fabrication d'ampoules à incandescence. La paternité de ces ampoules fut cependant sujette à litige. En effet, outre le fait qu'Edison se soit surtout contenté d'améliorer un objet existant, Joseph Swan, un inventeur britannique, avait déjà travaillé sur la question. Quelques années plus tôt, il avait fait des démonstrations d'ampoules à filament en carbone dont le bulbe était partiellement vidé d'air et pour lesquelles il avait déposé un brevet en Angleterre. Cette situation aboutit à un conflit entre les entreprises d'Edison et de Swan. La ruine ou la fortune se trouvaient parfois au bout de ces conflits de brevets ! Swan et Edison disposaient chacun de brevets couvrant une partie du processus de fabrication d'ampoules à filament en carbone. Afin de limiter les dégâts financiers, Edison fut contraint par ses investisseurs à accepter la fusion de sa filiale anglaise avec la société de Swan. Une entreprise commune fut ainsi créée en Angleterre, l'Edison Swan United Electric Light Company, dont le rôle serait de fabriquer les ampoules[4].

Le mythe de l'inventeur génial qui aurait inventé l'ampoule à incandescence seul dans son coin est donc bien éloigné de la réalité !

Nikola Tesla, le courant alternatif, et les inventions futuristes

Nikola Tesla, quant à lui, est né le 10 juillet 1856 à Smiljan, petit village situé dans l'actuelle Croatie. À la différence d'Edison, il a suivi des études approfondies en science et n'était pas vraiment un autodidacte. Dès sa prime jeunesse, on trouve trace de son amour pour les sciences et pour les expériences en tout genre. C'est ainsi que, pendant un cours de physique à propos de moteurs électriques, il découvrit le courant continu ; et il entrevit comment réaliser des moteurs fonctionnant grâce au courant alternatif (en remettant en cause les enseignements de son professeur, qui les déclarait infaisables). Ces mêmes moteurs qui, aujourd'hui, font rouler les TGV !

Rappelons que le courant continu est celui qui sort d'une pile, par exemple. Les électrons circulent toujours dans le même sens (du pôle – au pôle +), et la tension aux bornes de la pile est constante. Dans le cas du courant alternatif, le sens de déplacement des électrons change au cours du temps, et la tension varie de façon sinusoïdale. En France, les prises de courant de nos maisons délivrent un courant alternatif qui change de sens 100 fois par seconde (ce qui correspond à une fréquence de 50 Hz).

L'histoire retient que c'est à Prague, en 1882[5], que Tesla eut son « moment Eurêka ». Après avoir récité un passage du *Faust* de Goethe, alors qu'il marchait avec son ami d'alors, Anthony Szigeti, il comprit comment réaliser un moteur à courant alternatif.

Après un court passage à Budapest, Szigeti et lui furent envoyés à Paris afin de travailler pour une division européenne de la société d'Edison dirigée par Charles Bachelor[6]. Mais Tesla ne se sentit pas suffisamment récompensé pour ses travaux, et il démissionna quelques mois plus tard. Bachelor, qui avait identifié en lui un inventeur de génie, lui fit une lettre de recommandation pour approcher Edison à New York. La légende veut que la lettre ait contenu ces lignes : « Je connais deux grands hommes et vous êtes l'un d'entre eux. L'autre est ce jeune homme »[7].

Tesla sauta sur l'occasion, et malgré un voyage mouvementé*, arriva à New York sûr de ses connaissances et désireux de démontrer la supériorité de ses inventions. Là encore, Tesla ne travailla pas très longtemps chez Edison. Les raisons de son départ restent floues : histoire d'argent, dénigrement par Edison du système que Tesla avait inventé concernant les ampoules à arc ? Nous ne savons pas vraiment.

Toujours est-il qu'il choisit de fonder sa propre entreprise. Il n'y arriva pas du premier coup, mais à force de persévérance, il parvint à créer, avec Peck et Brown, deux experts du monde financier et de l'innovation industrielle, la Tesla Electric Company, dont l'objectif serait de développer le moteur à courant alternatif.

La stratégie mise en place était dite de « patent-promote-sell » : breveter des inventions (c'est-à-dire les protéger pour s'assurer que d'autres ne viennent pas en réclamer la paternité), les mettre en avant auprès de potentiels acheteurs et vendre les brevets. Tesla déposa d'abord des brevets pour un générateur (dynamo) et un moteur en courant alternatif. Il entra ensuite en contact avec des experts du domaine, et organisa plusieurs conférences à propos de son moteur et plus généralement du courant alternatif[8]. Ce dernier était peu répandu aux États-Unis pour l'époque (comparativement à l'Europe), et il fallait convaincre de son intérêt pour la production et la consommation d'électricité. Tesla devait aussi persuader l'auditoire que son moteur à courant alternatif était bien meilleur que les moteurs concurrents qui commençaient à émerger.

Finalement, Tesla sut vendre son invention à un homme d'affaires à succès : George Westinghouse. Ce dernier avait fait fortune

---

* Il perdit son ticket pour le voyage, son argent et une partie de ses bagages…

dans le ferroviaire, et souhaitait développer son activité dans le domaine de l'électricité. À la différence de son grand concurrent Edison, il voyait dans le courant alternatif de bonnes perspectives, et il chercha à acquérir des brevets pour diverses technologies qui lui étaient associées* : des transformateurs développés en Europe et les dynamos/moteurs de la Tesla Electric Company.

De juillet 1888 à août 1889, Tesla travailla avec les ingénieurs de Westinghouse pour industrialiser son moteur. Des questionnements pratiques émergeaient : quelle tension fallait-il choisir pour alimenter les moteurs ? Quelle fréquence de courant ? Combien de fils ? Aucune norme n'était alors établie, et il fallait réaliser un système qui puisse être accepté par le plus grand nombre.

Ce travail n'était pas achevé au moment du départ de Tesla, et ce n'est qu'en 1893[9] que Westinghouse eut la possibilité, tant technique que financière, d'exploiter commercialement les résultats de ces travaux. Il s'écoula donc près de onze ans entre l'idée et sa réalisation !

Il semble que Tesla ait toujours cru qu'une fois mises au point dans son esprit, ses inventions fonctionneraient parfaitement. Le travail réalisé avec Westinghouse était bien la preuve qu'une idée nécessite une longue maturation pour aboutir à une production en masse. A priori, Tesla doit la réussite de son moteur à la conjonction de divers facteurs dont la capacité de ses deux associés, Peck et Brown, à appliquer la bonne stratégie au bon moment. Plus tard, il tenta de reproduire seul la même démarche avec diverses inventions, mais il ne rencontra jamais le même succès. Il inventa par exemple une turbine à disques qui ne fut jamais vraiment exploitée industriellement, car elle était incapable de supporter les régimes de vitesse nécessaires. Ou encore, il mit au point un bateau télécommandé qui ne fonctionna jamais en dehors d'un bassin de

* Avant d'acquérir les brevets de Tesla, il acquit aussi celui du transformateur de Gaulard & Gibbs nécessaire à la modification de la tension du courant alternatif (une modification impossible à l'époque pour du courant continu).

démonstration… La vie de Tesla est émaillée d'un grand nombre d'expériences inabouties de ce type. Cela n'enlève rien au fait qu'il ait impulsé de réelles innovations comme le moteur à courant alternatif.

Comme dans le cas de l'ampoule à incandescence, la paternité de ces moteurs fut disputée. À Turin, Galileo Ferraris avait également étudié les champs magnétiques rotatifs*. Lors d'une foire internationale à Francfort, Doliwo-Dobrowolski avait fait la démonstration d'un système complet fonctionnant au courant alternatif. Et divers inventeurs aux États-Unis avaient aussi tenté de développer des moteurs équivalents à celui de Tesla. L'histoire retient cependant que c'est Tesla qui sut le premier breveter ses inventions et les mettre en avant malgré un chemin long, tortueux et semé d'embûches.

Le courant alternatif et l'usage de moteur-dynamo pour sa production et sa consommation, tels que Tesla les défendait, étaient dans l'air du temps. Westinghouse, croyant fortement aux idées de Tesla, les développa industriellement et en devint le promoteur. La société Thomson-Houston Electric aux États-Unis avait fait le même pari que Westinghouse, avant de fusionner en 1892 avec la société d'Edison pour créer la General Electric Company.

La guerre des courants et leur opposition supposée

Lorsque Edison et Westinghouse ont commencé à installer leurs systèmes respectifs dans différentes régions des États-Unis, la guerre a été déclarée entre les deux magnats de l'électricité.

* Il semble d'ailleurs qu'il ait plutôt été convaincu que cela ne fonctionnerait pas pour mettre au point un moteur…

Edison était convaincu que le courant continu était supérieur au courant alternatif; Westinghouse fit le pari inverse.

Quels étaient les enjeux de cette bataille? À l'époque, la télégraphie électrique et l'usage régulier de batteries rendaient le courant continu indispensable. Et lorsqu'on transmet du courant dans des fils électriques, un problème apparaît: celui de la perte en ligne (liée à l'effet Joule). La solution qui avait été trouvée était de transmettre du courant à une tension élevée, mais de faible intensité. Le problème avec le courant continu, c'est qu'il n'est pas possible de changer la tension une fois le courant produit; il fallait donc le produire à la tension utilisée par les appareils à alimenter. À l'époque, les tensions utilisées n'étant pas très importantes, la production de courant devait obligatoirement se faire près des lieux d'usage afin de limiter ces fameuses pertes en ligne.

Pour le courant alternatif, la situation était différente. Grâce à l'invention de transformateurs en Europe, à partir de 1850, il devenait possible de modifier la tension à loisir, et donc de transmettre du courant alternatif sur de plus grandes distances avec des lignes haute tension.

L'Europe passa assez rapidement au courant alternatif. Mais de l'autre côté de l'Atlantique, Edison voulait imposer le courant continu à tout prix. Son activité reposait en effet sur la construction de centrales locales produisant du courant continu et sur la fabrication de matériel électrique pour ce type de courant. En dehors de cet aspect purement financier, sa position tenait également de l'idéologie: Edison était convaincu que le courant alternatif était intrinsèquement plus dangereux. Ce lobbying d'Edison se transforma en une campagne de dénigrement très agressive. Il organisa des démonstrations publiques de la dangerosité du courant alternatif, pendant lesquelles il électrocutait des animaux. Il fit même des pieds et des mains pour que ce courant soit utilisé pour la première exécution d'un condamné sur la chaise électrique[10].

Les efforts d'Edison n'eurent pas l'effet escompté. L'opinion se retourna contre lui[11] et contre ses méthodes extrêmes. Le courant alternatif, avec ses multiples avantages, se répandit bientôt aux États-Unis et devint dès lors la norme pour le monde électrique.

Il est ainsi relativement faux de parler d'opposition entre Tesla et Edison. Les appareils industriels qui se sont réellement opposés furent ceux d'Edison et de Westinghouse. On pourrait arguer que la vision de Tesla sur l'usage du courant alternatif qu'il défendit effectivement dans les médias et des conférences était opposée à celle du courant continu d'Edison. Mais comme dit plus haut, le courant alternatif était déjà répandu en Europe, et Tesla ne fut finalement qu'un des rouages de son déploiement industriel aux États-Unis grâce à son moteur et son travail avec Westinghouse. C'est donc plutôt l'opportunisme de Westinghouse à sélectionner ces technologies qui se doit d'être opposé au conservatisme d'Edison.

Il faut également noter que la vie de Tesla fut émaillée de ratages, de déclarations ubuesques et de démonstration spectaculaires. Il savait que la publicité et la communication étaient indispensables pour se faire connaître et attirer l'attention des investisseurs. Ce sont d'ailleurs les démonstrations de ses inventions, dignes des plus grands spectacles de magie, et ses annonces plus fracassantes les unes que les autres, qui ont participé à l'iconographie du savant fou telle qu'on la connaît aujourd'hui. De nombreux films, séries et comics s'appuient sur son image quand ils ont besoin de présenter un scientifique ayant mal tourné. Aujourd'hui Tesla est une icône geek et représente l'inventeur incompris, en avance sur son temps. Icône que les mouvements New Age ou complotistes vont mettre à profit pour vendre leurs idées… alternatives.

Ainsi les noms de Tesla et d'Edison seront éternellement associés à des inventions dont ils sont au mieux des précurseurs, à défaut d'en être les pères véritables. Leur atypisme et leur sens du spectaculaire les ont portés au-dessus du lot des scientifiques ayant participé aux mêmes développements technologiques, mais dont les noms restent inconnus…

LE CANCER PEUT SE TRANSMETTRE PAR MORSURE (ENFIN, AU MOINS UN)

Il est courant de se représenter le cancer comme un mal insidieux qui trouve son origine dans notre propre organisme. Là, tapies dans un de nos chers organes, quelques-unes de nos cellules se mettent à proliférer de façon anormale, formant ce qu'on appelle une tumeur… À ce stade, il faut néanmoins préciser que tumeur n'est pas synonyme de cancer. On distingue ainsi les tumeurs bénignes et les tumeurs malignes (ou cancéreuses). Les premières restent la plupart du temps dans leur coin, croissant de façon lente. Elles conservent une morphologie très proche du tissu d'origine, sans envahir les tissus voisins (bien qu'il leur arrive de les pousser, histoire de se faire un peu de place) et évoluent en majorité de façon favorable (à de rares exceptions près). Les secondes sont nettement plus destructrices. Déjà, les tumeurs malignes envahissent les tissus voisins. Elles sont également susceptibles d'essaimer dans le reste de l'organisme et de générer des tumeurs secondaires – les fameuses « métastases ». Eh oui, pourquoi se contenter d'un seul organe quand on peut flinguer tout un organisme ! Non traités, les cancers sont généralement mortels. En outre ils sont parfois résistants aux traitements et/ou reviennent alors qu'on pensait en être venu à bout. Bref, de vraies saloperies. Mais des saloperies bien à nous, un monstre intérieur en quelque sorte… En fait, pas toujours : il existe des cancers transmissibles d'un individu à l'autre !

Le cancer, cette maladie contagieuse si méconnue

Quelques cancers transmissibles ont été répertoriés chez différentes espèces animales[1]. Rassurez-vous, aucun d'entre eux n'a été observé chez l'humain !

Mais que recouvre exactement cette notion de cancer transmissible ? Les cancers « classiques » dérivent de cellules de l'organisme qui, par une combinaison de différents facteurs (génétique, environnement, infections virales, etc.), se sont affranchies de contrôles normalement inhérents à toute cellule du corps, et se multiplient de manière incontrôlée. Les cancers transmissibles, pour leur part, résultent du transfert de cellules cancéreuses d'un individu à l'autre, les modes de transfert variant en fonction des types de cancer. On peut les voir comme des sortes de cancers « parasites ».

Les deux exemples les plus connus sont la tumeur vénérienne transmissible canine (*canine transmissible venereal tumour*, en anglais) et la tumeur faciale transmissible du diable de Tasmanie (*devil facial tumour disease*) qui, comme leurs noms l'indiquent, touchent respectivement le chien et un mignon petit marsupial carnivore vivant uniquement sur l'île de Tasmanie. Le nom de tumeur vénérienne transmissible canine est assez évocateur quant à son emplacement et son mode de transmission ; pas besoin de vous faire un dessin (et pas vraiment envie non plus). Nous allons donc nous pencher d'un peu plus près sur le cas du diable de Tasmanie.

Diable de Tasmanie montrant les crocs
(on évitera quand même de se pencher trop près)

La maladie qui l'affecte se caractérise par des tumeurs affectant la face et la bouche ; ces dernières métastasent souvent (dans environ 65 % des cas), générant ainsi des tumeurs secondaires au niveau des organes internes. Ces tumeurs, ou plutôt quelques cellules cancéreuses, se refilent lors de contacts rapprochés entre diables, plus précisément lorsqu'ils se mordent. Les cellules, en proliférant chez leur nouvel hôte, peuvent alors générer des tumeurs malignes. Mais pourquoi diable (la blague était facile, désolée) ces animaux sont-ils adeptes des morsures ? La réponse est toute simple : les diables sont plutôt agressifs les uns envers les autres et les bagarres sont courantes, notamment lorsqu'ils mangent… La nourriture, chez les diables, c'est sacré.

– C'est le mien !
– Tu vas faire quoi ? !
– AAAAAArrrrrrrrrrrrrgggg !!!!!
– Il m'a mordu la face l'enfoiré !
– AAAAAArrrrrrrrrrrrrgggg !!!!
– Comme ça on est quitte !
– Nan !
– AAAAAArrrrrrrrrrrrrgggg !!
– Maintenant on est quitte !

– Diantre !!

Une allogreffe qui pratique l'esquive

Malheureusement pour les diables, la transmission est très efficace : observée pour la première fois en 1996, cette forme de cancer est maintenant répandue sur plus de la moitié de l'île de Tasmanie. Des analyses génétiques ont été effectuées sur des tumeurs faciales de diables provenant de différentes parties de l'île ; elles ont révélé que toutes ces tumeurs présentaient une très grande proximité génétique, et donc qu'elles avaient une même origine (il s'agit donc d'un clone). Initialement, ce cancer est apparu chez un unique individu ! Plus précisément, après examen des gènes exprimés au sein des tumeurs, les chercheurs pensent que la cellule qui en est à l'origine est une cellule gliale de nerf, ou du moins une cellule gliale de nerf en devenir[2] (les cellules gliales, dans le système nerveux, assurent le bon fonctionnement des neurones). La tumeur s'est ensuite propagée aux autres diables sous forme de greffe transmise à la faveur de morsures entre individus. Ce type de greffe où le donneur et le receveur, bien qu'appartenant à la même espèce, sont deux individus différents, s'appelle allogreffe (du grec *allos*, « autre »).

La capacité de la tumeur faciale transmissible du diable de Tasmanie à échapper au système immunitaire de l'hôte est très étonnante. Classiquement, après une allogreffe, le risque de rejet du greffon est très élevé si le receveur ne reçoit pas de traitement immunosuppresseur. En effet, l'organisme est capable de distinguer ses cellules – le soi – des cellules « autres » – le non-soi : chacune de ses cellules présente à sa surface une combinaison de molécules qui est propre à l'individu. Ces molécules, des protéines, sont codées par un complexe de gènes, le complexe majeur d'histocompatibilité ou CMH, et sont très variées. Cette importante variabilité sous-tend la capacité de l'organisme à distinguer ses cellules. Si l'on greffe à quelqu'un des cellules provenant d'un autre individu, et qui donc expriment un assortiment différent de molécules du CMH, celles-ci seront reconnues comme du non-soi et éliminées par le système immunitaire. Cette fonction d'élimination est assurée par une catégorie de cellules immunitaires, les lymphocytes T.

Évidemment, si les quelques cellules tumorales transférées à la faveur des morsures entre diables de Tasmanie étaient rejetées par le système immunitaire de leur nouvel hôte, ce dernier ne développerait pas de cancer. Alors comment expliquer cette absence de rejet ? Il a été montré récemment que chez ces cellules, l'expression

de gènes permettant aux molécules du CMH de se retrouver en surface, là où elles pourront être « contrôlées » par les cellules immunitaires, est réprimée par des mécanismes dits « épigénétiques » (voir aussi p. 146). Les modifications épigénétiques sont des marques apposées sur l'ADN et/ou les protéines qui lui sont associées, et qui permettent de réguler l'expression des gènes dans un sens ou l'autre (activation, ou répression comme c'est le cas ici) sans altérer la séquence de l'ADN. Ces mécanismes contribueraient à expliquer pourquoi les tumeurs faciales transmissibles du diable de Tasmanie ne déclenchent pas de réponse immunitaire chez leur hôte[3]. Du reste, la diminution de l'expression des protéines du CMH est un phénomène courant chez les cellules de tumeurs malignes. Outre leur implication dans la distinction du soi versus le non-soi, les molécules du CMH sont également très importantes

dans la reconnaissance du soi modifié (ce qui concerne notamment les cellules infectées et les cellules cancéreuses « classiques »), une étape essentielle pour son élimination par le système immunitaire. Leur perte constitue donc un avantage pour la tumeur.

Cependant, il reste encore beaucoup à comprendre. Le système immunitaire, qui ne se laisse pas berner si facilement, est *a priori* équipé pour s'occuper des cellules qui n'expriment pas de molécules du CMH. En principe, des cellules particulières du système immunitaire, les cellules NK (pour *natural killer*), attaquent les cellules ne présentant pas de molécules du CMH. Cette réponse est cependant modulée par certains facteurs. Dans le cas du diable de Tasmanie, les mécanismes via lesquels la tumeur faciale contourne les défenses de l'organisme hôte sont loin d'être élucidés, et font toujours l'objet de recherches.

Le diable de Tasmanie en danger

Suivant la loi de l'emmerdement maximum qui s'applique visiblement aux diables de Tasmanie, non contente de s'être propagée à travers l'île, la tumeur faciale transmissible du diable de Tasmanie entraîne quasi systématiquement la mort de son hôte. Et ce de façon assez atroce, puisque généralement le pauvre diable (encore… pardon !) meurt de faim ou d'asphyxie du fait de la croissance démesurée de ses tumeurs faciales.

Tout cela contraste fortement avec les conséquences de la tumeur vénérienne transmissible canine, bien que celle-ci soit également une allogreffe d'origine clonale. Celle-ci n'échappe au système immunitaire de l'hôte que jusqu'à un certain point de sa croissance, ne métastase que très peu et ne conduit généralement pas au décès du chien. Cela explique peut-être son succès, si tant est que le succès d'un cancer transmissible d'origine clonale se mesure au travers de sa longévité : son origine remonterait en effet à quelques milliers d'années. Si les choses continuent sur leur lancée, il sera très difficile, pour la toute jeune tumeur faciale transmissible du diable de Tasmanie, de faire aussi bien. Son efficacité en termes de propagation et de mortalité associée est telle que sa population hôte (et donc *in fine* sa propre existence) est maintenant menacée : dans certaines zones de la Tasmanie, plus de 90 % de la population des diables a été décimée. Selon les estimations, la population des diables de Tasmanie aurait décliné de près de 80 % en 20 ans.

Différentes stratégies sont en cours de développement pour protéger les diables de Tasmanie de cette maladie. De façon générale, le « doping » du système immunitaire des diables est à l'étude, avec en tête, comme vous pouvez vous en douter, la vaccination des diables afin d'apprendre à leur système immunitaire à reconnaître ces cellules tumorales. Dans cette optique, des cellules de tumeurs faciales exprimant à leur surface des molécules du CMH pourraient servir de vaccins. Ainsi elles seront logiquement à même d'induire une réaction immunitaire dans l'organisme hôte, qui sera ensuite mieux préparé pour combattre la maladie. Les mécanismes épigénétiques évoqués précédemment, à l'origine de la non-expression des molécules du CMH, se trouvent en outre être réversibles : les cellules tumorales peuvent ainsi être traitées pour présenter des molécules du CMH[3].

D'autres mesures sont également envisagées, comme la recherche d'individus naturellement résistants à la maladie pour étudier leur spécificité et/ou favoriser leur reproduction (en comptant sur le fait

que la résistance passe à leur descendance). Sur ce dernier point, l'intervention de l'Homme n'est pas nécessairement requise : l'évolution pourrait également s'en charger ! C'est justement ce que tend à montrer une étude très récente[4]. Certaines versions ou « allèles » de gènes impliqués dans la réponse immunitaire confèreraient une résistance à la maladie. Les diables détenteurs de ces versions, en survivant et en se reproduisant plus que les autres, favoriseraient alors la transmission de ces allèles au détriment des autres. À l'échelle de la population, le système immunitaire des diables évoluerait donc pour s'adapter à cette nouvelle maladie contagieuse ! La course contre la montre est lancée. Le diable de Tasmanie va-t-il se sauver tout seul de l'extinction ?

LES ANIMAUX LES PLUS DANGEREUX POURRAIENT NOUS SAUVER LA VIE

Combien de fois, enfants, avons-nous imaginé mourir à cause d'une piqûre de mygale ou de la morsure d'un serpent à sonnettes? Les émissions à la télévision jouent d'ailleurs avec nos peurs en nous présentant régulièrement des classements des animaux les plus dangereux de la planète. Alors que le présentateur remonte le top 10, des images savamment choisies défilent à l'écran, dévoilant les derniers sursauts d'agonie d'un petit rongeur piqué par une araignée Goliath, sur un fond sonore digne des *Dents de la mer*... Le téléspectateur frémit en imaginant les souffrances que ces animaux venimeux pourraient lui causer. Mais sa vision est biaisée. Les espèces les plus venimeuses ne sont pas forcément les plus dangereuses pour l'Homme! Tout dépend de leur agressivité, de leur système inoculateur, etc. Par exemple, le venin de la veuve noire qu'on trouve en France (*Latrodectus tredecimguttatus*) a une toxicité supérieure à celui du crotale ou du cobra, mais la morsure de cette araignée est rarement mortelle pour l'être humain; la dose qu'elle injecte est trop faible. Et ce serait une erreur de considérer les animaux venimeux comme des êtres nuisibles... Si je vous disais que leurs armes ont amélioré notre qualité de vie, et même accru notre longévité ? Les venins nous offrent en effet des pistes prometteuses pour créer de nouveaux médicaments ! Voyons comment.

Produits par des glandes spécialisées (par exemple les glandes salivaires chez le serpent), les venins sont introduits par morsure ou par piqûre dans le corps de l'adversaire, ou même par simple contact. Les différentes toxines qui composent les venins sont de véritables armes biologiques. Certaines ciblent le système nerveux : en perturbant le fonctionnement des synapses (voir vidéo p. 92), elles provoquent par exemple une paralysie du diaphragme, et donc la mort par asphyxie. Parfois les toxines agissent directement au niveau du muscle cardiaque ou des cellules musculaires. D'autres encore s'attaquent aux cellules sanguines, ou déclenchent des hémorragies intenses… La plupart des venins combinent plusieurs de ces actions ; ce sont des cocktails terriblement efficaces.

Comment détourner à notre profit les différents pouvoirs des venins ? Imaginons que quelqu'un se fasse mordre par un serpent, s'en sorte et remarque ensuite des effets positifs, comme des douleurs qui ont disparu ou même une maladie qui a été guérie. Pour comprendre ce qu'il s'est passé, il faut d'abord séparer les centaines de toxines différentes qui composent le venin. Et parmi ces toxines, il faut découvrir celles qui auraient une action utile, et comprendre le mécanisme moléculaire à l'œuvre. Ce travail d'identification est long et fastidieux, et exige de nombreuses ressources – de l'argent, du personnel compétent, des machines… Une fois la toxine identifiée, il faut ensuite la tester cliniquement et, pour envisager une commercialisation, trouver comment la synthétiser ou synthétiser un de ses dérivés. Toute espèce venimeuse peut potentiellement renfermer une molécule curative, et des chercheurs de plus en plus nombreux contribuent à entretenir une bibliothèque des toxines pour partager leurs résultats. Ces travaux portent leurs fruits : il existe déjà de célèbres médicaments qui sont dérivés des venins pour traiter le diabète et les maladies cardio-vasculaires.

Prenons le monstre de Gila *Heloderma suspectum*, un lézard venimeux d'Amérique du Nord. La plupart du temps il n'est pas agressif, et de ce fait il est peu dangereux pour l'être humain. Comme il est assez gros, on ne se douterait pas qu'il ne se nourrit que trois à quatre fois par an ! Comment fait-il pour jeûner si longtemps ? Il doit cette capacité extraordinaire à l'exendine-4, contenue entre autres dans sa salive : cette toxine lui permet de stabiliser son taux de sucre dans le sang. De là est né l'exénatide, un médicament qui aide à faire baisser le taux de glucose sanguin chez les malades du diabète de type 2.

Le cône marin *Conus geographus* a aussi plus d'un tour dans son sac. D'apparence inoffensif, ce gastéropode est extrêmement dangereux pour l'Homme, avec un venin mille fois plus létal que le cyanure. Pour l'administrer à ses proies et les immobiliser, il les frappe d'un coup rapide avec une trompe extensible très réactive. Les études de son venin ont débouché sur la découverte du ziconotide, une molécule analgésique semblable à la morphine qui présenterait un risque réduit d'accoutumance. D'autres études sont en cours : des peptides (des petites protéines) dans son venin auraient la capacité de soulager la douleur chez les cancéreux en phase terminale, d'aider à lutter contre les maladies d'Alzheimer et de Parkinson, ou même de calmer les crises d'épilepsie.

Vous trouverez d'autres exemples dans la vidéo en page suivante – et ce ne sont que quelques-uns des animaux dangereux qui pourraient inspirer de nouvelles thérapies. Avec les progrès technologiques et biologiques actuels, les venins sont de mieux en mieux compris, et leur potentiel thérapeutique est gigantesque. Les espèces venimeuses ne manquent pas : insectes, reptiles, mollusques, poissons… Les études sur les venins ont des jours très prometteurs devant elles !

Une véritable course contre la montre s'est cependant enclenchée, car de nombreuses espèces sont aujourd'hui en déclin ou menacées par le changement climatique, par le morcellement de leurs habitats et par l'acidification des océans. Il est évidemment urgent de protéger l'environnement et de préserver la biodiversité. Qui sait, peut-être qu'un jour cela vous sauvera la vie ?

DES VENINS POUR SAUVER DES VIES !

LES PLANTES ONT LEUR CHAUDIÈRE PERSONNELLE

La fin de l'hiver se fait rude en Amérique du Nord. Dans les forêts, la neige recouvre tout le sol gelé de son manteau blanc. Tout ? Non. Un irréductible résiste encore et toujours à l'envahisseur, sortant la tête de la croûte gelée : le chou puant *Symplocarpus foetidus* ! Aux prémices du printemps, cette plante fleurit avant toutes les autres, encore endormies sous la neige. Son secret ? Elle a sa propre chaudière interne, grâce à la thermogenèse.

Thermogenèse ? Ce mot barbare désigne une réaction biochimique répandue chez les êtres vivants. Elle a lieu dans votre corps à chaque instant ! Il s'agit d'une production de chaleur liée aux activités qui se déroulent dans les cellules (transfert d'informations dans et à l'extérieur des cellules, échanges et transport de substances, etc.), appelées « activités métaboliques », mais qui n'ont pas forcément pour but premier de produire de la chaleur. Pour prendre une image simple, la thermogenèse au sein de la cellule est comparable à ce qui se produit dans une ampoule à incandescence : on obtient de la lumière via la conversion de l'énergie électrique en énergie lumineuse (= l'activité métabolique), mais en contrepartie, de la chaleur s'en dégage (= la thermogenèse). Examinons son mécanisme d'un peu plus près.

La thermogenèse, comment ça marche ?

Tout d'abord, rappelons que les plantes sont des êtres eucaryotes pluricellulaires, c'est-à-dire qu'elles sont constituées de plusieurs cellules, caractérisées par la présence d'un noyau contenant l'information génétique. Une cellule végétale est généralement organisée en différents compartiments (voir la figure ci-dessous), appelés organites. Nous nous intéresserons ici à la mitochondrie, qui est responsable de la respiration cellulaire, et nous délaisserons les autres organites comme l'appareil de Golgi, le réticulum endoplasmique et les chloroplastes.

La mitochondrie est séparée en deux compartiments, la matrice et l'espace intermembranaire (voir la figure en page de droite). Ils

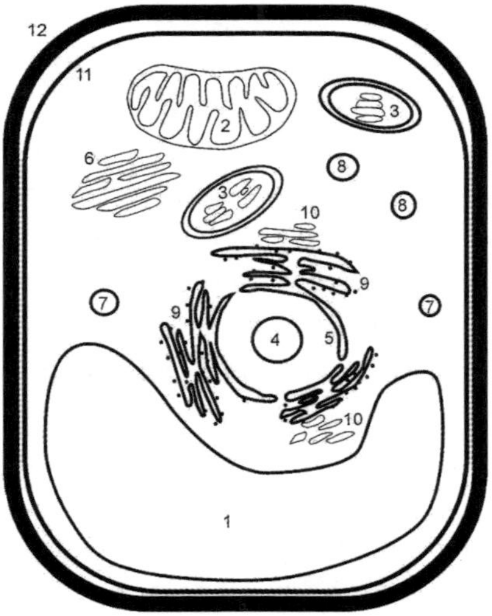

Les différents compartiments d'une cellule végétale.
1) Vacuole, 2) mitochondrie, 3) chloroplaste, 4) nucléole, 5) enveloppe nucléaire, [à noter que 4. et 5. forment le noyau], 6) appareil de Golgi, 7) lysosome, 8) peroxysome, 9) réticulum endoplasmique rugueux, 10) réticulum endoplasmique lisse, 11) membrane plasmique, 12) paroi cellulaire.

sont délimités par des parois minces, les membranes. Dans l'espace intermembranaire se trouvent un grand nombre d'ions H^+, tandis qu'ils sont peu nombreux dans la matrice. Cette différence de composition crée ce que l'on appelle un gradient de concentration entre les deux compartiments, et les ions H^+ auront naturellement tendance à retourner dans le compartiment où ils sont le moins nombreux en traversant la membrane interne. Pour mieux vous représenter le phénomène, imaginez la mitochondrie comme la centrale énergétique de la cellule, fonctionnant sur le principe d'un barrage hydroélectrique. De la même manière que les ions H^+ vont passer du compartiment où ils sont nombreux vers le compartiment où ils sont moins nombreux, l'eau de part et d'autre d'un barrage va chercher à aller du point le plus haut au point le plus bas. En guidant le passage de l'eau au travers d'une turbine, on produit de l'électricité. Dans la mitochondrie, c'est le gradient d'ions H^+ qui joue le rôle de la différence d'altitude et permet de produire de l'énergie. Et cette énergie est stockée sous forme de molécules d'ATP (adénosine triphosphate pour les intimes), qui constituent les réserves d'énergie pour la cellule. Toutes les réactions cellulaires nécessitant un apport d'énergie consomment des molécules d'ATP.

Examinons d'un peu plus près ce qui se passe dans la mitochondrie. Pendant que des ions H^+ passent vers la matrice pour participer à la production d'ATP, un transfert d'électrons

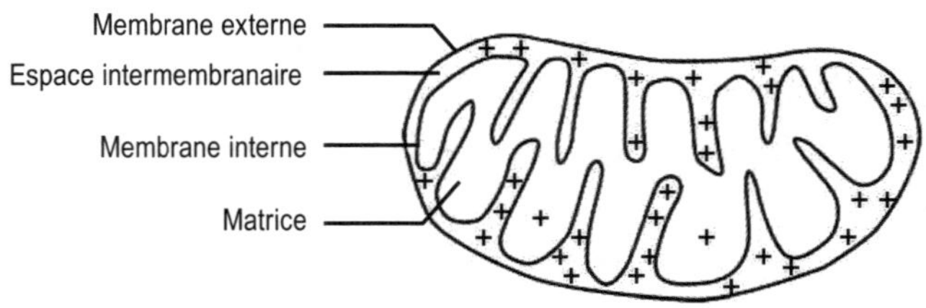

Détail de la mitochondrie. *La concentration d'ions H^+ (représentés ici par des « + ») est plus grande dans l'espace intermembranaire que dans la matrice.*

s'effectue dans la membrane interne de la mitochondrie, à travers un réseau de protéines. Après un parcours complexe, les électrons s'associent à de l'oxygène pour former de l'eau selon la formule suivante :

$$O_2 + 4\ H^+ + 4\ \text{électrons} \rightarrow 2\ H_2O$$

Le parcours des électrons dans la membrane interne va être le moteur qui force le retour des ions H^+ depuis la matrice vers l'espace intermembranaire, reconstituant ainsi la différence de concentration des ions H^+ entre les deux compartiments. Pour reprendre notre comparaison avec un barrage hydroélectrique, c'est comme si on avait installé une pompe en aval de la retenue et qu'on renvoyait de l'eau – ici, les ions H^+ – derrière le barrage – ici, la membrane interne – pour maintenir un niveau d'eau constant dans le réservoir – ici, l'espace intermembranaire.

Que vient faire la thermogenèse dans tout ça ? Parfois, une trop grande quantité d'eau est présente dans la retenue du barrage pour produire de l'électricité sans risque pour les turbines. À ce moment, on peut réaliser un lâcher d'eau via un déversoir : l'eau en trop va s'évacuer, mais ne sera pas utilisée pour produire de l'énergie électrique. L'énergie qu'elle véhicule sera dissipée sous une autre forme, par exemple en remodelant le paysage suite aux forts courants induits. Dans la mitochondrie, un phénomène similaire se produit parfois : les électrons libres vont emprunter un autre chemin afin de s'associer directement à l'oxygène et de former de l'eau, mais sans aider les protons à passer dans l'espace intermembranaire depuis la matrice. Par conséquent, le gradient de protons n'existe plus, et l'ATP ne peut plus être produit : pas d'énergie utilisable directement par la cellule… mais à la place, une production d'énergie sous forme de chaleur. Nous y voilà ! C'est la thermogenèse : une production d'énergie sous forme de chaleur, grâce à un détournement du chemin des électrons dans la mitochondrie.

Produire de la chaleur : un avantage ?

Certains animaux comme les mammifères maintiennent leur température interne stable quelle que soit la température extérieure, car cela est nécessaire au bon fonctionnement de leur organisme. En effet, les fonctions métaboliques doivent se dérouler dans une gamme de températures donnée, sous peine de perdre en efficacité. Chez les plantes, les activités métaboliques sont généralement contraintes par les conditions extérieures, en particulier par les variations de température. Plus il fait froid et plus ces activités sont ralenties, au point d'être entièrement stoppées lorsque les températures descendent en dessous de zéro, car l'eau ne se trouve alors plus sous forme liquide. Et si la plante gèle, elle meurt, car les cellules souffrent alors de lésions irréversibles !

Or, au printemps, lorsque les températures sont encore froides mais que les beaux jours s'en viennent, c'est une véritable course contre la montre qui commence. En effet, les plantes de sous-bois doivent croître très rapidement pour effectuer la majeure partie de leur cycle de vie – sortir de terre, produire des feuilles et des fleurs, se reproduire – avant que les arbres n'aient toutes leurs feuilles et ne leur cachent le soleil, source d'énergie. Ainsi, certaines plantes s'appuient sur la thermogenèse pour accélérer des processus métaboliques qui, chez d'autres, sont ralentis par le froid. Les différentes fonctions de la thermogenèse ne sont pas encore toutes élucidées, et nous nous contenterons de donner quelques exemples.

Chez le chou puant *Symplocarpus foetidus*, déjà cité, la production de chaleur est cruciale lors de la floraison. D'une part, la plante évite ainsi le gel des structures fragiles nouvellement formées. D'autre part, la chaleur produite dynamise la croissance des cellules et de toute l'inflorescence, et facilite la production des structures reproductrices proprement dites (grains de pollen et ovules), tout en mettant le paquet pour attirer les pollinisateurs !

La chaleur facilite en effet la volatilisation des odeurs produites par la plante, qui se rapprochent de celles… d'une charogne. Et qui aime ce genre d'odeur ? Les mouches ! Bingo : elles sont attirées par les odeurs et viennent polliniser les fleurs juste sorties de la neige.

Chez *Symplocarpus renifolius* (voir figure ci-dessous) (une plante du même genre que notre chou puant), la production de

Comparaison d'une plante thermogénique (a), et d'une plante sans thermogenèse (b).

Images dans le domaine visible (à gauche) et dans l'infrarouge (à droite). On remarque que sur la figure (a), la production de chaleur est surtout localisée au centre de l'inflorescence (22 °C en moyenne contre 14 °C pour tout le reste de la plante). D'après Y. Ito-Inaba, Y. Hida et T. Inaba, 2009.

chaleur dépend de l'âge de la plante et du stade de son développement. En effet, les structures reproductrices ne se développent pas en même temps, mais les unes après les autres (on distingue, dans l'ordre, un stade immature, un stade femelle, un stade bisexué et un stade mâle). La température est maximale lorsque les parties femelles de la plante sont prêtes à être fécondées ; en revanche, lorsque les parties mâles sont en pleine production de pollen, la production de chaleur cesse. En ce cas, la fonction première de la thermogenèse semble bien de protéger les fragiles ovules du froid, mais aussi d'augmenter leurs chances de fertilisation en diffusant les odeurs méphitiques de *Symplocarpus* pour attirer les pollinisateurs.

Bien heureusement pour nos petits nez sensibles, il n'est pas nécessaire que la plante sente mauvais pour tirer parti de la thermogenèse. Chez le genre *Magnolia*, plusieurs espèces attirent les pollinisateurs de manière efficace. En particulier, les senteurs de *Magnolia sprengeri* signalent aux pollinisateurs qu'ils trouveront du nectar riche en sucres en venant visiter les fleurs ! Ici, contrairement au chou puant, l'odeur est réellement synonyme de récompense pour le pollinisateur, et n'est pas uniquement un leurre.

La thermogénèse végétale peut également être profitable à d'autres organismes que la plante. Au sein des fleurs de *Victoria amazonica*, la température se maintient jusqu'à 10 degrés de plus que l'air extérieur, même au cours de la nuit. Certains scarabées du genre *Cyclocephala* profitent donc de cet environnement douillet pour rencontrer des partenaires sexuels et se reproduire. En se réchauffant dans la fleur, ils économisent de l'énergie, laquelle sera redirigée avec profit dans les fonctions de reproduction. La plante est également gagnante, car les déplacements des scarabées de fleur en fleur pour rencontrer de nouveaux partenaires vont également servir à transporter le pollen. Au final, tout le monde y gagne !

Chaque plante a donc sa stratégie pour attirer ses pollinisateurs, et bien qu'il y ait quelques variations – dans le temps, selon que ce sont les parties femelles ou mâles qui se développent, ou de température, selon l'âge des inflorescences – les mécanismes sont les mêmes.

La production de chaleur procure un autre avantage aux plantes : elle protège du froid les tissus déjà mis en place en période favorable. On observe surtout ce mécanisme lorsque la saison chaude se termine et que de brusques vagues de froid imprévues apparaissent. Des études menées chez les jeunes plantules de blé ont montré qu'elles sont capables de réaliser la thermogenèse en cas d'exposition soudaine au froid. Les jeunes structures nouvellement formées sont alors protégées en attendant que les conditions climatiques s'améliorent… En temps normal, et dans des conditions de croissance idéales, le blé n'effectue pas la thermogenèse. Il s'agit donc ici d'un mécanisme de défense face à une agression imprévue, contrairement au cas du chou puant où la thermogenèse est un mécanisme programmé et défini dans le temps.

Chez certaines espèces exposées à des conditions extrêmes telles que les climats polaires, on retrouve aussi les mécanismes de thermogenèse. En particulier, une étude montre que chez *Deschampsia antarctica* et *Colobanthus quitensis*, deux plantes se développant en Antarctique, la thermogenèse a lieu lorsque les températures chutent brutalement sous zéro. La production de chaleur donne le temps à la plante de mettre en place d'autres stratégies de résistance au gel, qui sont plus longues et plus coûteuses en énergie à produire. En clair, la thermogenèse est ici une réaction rapide de défense face à des changements rapides des conditions extérieures.

En conclusion, ce phénomène biochimique complexe offre un atout à de nombreuses plantes, soit pour améliorer l'efficacité de la pollinisation, soit pour braver les conditions climatiques extérieures. En augmentant leurs chances de survie et en favorisant leur descendance, il leur procure ainsi un avantage évolutif. Chaud devant !

RECRÉER LA VIE EN QUELQUES LIGNES DE CODE

Qu'est-ce que la vie ? Cette question, d'apparence très simple, soulève des problèmes fondamentaux que les biologistes s'évertuent à résoudre depuis longtemps. Quelles propriétés font de la bactérie *Escherichia coli* un être vivant ? Un virus est-il un être vivant ? Le thème intéresse bien sûr de très près les exobiologistes, qui cherchent à comprendre comment les premières molécules organiques ont pu s'organiser pour former les premiers « êtres vivants », et espèrent un jour trouver des formes de vie sur une autre planète… Plus récemment, ces questions ont donné naissance à d'autres types d'expériences : celles visant à créer une « vie artificielle ». Qu'entend-on par là ?

Si vous avez atteint la trentaine, vous avez probablement déjà joué avec le *Jeu de la vie* qui était souvent pré-installé sur les ordinateurs dans les années quatre-vingt-dix (si vous ne connaissez pas, une rapide recherche sur Internet devrait vous offrir de quoi vous occuper pendant plusieurs heures !). Après avoir choisi une configuration de cellules sur une grille, le joueur les voyait ensuite évoluer. Cette simulation paraissait « vivante », et ce n'est pas sans raison. Les cellules qui la constituaient présentaient un certain nombre de *propriétés* particulières : elles pouvaient se déplacer, se reproduire, mourir et disparaître. Et surtout, elles le faisaient sans intervention extérieure ! En fait, leur comportement suivait une liste de lois simples définies par le mathématicien John Conway, lois que l'on peut exprimer sous la forme d'un algorithme et donc exécuter sur un ordinateur. L'état d'une cellule au temps $t + 1$ ne dépend que de son environnement et de son état au temps t. C'est le principe de base des automates cellulaires.

C'est l'un des pères de l'informatique, John von Neumann, qui a contribué à créer les automates cellulaires dans les années cinquante. L'objectif de von Neumann était de créer une machine auto-réplicatrice, capable de créer des copies d'elle-même de façon autonome. Les études menées sur les machines auto-réplicatrices, sur les automates cellulaires en général et sur bien d'autres systèmes artificiels plus ou moins aptes à mimer les caractéristiques du vivant font partie de ce qu'il est convenu d'appeler

Un automate cellulaire autoréplicant, à 8 états : la boucle de Langton.

la « vie artificielle » – un domaine de recherche qui s'intéresse à l'identification et à la reproduction des propriétés fondamentales du vivant.

Les simulations offrent alors un outil d'investigation précieux. Comme tous les éléments de la simulation sont connus de celui qui l'a créée, il devient possible d'identifier les mécanismes et les processus essentiels pour obtenir telle ou telle caractéristique. Un vaste terrain de jeu s'ouvre alors aux chercheurs, qui tentent de répondre à des problématiques comme : « quelles sont les conditions minimales nécessaires pour obtenir une entité capable de se reproduire indéfiniment ? », ou encore : « quelles règles faut-il ajouter pour que cette chose soit capable de croître et de mourir ? ». La vie artificielle se penche ainsi non seulement sur la vie telle qu'elle est, mais sur la vie « telle qu'elle pourrait être »…

Pour découvrir l'histoire de la vie artificielle et bien d'autres concepts-clefs de ce champ de recherche pas comme les autres, nous vous invitons à regarder la vidéo :

LA VIE ARTIFICIELLE...

Et si ce n'est pas assez et que vous voulez en apprendre encore plus sur la vie artificielle, n'hésitez pas à écouter notre série de podcasts audio sur www.vie-artificielle.com !

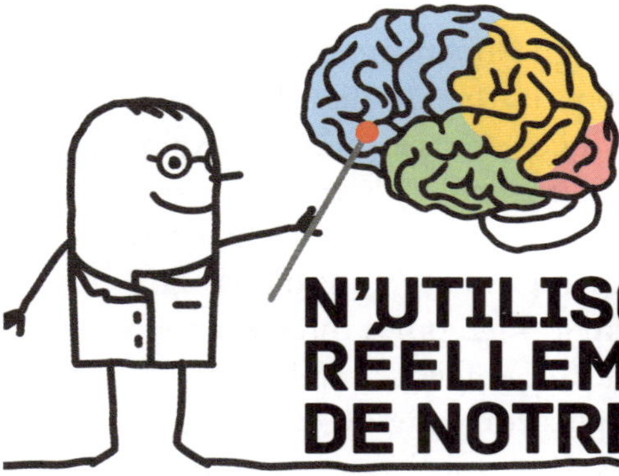

N'UTILISONS-NOUS RÉELLEMENT QUE 10 % DE NOTRE CERVEAU ?

À en croire les œuvres de fiction, les films à gros budget et la presse à sensation, c'est une évidence : nous n'utilisons que 10 % de notre cerveau ! Pour certains fantaisistes encore plus ou moins cartésiens, en repoussant cette limite, nous débloquerions des capacités intellectuelles extraordinaires. Pour d'autres plus fanatiques, nous serions alors en mesure d'enfreindre les lois physiques de l'Univers, nous octroyant ainsi la capacité de plier des petites cuillères par l'esprit ou encore de communiquer par la pensée… Soyons clairs : dans un cas comme dans l'autre, ces promesses sont illusoires. Et surtout… le mythe moderne du cerveau utilisé à 10 % est scientifiquement faux !

Mais alors, comment est-il né ? La paternité de cette croyance populaire n'a pas été clairement établie. Nous allons néanmoins présenter plusieurs sources susceptibles d'avoir participé à sa genèse afin de mieux la comprendre.

Les origines mystérieuses du mythe

Chronologiquement, l'une des premières pistes remonte à un certain William James. À la fin du XVIIIe et au début du XIXe siècle, cet éminent psychologue américain – épaulé par son confrère Boris Sidis – développe la théorie dite de la « réserve d'énergie », fondée sur l'idée que « les personnes n'exploitent qu'une fraction de leur potentiel mental »[1]. Pour démontrer leur théorie, ces deux psychologues élevèrent William James Sidis – filleul du premier (dont il tient son prénom) et fils du second – en utilisant des techniques d'apprentissage innovantes et en stimulant constamment son intellect. Cet enfant se révéla très vite être un prodige, capable de parler plusieurs langues et exceptionnellement doué en mathématiques. Il réussit l'examen d'entrée de la prestigieuse université Harvard avant son dixième anniversaire. La preuve était donc faite ! L'esprit humain est bel et bien bridé. Au moyen d'un encadrement adapté, il est possible de faire sauter ces verrous et d'exploiter son extraordinaire potentiel...

Excepté que la quasi-totalité des éléments précédents sont soit faux, soit scientifiquement douteux, soit largement exagérés. William James Sidis a bien existé ; il avait effectivement pour père Boris Sidis et pour parrain William James. Néanmoins, une bonne partie de sa réputation et de ses exploits repose en réalité sur une supercherie[2]. De plus, la théorie de la « réserve d'énergie » s'avéra assez extravagante, plus proche de la parapsychologie que d'une réelle approche scientifique.

Quant aux fameux « 10 % », jamais William James ne fit mention de cette valeur. La seule référence reliant le psychologue à ce nombre est attribuée à Lowell Thomas, un écrivain plus proche du journalisme et du monde du spectacle que de la recherche scientifique. « Le professeur William James de Harvard avait l'habitude de dire qu'en moyenne les personnes ne développent que 10 % de leurs habiletés mentales latentes », relate-t-il.

Cette citation douteuse de William James signée de la main de Lowell Thomas figure en préface du best-seller du conférencier américain Dale Carnegie, sobrement intitulé *How to Win Friends and Influence People* (« Comment se faire des amis et influencer les gens »)[3]. Il est donc discutable d'accorder du crédit à des propos rapportés se référant à une théorie nébuleuse. D'autant plus lorsque l'on sait que cette allégation a servi de publicité pour un livre de développement personnel !

Un autre fondement du mythe impliquerait… Albert Einstein en personne ! Pour expliquer sa façon singulière d'appréhender le monde, le célèbre physicien aurait dit, lors d'une conférence de presse, qu'il tirait parti de son cerveau au-delà des 10 % exploités en moyenne par les humains. Dans ce cas comme dans le précédent, il n'existe pas de source fiable permettant d'attribuer ces propos à Albert Einstein. Toutefois le génie de la physique, connu pour son humour décalé, aurait très bien pu prononcer cette phrase devant un journaliste afin de tourner en dérision une question qu'il aurait jugée absurde. Même s'il s'avérait que cette déclaration ait été prononcée par le grand homme, et ce sérieusement, cela ne corroborerait pas le mythe des 10 % pour autant. En effet, être spécialiste et même visionnaire dans une discipline scientifique donnée ne rend pas forcément expert dans d'autres domaines.

Des arguments scientifiques obsolètes et déformés

De façon plus sérieuse et vérifiable, le mythe s'est probablement nourri de travaux scientifiques.

Les premiers de ces travaux ont été réalisés par Karl Lashley. Dans les années 1920, ce psychologue américain recherchait la partie responsable de la mémoire et des apprentissages dans le cerveau. Pour localiser cette zone, Lashley réalisa plusieurs études sur des rats. Selon son hypothèse, la région de la mémoire se trouvait à la surface du cerveau, appelée cortex cérébral, mais il ne connaissait pas son emplacement exact. Il mena donc des expériences chez les rats consistant à léser leur cortex cérébral en différents endroits, puis à soumettre les animaux à des tâches de mémorisation dans des labyrinthes. Le postulat était que les animaux capables de réussir les tests avaient conservé les parties du cerveau participant à la mémoire, alors que ceux qui échouaient ne les avaient plus. Il lui suffirait alors de vérifier quelles régions du cerveau avaient été lésées chez les animaux recalés aux tests pour localiser le centre de la mémoire… Les expériences qu'il mena pendant près de trente ans ne lui permirent pas d'identifier cette zone. En effet, quelle que soit la localisation des lésions à la surface du cerveau, les rats arrivaient tous à résoudre les tests de mémoire ! Par ses travaux, Lashley démontra que la surface du cerveau était indifférenciée et n'avait donc pas de fonction spécifique[4].

Cette conclusion jeta les germes de l'idée selon laquelle une partie importante du cerveau n'est pas utilisée. Cette interprétation peut sembler logique au vu des résultats obtenus. Mais en y prêtant bien attention, Lashley n'a pas véritablement observé que certaines parties du cerveau sont inemployées. Si ses études constatent qu'une grande partie du cerveau n'a pas de fonction spécifique et différenciée, elles ne démontrent absolument pas que ces régions n'ont pas de fonction du tout ! Elles prouveraient en réalité que les fonctions cognitives importantes sont distribuées sur l'ensemble du cerveau.

Le caractère erroné de cette interprétation des recherches de Lashley se confirme un peu plus quand on considère les nombreux autres travaux qui sont venus remettre en cause ses résultats, quelques années plus tard. Il a en effet été démontré que les fonctions dans le cerveau sont extrêmement bien localisées[5]. Les résultats discutables obtenus par Lashley ne sont probablement pas imputables à un manque de rigueur scientifique, mais plutôt au choix du test de mémoire, certainement trop simple pour détecter des déficits subtils. En bref, les travaux de Lashley ne fournissent aucune base scientifique convaincante pour alimenter le mythe.

Une autre origine du mythe peut venir du fait, celui-ci scientifiquement prouvé, que nos neurones ne fonctionnent pas tous en même temps. Lorsque tous nos neurones sont synchronisés et fonctionnent en même temps, cela s'appelle une crise d'épilepsie[6] ! Mais attention, ce fait ne sous-entend pas pour autant que certaines cellules de notre cerveau restent totalement silencieuses. En effet, il a été démontré que pour qu'un neurone reste en vie, celui-ci doit avoir une activité de base, signe qu'il reste réceptif au monde qui l'entoure[7]. Autrement dit, chaque neurone doit être actif, mais tous les neurones ne peuvent pas l'être en même temps. Il est aisé d'imaginer qu'en mésinterprétant ces notions scientifiques, certains aient postulé qu'à chaque instant, seuls 10 % de nos neurones seraient actifs. Et que d'un instant à un autre, ces 10 % ne soient pas les mêmes. Mais là encore, aucune étude scientifique ne vient étayer cet argument. Et même en suivant cette nouvelle piste, le chiffre de 10 % semble toujours aussi arbitraire.

Encore plus récemment, il a été mis en évidence que les neurones n'étaient pas les seules cellules présentes dans le cerveau. Pendant longtemps, les scientifiques ont pensé que les cellules nerveuses de notre encéphale étaient figées dans une sorte de glu. En réalité, cette substance prétendument collante est composée de cellules, appelées cellules gliales ou simplement « glie » en référence à la glu. Et ces cellules sont plus nombreuses que les neurones ! Cette découverte a bousculé les concepts établis sur la structure du cerveau. Les neurones y sont minoritaires, et en outre les cellules gliales n'ont pas qu'un simple rôle de soutien. Celles-ci, dans une certaine mesure, interviennent dans le traitement des informations fait par les neurones afin de prendre part au fonctionnement du cerveau[8]. Ces dernières données ont fourni un nouvel ancrage au « cerveau utilisé à 10 % » pour certains colporteurs du mythe. Dans leur logique, si les neurones sont si peu nombreux, c'est que nous n'exploitons pas le plein potentiel de notre cerveau, et que ces mystérieuses cellules gliales pourraient servir de substrat à l'amélioration de nos capacités. Mais là encore, bien que le rôle de la glie soit toujours à l'étude, les chercheurs s'accordent à dire que la répartition n'est pas de 10 %/90 % entre les neurones et les cellules gliales. Le rapport entre ces deux types de cellules est même inhomogène dans le cerveau, et le déséquilibre n'est pas tellement flagrant[9]. Encore une fois, les faits scientifiques n'apportent aucune justification à la valeur de 10 %.

En résumé, le mythe trouverait sa source dans un mélange de propos de grands hommes de science et d'études scientifiques sérieuses. Dans un cas comme dans l'autre, il est établi que pour servir de base à l'élaboration de cette croyance fantaisiste, les propos et résultats scientifiques ont été, dans le meilleur des cas, mal interprétés voire volontairement déformés, et dans le pire des cas, complètement inventés ! Néanmoins, l'aspect pseudo-scientifique de ces arguments pourrait continuer à renforcer le mythe. Pour en finir définitivement et convaincre les plus sceptiques, nous allons maintenant présenter des arguments qui ne se contentent pas de combattre cette croyance, mais qui mettent en avant le fait que nous utilisons bien la totalité de notre cerveau.

Une absurdité du point de vue de l'évolution

Du point de vue de l'évolution, l'idée que le cerveau est un organe sous-exploité est tout simplement absurde. Rappelons qu'en biologie, la théorie de l'évolution explique la transformation et la diversification des espèces vivantes au cours du temps. Les mutations génétiques en sont le moteur : de manière spontanée et aléatoire, des modifications se produisent au sein du matériel génétique des individus. Ces mutations entraînent parfois l'apparition de nouvelles caractéristiques pour certains représentants de l'espèce. Et si les individus munis de ces caractéristiques sont plus aptes à survivre ou à se reproduire, alors celles-ci seront conservées et se répandront dans l'espèce de génération en génération. À l'inverse, si cette particularité n'entraîne aucun avantage ou une difficulté supplémentaire à survivre ou à se reproduire, celle-ci sera progressivement éliminée de l'espèce. Ce processus de tri porte le nom de sélection naturelle, et est l'un des mécanismes de l'évolution des espèces[10].

Revenons au cerveau. Le cerveau dans l'espèce humaine correspond à environ 2 % de la masse totale du corps. Comparée à sa masse, sa consommation d'énergie est absolument extraordinaire, puisque le cerveau utilise près de 20 % des ressources énergétiques de l'organisme[11]. Compte tenu du processus de sélection naturelle, il semble invraisemblable que notre espèce ait pu conserver un organe consommant une telle quantité de ressources pour un rendement aussi faible que 10 % de sa capacité totale. Si le mythe de l'exploitation bridée au dixième de notre encéphale était biologiquement avéré, cet organe aurait sans doute subi des modifications drastiques dans sa structure au cours des milliers d'années d'évolution de notre espèce. Les parties inutiles auraient été éliminées afin d'atteindre un rendement optimal entre consommation d'énergie et exploitation des capacités.

En outre des résultats récents ont montré que le cerveau renfermait des cellules spécifiques capables de supprimer les connections entre les neurones en bonne santé mais inutiles. Ces travaux viennent encore soutenir l'idée que l'évolution a sélectionné les caractéristiques permettant au cerveau de fonctionner de façon optimale, en s'appuyant notamment sur des mécanismes l'obligeant à ne conserver que les éléments utiles[12].

Une réfutation du mythe par des preuves scientifiques

Lorsqu'on étudie le fonctionnement de base du cerveau avec les derniers outils technologiques, le constat est le même. Afin d'étudier le rôle que peut avoir une partie précise du cerveau dans l'élaboration d'un comportement, le scientifique a deux approches méthodologiques à sa disposition.

La première consiste – comme l'a fait Lashley – à observer les attitudes et aptitudes qu'un individu n'est plus capable d'adopter ou de réaliser suite à une lésion cérébrale (tumeur, accident vasculaire cérébral, traumatisme crânien, etc.). Par cette observation et un raisonnement déductif, le chercheur établira que la partie du cerveau atteinte par la lésion joue un rôle dans le comportement déficitaire. On met ainsi en correspondance une région particulière du cerveau avec une fonction spécifique, pour peu que le scientifique ait élaboré des tests suffisamment sensibles pour mettre en lumière les handicaps de l'individu lésé.

La seconde approche consiste à étudier le fonctionnement du cerveau sain – ne comportant aucune lésion ou pathologie – lors de la réalisation d'un comportement (tâche cognitive ou mouvement). Plusieurs paramètres peuvent être mesurés afin de quantifier et de qualifier la fonction de la zone du cerveau étudiée. Lors de l'exécution d'une tâche, une variation de ces paramètres sera interprétée par le chercheur comme étant le signe de l'implication de la zone d'intérêt.

Les innombrables études d'observation menées chez les personnes atteintes de lésions cérébrales ont établi qu'aucune partie du cerveau n'est inutile. Quelle que soit la région cérébrale, celle-ci a forcément une fonction dans le traitement d'une information, la préparation d'une action ou la réalisation d'un comportement[13].

Par ailleurs, le siècle dernier a vu l'émergence de technologies de plus en plus perfectionnées : électroencéphalographie, magnétoencéphalographie, imagerie par résonance magnétique fonctionnelle, tomographie par émission de positons... Les chercheurs étudiant le fonctionnement du cerveau n'ont eu de cesse d'enregistrer, de mesurer et de caractériser les variations de l'activité cérébrale avec ces outils de pointe. Que ce soit grâce à l'activité électrique, magnétique, chimique ou métabolique, aucune étude scientifique n'a démontré l'existence d'une zone totalement silencieuse dans le cerveau d'un individu sain.

Par l'approche lésionnelle ou par la mesure des variations d'activité cérébrale, le constat est identique : le cerveau est utilisé à 100 %.

En résumé, aucun argument ne vient étayer la thèse selon laquelle nous n'utiliserions que 10 % de notre cerveau. Bien au contraire. Non seulement les preuves scientifiques réfutent cette croyance populaire, mais elles prouvent aussi que nous utilisons l'ensemble de notre encéphale.

Une vigilance à adopter

Quelle leçon tirer de cet exemple ? La promesse de développer des capacités extraordinaires voire paranormales en réveillant la partie endormie de notre cerveau était trop sensationnelle pour être vraie. Des films comme *Lucy* de Luc Besson réaniment malheureusement le fantasme de temps à autre...

Il est intéressant de constater que ce mythe n'est pas un cas isolé. L'idée fausse que nous avons traitée dans ces pages fait partie d'une grande famille de convictions erronées sur le cerveau, appelées « neuromythes ». Ces derniers partagent de nombreuses caractéristiques : ils partent tous d'une croyance fausse sur le fonctionnement du cerveau, et sont exprimés en langage scientifique, détournant ses codes et son jargon. Ces mythes sont souvent inspirés par des résultats de recherche mal interprétés, simplifiés ou obsolètes. Et ils ont tendance à persister dans la croyance populaire, malgré l'existence d'informations qui les infirment[14]. En effet, une personne non avertie se laisse aisément convaincre par un discours pseudo-scientifique et des arguments de façade... Il est donc important d'identifier ces mythes pour s'en prémunir.

Et pour cela, le neuromythe de l'utilisation à 10 % de notre cerveau est un cas d'école. Dès que l'on creuse les origines de l'affirmation, tout s'effondre. Gare aux affirmations à l'emporte-pièce en matière de science ou de santé ! Les arguments présentés pour réfuter une idée ou la confirmer doivent toujours être issus d'une démarche scientifique. Ce processus s'appuie sur des preuves concrètes, obtenues par l'observation et l'expérimentation, et nécessite du temps afin de confronter des données et de répliquer des résultats isolés. Ce n'est qu'après cet examen minutieux que l'on peut formuler une réponse valable. Il ne saurait y avoir d'argument scientifique, peu importe sa source, sans présentation de preuves, de justifications et de références. Il est de notre devoir à tous de ne pas se laisser abuser et de combattre le charlatanisme scientifique. Le développement d'un esprit critique est donc essentiel. Et pourquoi ne pas commencer dès maintenant ? Lisez et relisez ce texte, fouillez les références, allez trouver des avis discordants, et faites fonctionner votre cerveau à plein régime pour construire votre propre avis éclairé !

LES OISEAUX AUSSI EN ONT DANS LE CIBOULOT !

« Avoir une cervelle d'oiseau », « répéter comme un perroquet », « bécasse », « tête de linotte », « faire l'autruche », « être le dindon de la farce », « se faire pigeonner »... Notre belle langue française regorge d'expressions et d'invectives avec des noms d'oiseaux ; mais il faut bien l'avouer, elles sont rarement flatteuses ! Le piaf sert à désigner quelqu'un d'inattentif, d'oublieux, qui ne réfléchit pas beaucoup et se fait facilement avoir. Charmant !

Qu'en est-il en réalité ? Les oiseaux auraient-ils sacrifié leur cervelle pour s'élancer dans les airs ? Troqué leurs neurones pour des ailes, comme l'imprudent Icare ? Que nenni ! Et vous pourriez bien être surpris à la lecture des pages qui suivent...

Mais d'abord, qui sont vraiment les oiseaux ? Ils pondent des œufs, volent (pas tous : parlez-en aux manchots, à l'autruche ou encore au kiwi), sont dotés d'un bec et surtout – et c'est là leur originalité – ils ont le corps recouvert de plumes. Cette innovation révolutionnaire est apparue il y a plus de 150 millions d'années, à l'époque où les dinosaures peuplaient notre planète. On ne le sait que depuis les années 1990, mais certains dinos avaient bel et bien le corps recouverts de plumes, comme le fameux archéopteryx, ou encore les féroces vélociraptors rendus célèbres par Spielberg, en version glabre, dans son *Jurassic park*[1]. Ce cousinage rapproché avec les dinosaures et les reptiles, perçus injustement comme patauds, diminue à tort l'idée que nous nous faisons de leur intelligence. Il est donc plus que temps de réhabiliter nos cousins emplumés !

Les pigeons, des physionomistes hors pair

Commençons par ceux qui ont la plus mauvaise réputation : les pigeons bisets (*Colomba livia*). Vous savez, ces pigeons de ville qui déambulent sur les trottoirs comme des passants pressés, la tête hochant de manière comique ? Ceux que vous ne pouvez plus voir en peinture et qui décorent de leurs déjections les statues et les monuments urbains avec une assiduité remarquable ? Vous les trouvez bêtas, n'est-ce pas ? Eh bien, figurez-vous qu'ils savent faire plein de choses !

D'abord, ce sont d'excellents physionomistes. Eh oui : le pigeon vous a à l'œil. Des chercheurs ont montré que les pigeons étaient capables de reconnaître les humains et ce, de manière assez fine. L'expérience est la suivante. Deux expérimentateurs donnent des graines aux pigeons : un « gentil » à blouse blanche qui reste sans bouger, et un « méchant » à blouse rouge qui les chasse toutes les minutes en bougeant les bras. Très vite, les pigeons choisissent le gentil nourrisseur immobile. Et quand, lors du test, le méchant devient gentil et arrête de les effrayer, les pigeons préfèrent tout de même l'éviter. Pour compliquer la tâche, le gentil et le méchant échangent leurs blouses. Et là, surprise ! Les pigeons ne s'en laissent pas conter : ils continuent à se diriger vers le gentil expérimentateur[2]. Ils sont donc bien capables de reconnaître quelqu'un à ses vêtements, mais aussi à sa physionomie, à sa posture et à son visage.

Ce sont des indices beaucoup plus fins pour identifier un individu, surtout d'une autre espèce que la sienne. Essayez donc de distinguer un pigeon à sa tête uniquement, au milieu d'un groupe d'autres pigeons de la même couleur, pour voir!

Leur autre talent caché est celui de distinguer des objets, de les identifier, de les regrouper et ainsi de former des catégories. Un processus complexe, bien éloigné de leurs activités quotidiennes habituelles. Il a été prouvé en 1995 que les pigeons sont capables de différencier les œuvres de peintres impressionnistes (comme Claude Monet) de celles des peintres cubistes (comme Pablo Picasso)[3]. Et c'est très sérieux! Des pigeons ont été entraînés à picorer un écran sur lequel apparaissaient deux images de tableaux : un de Picasso, l'autre de Monet. Un groupe d'oiseaux était récompensé avec une friandise quand il choisissait Picasso, l'autre groupe quand il choisissait Monet.

Une fois que les animaux sélectionnaient toujours le bon peintre lors de l'entraînement, on leur présentait deux tableaux qu'ils n'avaient jamais vus. Ils devaient alors en choisir un des deux. Il s'avère que les oiseaux choisissaient majoritairement (à plus de 90 %) les peintures de l'artiste auquel ils avaient été habitués! Ils sont donc capables de « classer » de nouvelles images, de les identifier et de les attribuer (ou non) au peintre auquel ils ont été familiarisés. Bref, ils sont bel et bien capables de former des catégories.

Mais l'expérience ne s'arrêtait pas là. Les chercheurs ont compliqué la chose en leur présentant des tableaux d'autres impressionnistes (Cézanne et Renoir) et d'autres cubistes (Braque et Matisse). Les oiseaux continuaient à marquer leur préférence pour le courant artistique auquel ils avaient été sensibilisés. Ils savaient distinguer les formes abstraites, franches et colorées des cubistes, des portraits et des paysages impressionnistes aux touches plus douces. Les experts ont probablement du souci à se faire!

« – Peintres cubistes et impressionnistes n'ont plus de secrets pour moi ! »

En septembre 2016, une autre équipe a tenté de déterminer si les pigeons étaient bons en orthographe[4]. Pendant 18 mois, nos volatiles ont été entraînés à choisir des mots de 4 lettres sur un écran tactile : l'un qui existe (« très » par exemple), et l'autre assemblé avec les mêmes lettres, mais qui n'a aucun sens (comme « tsèr »). Chaque oiseau était récompensé avec une friandise lorsqu'il sélectionnait le mot existant ou l'étoile « joker » qui apparaissait à côté du non-mot. On leur présentait ensuite de nouveaux assemblages de 4 autres lettres, aléatoirement mots et non-mots, afin de vérifier si les pigeons continuaient à les différencier. Et il s'avère que oui ! Même s'ils discriminent moins de mots que les babouins (le meilleur élève pigeon en mémorisait tout de même 58), les pigeons différencient le plus souvent les mots des non-mots, très probablement en repérant les associations de lettres les plus fréquentes. Finalement, pigeonner un pigeon n'est pas chose facile.

Les poules, des arithméticiennes méconnues

Un autre oiseau partage depuis longtemps notre quotidien et a rarement été loué pour ses traits d'esprit: la poule! Figurez-vous que les cocottes, malgré leur petit cerveau, en ont aussi dans la caboche. Elles peuvent compter jusqu'à 5 par exemple et ce, dès leur plus jeune âge.

Vous le savez peut-être: chez les oiseaux comme la poule, l'oisillon va identifier comme être référentiel le premier être mobile qu'il voit en sortant de l'œuf. Ce phénomène est appelé l'« empreinte ». L'oisillon suit et imite les comportements de l'être vivant qu'il verra en premier, comme si c'était sa mère. Cette période sensible est cruciale pour l'apprentissage et les comportements futurs de l'oisillon, et ce pour le restant de sa vie. Dès le milieu des années 1930, l'éthologue autrichien Konrad Lorenz a beaucoup travaillé sur le sujet. Les images ont fait le tour du monde: Lorenz prenant son bain dans le lac, sirotant son café ou baguenaudant dans la campagne, toujours suivi par une nichée de bébés oies cendrées surexcités! À la sortie de l'œuf, l'oisillon est également sensible (dans une moindre mesure) aux objets inanimés. Dans une expérience menée par une équipe italienne[5], des poussins âgés de 3 jours ont été élevés en présence de capsules en plastique ou de pièces en bois lors de la phase d'empreinte. Les oiseaux étaient ensuite capables, placés devant deux tas de ces objets, de sélectionner la quantité la plus importante (l'imprégnation les rendant « importants » à leurs yeux)! Et ce même lorsque les quantités présentées sont très proches (3 contre 2, par exemple).

Et ce n'est pas tout! Dans une seconde phase de l'expérience, on montre aux poussins deux groupes d'un même objet en quantités différentes, que l'on cache ensuite derrière deux écrans en sa présence. Ceci fait, on déplace certains objets d'un écran à l'autre, toujours devant eux, changeant ainsi les quantités que les poussins

ont pu observer au début de l'expérience. On laisse alors la possibilité aux oisillons de se diriger vers un des deux écrans, et ainsi, d'effectuer un choix. Eh bien, malgré ces changements, les poussins continuent à sélectionner la plus grande quantité proposée ! Ainsi, il semblerait que dès la naissance, les poussins possèdent une représentation mentale des nombres mais aussi des objets physiques, une connaissance que nous autres humains ne développons pas avant plusieurs années d'apprentissage laborieux.

Vous êtes impressionné ? Le plus sensationnel reste à venir. Car les vraies superstars de la cognition aviaire sont ailleurs. Ces surdoués ont cependant un truc en commun. Ils appartiennent tous à deux familles d'oiseaux particulières : celle des perroquets (les psittacidés) et celle des corbeaux (corvidés), qui accumulent les qualités et les performances éblouissantes !

Corbeaux et perroquets : les raisons du succès

Ces piafs-là, comparativement à leur taille, ont un cerveau de la taille de celui d'un chimpanzé, ce qui est plutôt balèze. En outre ils ont la particularité, contrairement à nos cousins primates, d'être monogames, c'est-à-dire de former des couples à vie avec leurs partenaires. Or les relations longues demandent pas mal d'efforts car l'animal doit anticiper les besoins de son partenaire, y répondre, garder en mémoire des actions passées et coopérer de manière efficace s'il veut obtenir de beaux bébés. Un sacré boulot donc! Ainsi, la monogamie sur le long terme pourrait être à l'origine des facultés hors normes de ces petits génies ailés, car elle demande des adaptations coûteuses. En effet, chez les oiseaux, la monogamie sous-tend que les partenaires restent fidèles et s'investissent tous deux dans la construction du nid et l'élevage des petits. Ils maximisent ainsi leurs chances d'amener leurs petits jusqu'à l'âge adulte, mais en produisent moins que des espèces polygames qui multiplient les partenaires et les potentialités d'avoir plus de descendants. Ce choix représente donc un coût[6]. La vie sociale aurait un effet similaire, car l'enfer, c'est les autres! En effet, en société, il faut garder un œil sur les autres membres du groupe pour sortir son épingle du jeu et éviter les impairs. C'est du moins ce que défend l'anthropologue britannique Robin Dunbar via son hypothèse du «cerveau social»[7]. Il argumente que la vie en groupe nécessite le développement de compétences multiples; et plus le groupe est grand, plus les capacités cognitives requises seraient importantes. Or corbeaux et perroquets ont une vie sociale très riche, alliant couple à long terme et vie de groupe, avec tous les compromis qui leur sont associés. On a notamment observé que les grands corbeaux pratiquent la réconciliation après un conflit avec leurs copains, comme les grands singes[8]. De plus ils vivent très vieux, ce qui implique là encore, quand on est un animal social, de garder traces d'interactions avec d'autres individus sur le très long terme pour rester dans la course. Les grands perroquets, pour la majorité d'entre eux, peuvent atteindre 60 ans (cacatoès, aras, gris du Gabon). De leur côté, les grands corbeaux (*Corvus corax*) et même les poids plumes font de vieux os, comme les corneilles noires (*Corvus corone*), les geais (*Garrulus glandarius*), les choucas (*Corvus monedula*) et les pies (*Pica pica*) qui atteignent aisément les 15-20 ans dans la nature (plus en captivité, bien entendu).

Alliant tous ces atouts, corbeaux et perroquets repoussent toutes les limites. Mémoire, anticipation, mise à la place de l'autre, empathie, utilisation d'outils, résolution de problème… ces Einstein à plumes savent tout faire ou presque. Une revue de leurs exploits s'impose.

Alex, un pionnier beau-parleur

Celui qui a été le premier à sensibiliser le monde aux prouesses des oiseaux est sans nul doute Alex, le perroquet gris du Gabon (*Psittacus erithacus*) de la chercheuse américaine Irene Pepperberg[9]. Acheté en animalerie en 1977 un peu par hasard, puis entraîné intensivement tous les jours, Alex s'est rapidement révélé être un génie. Aucun autre perroquet de laboratoire ne lui est arrivé à la cheville jusqu'à présent ! Alex parlait très bien et comprenait ce qu'il disait. Il savait nommer 50 objets différents, 7 couleurs, 5 formes, les nombres jusqu'à 6 et prononçait des phrases fonctionnelles comme « je veux le cube », ou « je veux aller sur la chaise » pour obtenir ce qu'il souhaitait. Il combinait tous ces mots pour désigner jusqu'à 100 objets différents. Il a même été capable de comprendre les concepts d'« identique » et de « différent », tout comme de « plus grand » et de « plus petit ». Vous trouverez de nombreuses vidéos sur Internet mettant en scène les prouesses d'Alex : l'expérimentateur lui montre par exemple un plateau avec plusieurs objets de couleurs/formes/tailles différentes, puis lui demande lesquels sont identiques, ou encore quel objet est présent en plus grande quantité. Si aucun des objets n'était identique, par exemple, Alex était capable de dire « aucun ».

Encore plus impressionnant : il pouvait additionner (jusqu'à 6 objets maximum). Si on lui présentait des noix cachées sous deux gobelets plastiques opaques et qu'on lui demandait le total de noix sous ces deux gobelets, il donnait le bon résultat. Et il comprenait le concept du zéro, une notion on ne peut plus abstraite[9].

Théorie de l'esprit et empathie : de l'importance de l'autre

Les découvertes de Pepperberg ont été à l'origine d'un regain d'intérêt pour nos amis oiseaux. En conséquence, plusieurs équipes de par le monde se sont mises à les étudier intensivement dans le courant des années 1990. Nathan Emery et Nicola Clayton, à Cambridge en Angleterre, s'intéressèrent notamment aux corvidés et à la « théorie de l'esprit » (j'y reviens, ne vous en faites pas). C'est à eux que l'on doit le surnom affectueux de « grands singes à plumes » pour désigner les oiseaux, surnom qui rend ainsi hommage à leur intelligence remarquable.

« C'est un bon perroquet ça ! »

La famille des corbeaux ne comprend pas que de sombres individus comme la corneille ou le corbeau : elle accueille aussi la pie chatoyante et tout un tas de geais colorés, et se distingue par le goût qu'ont ses membres à cacher leur nourriture pour la déguster plus tard. Or, il a été observé que certains de ces oiseaux choisissent leur cachette avec grand soin. Et s'ils ont été observés par un autre membre du groupe pendant qu'ils planquaient leur butin, ils ont alors tendance à changer de cachette pour prévenir toute tentative de vol[10]. Le corbeau est prévoyant et s'adapte selon son public ! En cachant à nouveau sa nourriture parce qu'il sait qu'il a été observé, le corbac nous laisse penser qu'il est capable d'inférer ce que l'indiscret a dans la tête. À savoir : lui piquer son bien dès qu'il regardera ailleurs ! Jusqu'à tout récemment, on pensait que seuls les humains et les primates en étaient capables. C'est ce que l'on appelle la « théorie de l'esprit ». Cette faculté fascinante permet de se mettre à la place de l'autre, et de deviner ce qu'il peut voir, entendre, mais aussi ce qu'il souhaite ou ce qu'il sait. Une capacité que l'on pense intimement liée à l'empathie, qui est la faculté d'identifier et de partager les émotions de l'autre[11]. Toutes deux, théorie de l'esprit et empathie, jouent un rôle pivot dans le fondement même de nos sociétés humaines.

Mais revenons à nos corbeaux. Ce que l'équipe de Cambridge a montré avec les geais buissonniers (de jolis geais bleus originaires des États-Unis, *Aphelocoma californica*) va encore plus loin[12]. Au cours d'une de leurs expériences, un geai a accès à un bac à glaçons rempli de sable, et on lui donne de la nourriture à dissimuler à l'intérieur. De l'autre côté d'une vitre, on place un autre oiseau comme observateur. Puis on laisse la possibilité à l'oiseau cachottier de planquer ses affaires ailleurs, une fois revenu tout seul dans le sas expérimental. Sans surprise, quand il a été observé, l'oiseau change sa nourriture de cachette. Pas fou le geai !

Mais ce qui est encore plus subtil, c'est que le comportement du geai ne sera pas le même selon ses expériences passées. Ainsi,

« Hey ho monsieur le voyeur! Va voir ailleurs si j'y suis! »

les geais qui ont déjà piqué les récompenses de leurs petits camarades changent systématiquement leur nourriture de cachette quand ils sont observés. En revanche, les oiseaux qui n'ont jamais rien volé ne la changent pas après avoir été observés par un congénère. Ce qui laisse supposer qu'un oiseau ayant déjà volé par le passé est capable d'anticiper le comportement de l'observateur en fonction de son propre vécu: « Puisque moi, j'ai déjà volé quand j'en ai eu l'occasion, ce voyeur pourrait en faire tout autant… et j'ai tout intérêt à planquer mes réserves ailleurs. » Brillant!

Miroir, miroir…

Depuis les années 1970, une autre compétence suscite beaucoup d'intérêt de la part de la communauté scientifique: se reconnaître dans le miroir. En effet cette compétence est fortement liée aux capacités d'empathie, comme on a pu l'observer chez de jeunes enfants. Ceux capables de se reconnaître dans le miroir portaient secours à un expérimentateur qui mimait la tristesse et la détresse[13]. La distinction entre « moi » et l'autre se doit donc d'être claire. Chez nous, cet apprentissage prend entre 2 et 3 ans, c'est dire ! Pour évaluer la compétence chez les animaux, on emploie un test assez simple, appelé « test de la tache ». D'abord réalisé chez les primates, nos plus proches cousins, le test a ensuite été étendu à de nombreuses espèces animales[14]. Chimpanzés, orangs-outangs, bonobos, éléphants, dauphins l'ont passé avec succès ; mais une seule et unique espèce d'oiseau a réussi le test jusqu'à présent. Et je vous le donne en mille : il s'agit de la pie bavarde (*Pica pica*), elle aussi membre de la famille des corvidés[15].

Le test se déroule de la façon suivante : on habitue les oiseaux au miroir. On place ensuite, sans qu'ils ne s'en rendent compte, une tache sur leur tête ou sur leur cou (peinture, gommette, etc.), à un endroit qui n'est visible que s'ils se visualisent dans le miroir. Puis chaque oiseau est successivement placé devant la surface réfléchissante. Si l'animal gratouille directement le miroir, c'est qu'il pense que la tache s'y trouve, et il échoue au test. En revanche, s'il se gratte à l'endroit de la tache une fois placé devant le miroir, alors c'est gagné ! Bien sûr, pour être certain que l'oiseau ne sent pas la tache sans la voir, on réitère l'expérience en le plaçant devant un carton (dans lequel il ne peut pas se voir). S'il se gratte lorsqu'il est face au carton, c'est que le test n'est pas concluant. Résultat : 2 pies sur 5 se sont bel et bien affairées pour enlever la marque dans leur cou en présence de miroir, ce qui va dans le sens d'une reconnaissance de soi. Depuis lors, la communauté scientifique s'acharne à tester d'autres espèces d'oiseaux (choucas, corbeaux, perroquets…) pour reproduire le résultat, sans succès pour le moment. Le problème principal posé par ce test est que l'animal ne ressentira pas forcément le besoin urgent de retirer la tache, même s'il comprend que c'est son reflet qu'il voit dans le miroir. Il peut juste s'en moquer complètement, ce qui ne facilite pas l'interprétation des expérimentateurs… Mais le fait est : les seules à avoir réussi jusqu'à présent, ce sont les pies, et cela méritait bien un coup de chapeau !

Mieux que des couteaux suisses !

Besoin d'un dernier argument pour être pleinement convaincus de l'intelligence des oiseaux ? Les corbeaux et les perroquets sont les seuls oiseaux connus capables de fabriquer et utiliser des outils. Pendant longtemps, cette compétence fut considérée comme le propre de l'humain. Mais en 1971, la primatologue britannique Jane Goodall[16] a prouvé le contraire : elle a observé des chimpanzés pêcher des termites dans les cavités de leur termitière en utilisant des bâtons. Et paf! Une fois encore, le fossé entre l'animal et l'Homme s'avérait moins large que prévu.

Et en 1996, ô surprise : on a découvert que les corneilles de Nouvelle Calédonie savaient le faire aussi ! Mieux, on a même observé qu'elles gardaient leurs meilleurs outils pour les réutiliser plus tard, ce qui démontre une planification future. En outre, les corneilles apprennent à leurs petits comment les fabriquer. On parle alors de transmission culturelle, un phénomène rarissime chez les animaux non-humains, seulement observé chez certains grands singes. Pour preuve, les outils fabriqués par ces corneilles calédoniennes n'ont pas la même forme selon l'endroit de l'île où la population vit (selon leurs « traditions », en somme). Leur fabrication dépend aussi de l'apprentissage transmis par les parents[17]. Les jeunes oiseaux apprennent spontanément à fabriquer les outils (c'est inscrit dans leurs gènes), mais sans éducation de leurs parents, ils ne seront pas capables de créer toutes les formes possibles de l'outil. Il y aurait donc une part innée dans leur comportement – ils construisent spontanément les outils – mais aussi une part acquise – l'enseignement des parents leur permet de varier les formes d'outils.

Malgré tout ce que vous avez toujours pensé savoir, il semblerait bien que les oiseaux soient loin d'être stupides. Même ceux qui souffrent d'une bien injuste réputation de bêtas. Poules, pigeons, corbeaux, pie, perroquets… Tous ces oiseaux rivalisent d'intelligence et d'astuces pour tirer leur épingle du jeu. Et l'on est encore bien loin de tout connaître sur leurs capacités réelles ! Après tout, peut-être que le film *Les Oiseaux* d'Hitchcock n'est pas si fantaisiste, et que les piafs complotent pour dominer le monde… En tout cas, maintenant, vous y réfléchirez à deux fois avant de traiter quelqu'un de « cervelle d'oiseau » !

Cacatoès de Goffin et corneilles de Nouvelle Calédonie, unis par l'outil !

NOTRE taille CHANGE DEPUIS LA NAISSANCE JUSQU'À LA MORT !

Sur votre carte d'identité, la taille indiquée est très probablement erronée. Les seules informations réellement immuables dans le temps sont votre date et votre lieu de naissance ; le nom et le sexe peuvent en effet être modifiés à coups de procédures administratives. Mais ces modifications restent rares, et au final, le critère qui varie le plus et qui est le moins fiable, c'est bien la taille ! Car il ne se passe pas un jour de votre vie sans que votre taille ne change. Pendant toute la croissance, évidemment, mais aussi à l'âge adulte, jusqu'aux âges les plus avancés.

Dans les pages qui suivent, nous allons explorer plus en détail ces variations de taille.

Ce qui influence notre taille

Tout d'abord, penchons-nous sur les facteurs qui influencent la croissance. Qu'est-ce qui explique votre taille actuelle ? La taille est avant tout déterminée par le patrimoine génétique, dès la formation des premières cellules[1]. C'est un caractère hérité entre 60 et 80 % de sa valeur[2] ; les 20 à 40 % restants dépendent de facteurs environnementaux.

Le plus important de ces facteurs, c'est l'alimentation. Le fameux « Mange ta soupe, ça te fera grandir », n'est pas aussi loin de la réalité que ce que nous pensions, enfants ! Pour croître, l'enfant a besoin en priorité de protéines, de calcium et de vitamines A et D. À l'alimentation s'ajoutent l'accès aux soins et la qualité du sommeil[3], ou de manière plus générale la qualité de vie. Tous ces facteurs ont un impact très important sur notre capacité à atteindre la taille qui est inscrite dans nos gènes, que l'on appelle notre « potentiel de croissance ».

L'influence environnementale est tellement notable qu'il a été proposé de s'en servir comme indicateur du développement des pays. Si la moyenne de la taille d'une population s'affaiblit avec le temps, cela reflète sans doute un problème sanitaire, par exemple de malnutrition.

Comment grandissons-nous ?

Si vous réfléchissez au long parcours qui vous a mené du poupon à l'âge adulte, vous conviendrez que la croissance est aussi spectaculaire que mystérieuse. Par où grandit-on ? Comment les os se mettent-ils à s'allonger ? Et en quel endroit ?

Chez les plantes, les tiges poussent à partir de leur bourgeon terminal. L'humain a-t-il, lui aussi, une zone de croissance spécifique ? Une partie de la réponse est révélée par la radiographie d'une personne en croissance, par exemple au niveau de l'articulation du genou (voir figure ci-dessous). Juste en dessous de l'articulation, on observe sur les os une ligne noire qui ressemble à une fracture. Il s'agit en réalité de la plaque de croissance, un tissu mou et cartilagineux qui est constitué de cellules responsables de l'allongement de nos os, appelées chondrocytes. Ces cellules baignent dans une matrice qui leur apporte tous les nutriments nécessaires pour qu'elles grossissent (voir figure page suivante) et migrent vers les extrémités de la plaque où elles deviennent de l'os[4]. Une fois la croissance achevée, cette zone n'est plus active : elle se calcifie et apparaît alors de couleur blanche sur les radios.

De telles plaques de croissance sont présentes sur toutes les extrémités des os longs de notre corps, et à chaque extrémité de nos vertèbres. Voilà donc la croissance de ces os expliquée !

La vitesse de croissance « normale » de l'os grâce à ces plaques se mesure usuellement en cm/an ou en µm/jour. Elle est très différente selon l'âge de la personne et l'os concerné ; par exemple, la partie thoracique de la colonne vertébrale grandit

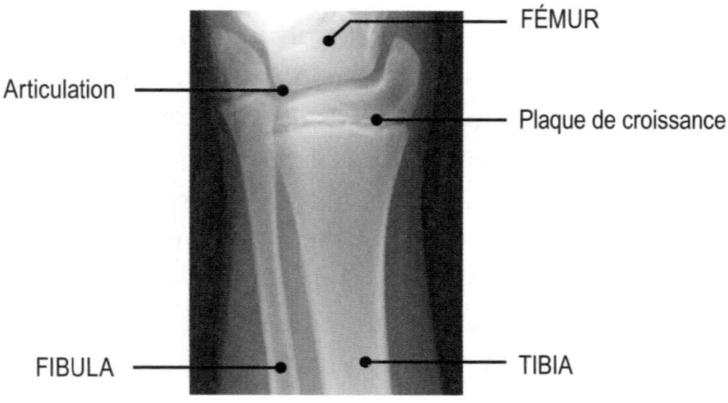

Radiographie de genou montrant la jonction entre le fémur et le tibia, ainsi que la plaque de croissance du tibia et de la fibula.

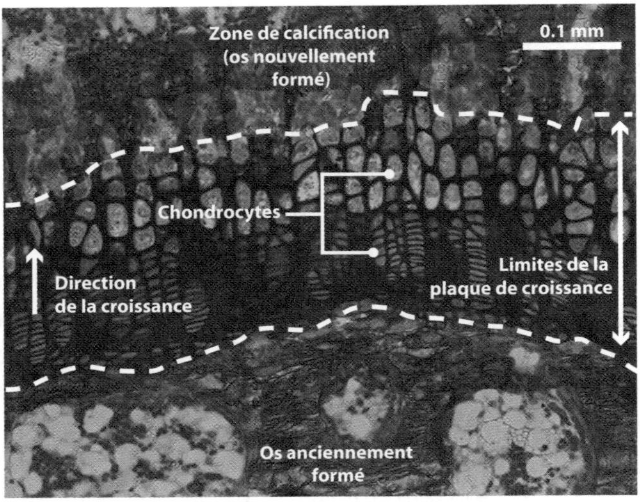

Photographie d'une plaque de croissance d'une vertèbre de rat prise au microscope. La couleur bleue vient d'un colorant – la toluidine bleue – qui a été ajouté pour visualiser les chondrocytes de la plaque de croissance.

d'environ 1,3 cm/an entre 0 et 5 ans, de 0,7 cm/an entre 5 et 10 ans et de 1,1 cm/an pendant la puberté[5].

Le développement de l'os est contrôlé par les hormones, la génétique mais aussi par les chargements mécaniques. Par la simple présence de la gravité, nos os subissent une compression. Les vertèbres du cou, notamment, supportent le poids de la tête. Et plus on comprime l'os, plus sa vitesse de croissance est ralentie, au point parfois d'être stoppée. À l'inverse, si on réduit la compression, la croissance est stimulée ! Des scientifiques ont même déterminé une formule empirique qui relie la vitesse de croissance de l'os à la compression appliquée[6].

Un parfait exemple de l'influence de la compression sur la croissance des os est la scoliose de l'enfant, une déformation de la colonne vertébrale. Pour simplifier, vue de dos, la colonne, au lieu d'être droite, prend une forme de « S » qui se tortille en trois dimensions. Cette forme implique que des vertèbres sont beaucoup plus comprimées d'un côté (à l'intérieur de la courbe du S) que de l'autre. Comme il y a une différence de compression entre le côté gauche et le côté droit, la vitesse de croissance n'est pas la même pour toute la vertèbre : la partie comprimée grandira moins vite. Au fur et à mesure de la croissance, la vertèbre croît donc de façon non uniforme, ce qui amplifie la déformation déjà présente. C'est le cercle vicieux de la scoliose ! Notons que la plupart des scolioses restent heureusement bénignes ou se résorbent d'elles-mêmes par un mécanisme qui nous est encore inconnu.

Connaissant l'influence de la pression sur la croissance des os, nous pouvons extrapoler. Quelle taille ferions-nous si nous grandissions sur une autre planète que la Terre ? La gravité locale définit la pression qui est appliquée sur les os. Il est alors probable que nous serions plus grands sur Mars, où la gravité est plus faible que sur Terre, et un peu plus petits sur Neptune, où la gravité est plus élevée. Il incombe aux futures générations d'aller tester cette hypothèse *in situ* !

Pour finir sur le sujet de la croissance, traitons le rôle du sport. Les basketteurs sont grands, les gymnastes sont petits... c'est bien que le sport doit influencer la croissance, non ? Erreur ! Le mythe est tenace, et pour cause : nous venons de faire le lien entre la compression et la croissance, et à première vue, les gymnastes encaissent effectivement de nombreux chocs tandis que les basketteurs s'étirent au maximum pour atteindre le panier. Il existe effectivement une corrélation entre la taille et le sport pratiqué, mais cela ne veut pas dire qu'il existe une causalité. Si les basketteurs sont grands, ce n'est pas parce que le sport les a fait grandir. Ce sont plutôt les petits basketteurs, moins adaptés pour cette activité, qui ont arrêté. Une sorte de sélection naturelle œuvre chez les basketteurs, et non une modification de la biologie de ses pratiquants. La logique est la même pour les gymnastes[7, 8].

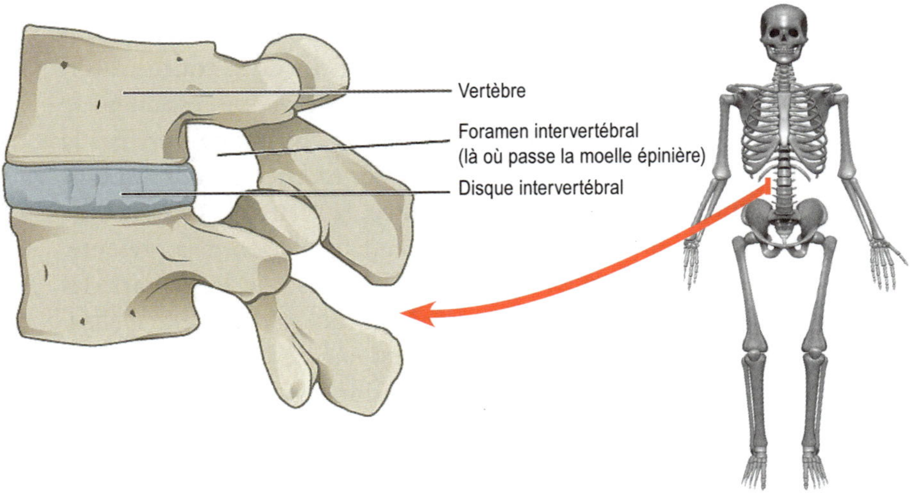

Notre squelette contient 23 disques intervertébraux qui séparent les vertèbres.

Alors comment justifier cette explication à deux vitesses ? Tantôt une modulation de la compression aurait un impact sur la croissance, tantôt elle n'en aurait aucun ? En fait, c'est le temps passé sous l'influence d'une compression qui compte. La croissance est influencée par des compressions permanentes, comme la gravité ou des déformations. Des compressions ponctuelles, comme celles issues d'un sport d'impact, ont quant à elles la capacité à restructurer l'intérieur de l'os[9]. Ce phénomène s'appelle « remodelage osseux ». Quand on parle d'impact, il peut s'agir de coups, ou plus simplement de chaque pas qui impacte le sol pendant la course. Lorsque les impacts sont répétés, les os réagissent de façon à se durcir là où il est nécessaire de supporter de grandes charges, et ainsi prévenir les fractures. Pratiquer un sport d'impact (football, handball, gymnastique, arts martiaux…) permet d'augmenter sa densité osseuse et de renforcer ses os. Et ce processus a lieu à tout âge !

Après la croissance, comment notre taille évolue-t-elle ?

Une fois la croissance finie, comme nous l'avons annoncé dans l'introduction, la taille continue à évoluer. Les os ne peuvent plus s'allonger, et si notre taille évolue encore, l'explication vient forcément d'un changement au niveau des tissus mous... Or nous sommes constitués d'une ligne continue d'os des pieds à la tête, sauf à un endroit : les disques intervertébraux, qui séparent chacune des vertèbres de la colonne vertébrale (voir figure). Leur rôle principal est d'amortir les chocs ; si vous pouviez en toucher un, il aurait à peu près la consistance d'une guimauve. Ce sont les principaux acteurs des changements dans notre taille adulte.

Ces changements sont les plus spectaculaires... en apesanteur ! Les astronautes gagnent jusqu'à 3 % en hauteur pendant un séjour dans l'espace (soit 5 cm de plus pour une personne de 1,70 m). Là-haut, la gravité ne comprime plus le corps. Les tensions musculaires se relâchent. Ce faisant, les disques intervertébraux commencent à s'agrandir en aspirant de l'eau ! Un disque se comporte en effet comme une éponge. Si on appuie dessus, l'éponge s'aplatit et se vide de son eau ; et si on la relâche, elle s'agrandit en ré-aspirant de l'eau. En apesanteur, les disques sont remplis à leur maximum, ce qui allonge la colonne vertébrale. En outre, en l'absence de compression, les courbures naturellement présentes dans notre colonne vertébrale seraient moins prononcées.

Ces deux phénomènes expliquent que les astronautes grandissent – jusqu'à 7,6 cm d'après une mesure de la Nasa ! Malheureusement, une fois revenu sur Terre, le processus inverse s'enclenche. Après une dizaine de jours tout au plus, l'astronaute retrouve sa taille initiale.

Et pour ceux qui ne vont pas dans l'espace ? Sur le plancher des vaches, notre taille change tout au long de la journée. Au saut du lit, nous mesurons en moyenne entre 1 et 2 cm de plus que le soir. La nuit, le corps étant en position allongée, les disques intervertébraux sont moins comprimés et se gonflent. Dès le lever, les disques portent à nouveau le poids du corps, et perdent une partie de leur liquide tout au long de la journée. Les plus grands changements se produiraient entre le réveil et jusqu'à 40 minutes après s'être levé ; la taille se stabilise ensuite dans la journée. J'ai obtenu ces résultats en faisant moi-même le test que vous pouvez regarder ici :

Ces fluctuations mises à part, la taille moyenne est-elle constante à l'âge adulte ? Eh bien non : les personnes âgées se tassent et rapetissent avec le temps. On perd ainsi jusqu'à 4 % de sa taille !

Les disques intervertébraux sont les premiers responsables. Avec le temps, leur capacité à absorber de l'eau diminue. Ils commencent à s'assécher et donc à perdre de leur volume. Et non seulement les tissus mous comme les disques perdent de leur hauteur, mais les os aussi ! Et ce à cause de l'ostéoporose, un mal qui touche les femmes plus que les hommes[10].

En quoi consiste-t-il ? Une vertèbre qui se porte bien est composée d'os de deux densités différentes. Une couche d'os dense – appelé os cortical – qui se trouve sur le pourtour de la

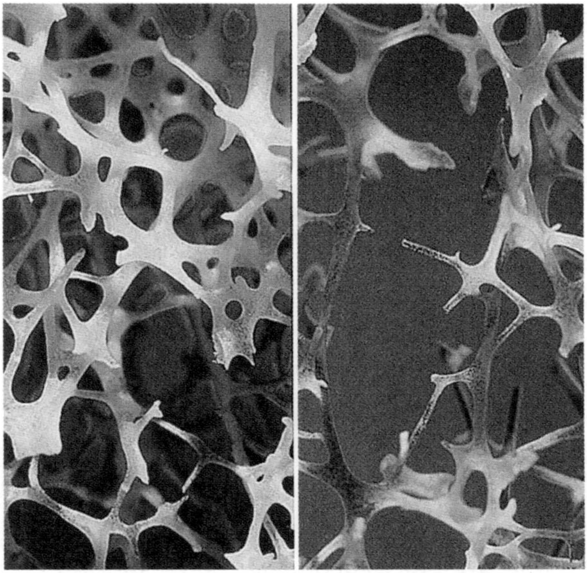

Structure microscopique d'un os trabéculaire sain (gauche) et souffrant d'ostéoporose (à droite).

vertèbre, et un os spongieux, l'os trabéculaire, qui se trouve à l'intérieur. Sa structure microscopique se présente sous la forme de poteaux d'os entourés de vide (voir figure ci-dessus). Tels des murs porteurs, ils font la jonction entre les deux plateaux de la vertèbre. Avec l'ostéoporose, la densité de l'os diminue, amincissant et réduisant la quantité de poteaux. Quand ces murs porteurs ne sont plus assez nombreux, la vertèbre peut s'effondrer sur elle-même : c'est le tassement vertébral[11]. Non seulement ce tassement provoque une perte de taille, mais aussi une augmentation de la courbure du dos. Une personne âgée qui se tient voûtée a probablement plusieurs vertèbres affaissées sur elles-mêmes…

En conclusion, si l'on pouvait résumer l'histoire de notre taille en un graphe fictif représentant tout ce que nous venons d'énumérer, son allure générale (sans se soucier de l'échelle) serait alors sans doute la suivante :

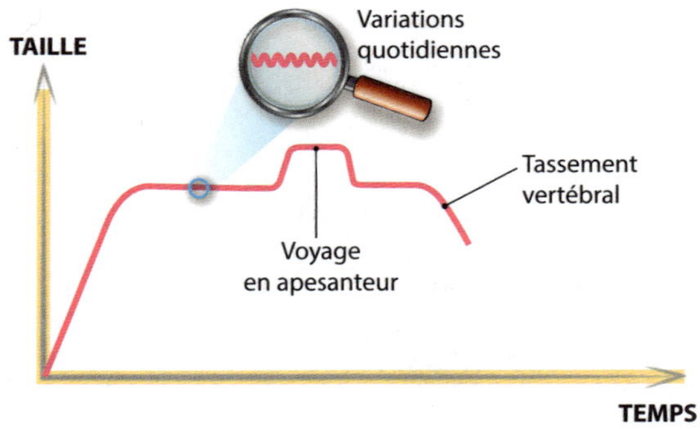

Notre taille évolue beaucoup au cours de la vie, et même au quotidien. Ce sont nos disques intervertébraux qui sont les premiers acteurs des changements journaliers et qui rendent caduque la taille inscrite sur notre carte d'identité, au moins pour une partie de la journée. Ces processus sont naturels, et hors de notre contrôle ; personne n'y échappe.

La seule action que nous pouvons entreprendre est de tenter de réduire ou de repousser un possible tassement vertébral lors de nos vieux jours. Pour cela, il est important de pratiquer un sport ! Une activité physique, en accord avec ses capacités, tonifie les muscles qui maintiennent le dos droit, et nous aide à renforcer nos os lors de petits impacts répétés. Vous ne changerez pas votre taille, mais vous la préserverez peut-être un peu plus longtemps.*

---

* *Note : aucun des éléments de ce texte ne doit être pris comme un conseil médical personnalisé. Ne prenez pas de décision au sujet de votre santé sans en parler à un médecin au préalable !*

π EST FAUX!

Quelle est la constante mathématique la plus populaire ? Sans conteste, π (prononcé « pi ») ! Ce nombre vous a été enseigné dès le plus jeune âge ; vos professeurs vous ont appris qu'il valait à peu près 3,14. Ils vous ont aussi averti que cette constante était une des plus importantes en mathématiques. Pourtant, selon le mathématicien Bob Palais, le physicien Michael Hartl et la vulgarisatrice Vi Hart, « π est faux » !

Qu'est-ce que cela signifie ? Seraient-ils en train de suggérer que π ne peut pas être approximé par 3,14 ? Non. Ce que ces gens disent, c'est que s'ils devaient réécrire toutes les mathématiques, ils ne mentionneraient pas π — si ce n'est dans une note de bas de page rendant hommage à son rôle historique.

Retour sur π et sa popularité

Avant de mettre le feu aux ouvrages du passé, rappelons brièvement ce qu'on y trouve. Souvenez-vous : le nombre π, également appelé « constante du cercle », est défini comme le rapport de la circonférence d'un cercle par son diamètre. Autrement dit, si un cercle a un diamètre de longueur 1 (dans votre unité préférée), alors le cercle a un périmètre de longueur π.

Mais ce qui a rendu π si populaire, auprès des mathématiciens comme du grand public, ce n'est pas sa définition. Ce sont ses propriétés ! Pour les découvrir, je vous invite à visionner cette vidéo sur π :

POURQUOI π EST-IL SI FOU ?

Allez, je vais quand même mentionner ici trois propriétés remarquables de π (parmi tant d'autres) :

– la somme alternée des inverses des nombres impairs, $1 - 1/3 + 1/5 - 1/7 + \ldots$, est égale à $\pi/4$;

– la somme des inverses des carrés, $1 + 1/4 + 1/9 + 1/16 + \ldots$, est égale à $\pi^2/6$;

– la probabilité que deux nombres entiers soit premiers entre eux est $1/\pi$.

Incroyable, non ? Vous ne serez pas le seul surpris par l'apparition de π dans des situations qui ne rappellent rien de la circonférence du cercle. L'omniprésence mystérieuse de cette entité mathématique aura également intrigué bon nombre de mathématiciens…

Mais ce qui a rendu π si populaire, c'est sans doute sa nature « insaisissable ». Au XVIIIe siècle, le mathématicien suisse Johann

Lambert prouva que π est irrationnel, ce qui signifie qu'il ne peut pas s'écrire comme le ratio de deux entiers, à l'instar de la racine carrée de 2. Autrement dit, vous ne pouvez pas écrire d'égalité de la forme $\pi = a/b$ avec deux entiers a et b. Pire : en 1882, Ferdinand von Lindemann montra que π est transcendant, ce qui, de façon grossière, signifie que π n'est la solution d'aucune équation polynomiale à coefficients entiers – contrairement au nombre d'or ϕ, par exemple, qui est solution de l'équation $x^2 = x + 1$.

Les mystères de π ne s'arrêtent pas là. En fait, sa nature est si complexe que des questions relativement simples concernant ses décimales n'ont toujours pas de réponse. En voici une. Pensez à un nombre entier, comme 265. Les chiffres de ce nombre entier seront-ils toujours dans les décimales de π ? Pour 265, la réponse est oui, puisque les premières décimales de π sont 3,141592653... Mais la réponse sera-t-elle toujours oui, quel que soit l'entier choisi ? C'est-à-dire : π est-il un « nombre univers » ? On ne le sait pas encore ! J'ose même affirmer que celui qui saura répondre à cette question laissera son nom à la postérité...

Quoi qu'il en soit, de nos jours, π est devenu une icône des mathématiques et de la culture geek. Sa similarité sonore avec le mot « tarte » (*pie*) en anglais n'y est peut-être pas étrangère... Dans le monde anglosaxon, on le célèbre ainsi tous les 14 mars, tel un dieu antique, lors du « jour de π » (ou pi-day en anglais) – en notation américaine, où le mois précède le jour, cette date se note en effet 3/14.

Les équations donnent tort à π

Pourtant, selon Bob Palais, Michael Hartl et Vi Hart, « π est faux ». Ou plutôt, la constante est mal choisie.

Pourquoi ? Selon eux, la « vraie » constante du cercle ne serait pas le ratio du périmètre par le diamètre, mais le ratio

$$n! \sim \sqrt{\tau n}\, n^n e^{-n}$$

$$\hbar = h / \tau, \quad T = \tau / \omega$$

$$\int_{-\infty}^{+\infty} e^{-\frac{1}{2}x^2} . dx = \tau$$

$$c_n = \frac{1}{\tau} \int_0^{\tau} f(x) e^{inx} . dx$$

$$z^n = 1 \Leftrightarrow z = e^{i\tau k / n}$$

du périmètre par le rayon, qu'ils appellent τ (prononcé « tau »). En effet, un bon nombre de formules se simplifient lorsque π est remplacé par π = τ/2. Tout étudiant en mathématique ou en physique en a d'ailleurs fait l'expérience : π vient très souvent accompagné d'un facteur 2, de sorte que si l'on remplaçait 2π par τ, la consommation d'encre diminuerait sans doute très légèrement.

Certes, le mathématicien se moque complètement de sa consommation d'encre. Toutefois, une chose lui est très chère : l'élégance. Et une partie de cette élégance réside dans la simplicité des formules qu'il écrit. Et en utilisant τ plutôt que π, bien des formules gagnent en élégance, comme l'attestent les équations reproduites ci-dessus, qui font partie des plus incontournables en mathématique et en physique. Dans les livres de cours, vous les retrouverez écrites telles quelles, à la substitution de τ par 2π près.

À défaut de jouir du sens de ces équations, contemplez-en l'élégance calligraphique ! Dans la suite, je vais détailler quelque peu les interprétations de deux d'entre elles, et vous révéler le rôle surprenant de τ dans ces expressions.

La formule de Stirling

La première équation, que l'on appelle formule de Stirling, relie $n!$ (prononcé « n factorielle ») à son approximation la plus simple à manipuler. Le terme de gauche, $n!$, est égal à $1 \times 2 \times 3 \times ... \times n$. Autrement dit, c'est la multiplication de tous les entiers de 1 à n. Ainsi, $2! = 1 \times 2 = 2$, $3! = 1 \times 2 \times 3 = 6$, $4! = 1 \times 2 \times 3 \times 4 = 24$, $5! = 1 \times 2 \times 3 \times 4 \times 5 = 120$... et ainsi de suite. Ces factorielles surgissent naturellement dans l'étude de fonctions comme le sinus, le cosinus et l'exponentielle ; et elles sont incontournables en combinatoire, la branche des mathématiques qui étudie les arrangements de collections d'objets ou de nombres. Par exemple, le nombre de façons différentes de mélanger un jeu de 52 cartes est 52! ; et le nombre de combinaisons du loto historique, où 6 chiffres étaient tirés parmi 49, est égal à $(49!)/(6! \times (49 - 6)!)$. Je ne vais pas aller plus loin dans les explications ; je vous demande simplement de constater l'utilité de la factorielle.

Le problème, c'est que le calcul de grandes factorielles devient vite compliqué à effectuer. Les vieilles calculatrices sont ainsi incapables de calculer 78!, le nombre de façons différentes de mélanger un jeu de tarot. C'est notamment parce que 78! est supérieur à 10^{100}, ce nombre monstrueux qui surpasse le nombre de particules dans l'Univers observable, et que l'on appelle le googol. Et je vous conseille de ne pas tenter le calcul de 1000! sur votre calculatrice ou votre ordinateur !

Bien souvent, quand on doit calculer des nombres très grands comme 1000!, on peut se contenter d'une approximation. Le terme de droite de la formule de Stirling est justement la « bonne » approximation à utiliser. En effet, l'erreur relative que l'on effectue devient négligeable quand le nombre n dont on cherche à calculer la factorielle est grand. En particulier, à l'aide de la formule, on estime rapidement que 1000! est un nombre avec environ 2 568 chiffres. Le calcul fait surgir le nombre e d'Euler, cette constante qui vaut environ $e \approx 2{,}718$. Et bien sûr, le nombre τ...

La loi normale

La troisième équation, quant à elle, est intimement reliée à l'un des plus beaux théorèmes des mathématiques, connu sous le nom de « théorème centrale-limite ». Énoncé de façon approximative, ce théorème dit que la combinaison d'un grand nombre de perturbations aléatoires indépendantes suit une loi de probabilité bien connue, la « loi normale ». Sa densité de probabilité donne une courbe en cloche, que l'on appelle aussi gaussienne (voir figure).

En pratique, le théorème central-limite trouve des applications dans les domaines les plus variés. Imaginons, par exemple, que votre heure d'arrivée au boulot soit le fruit de nombreuses petites causes qui s'ajoutent – le nombre de fois que vous avez laissé votre réveil sonner, votre pause toilette avant le petit-déjeuner, l'absence de votre chat à qui vous devez donner à manger, le retard du bus… Si le nombre des causes est grand, que celles-ci sont aléatoires et indépendantes, et que l'effet de chacune est infime, alors le théorème centrale-limite affirme que vos heures d'arrivée vont suivre des statistiques très prédictibles. Votre heure d'arrivée la plus fréquente, 9 heures, sera aussi votre heure d'arrivée moyenne ; et le tracé de la fréquence de vos arrivées au boulot pour chaque horaire de la journée donnera une courbe en cloche symétrique centrée sur 9 heures, d'autant plus étalée que vos arrivées sont variables. Mieux encore, supposons que l'écart-type (qui mesure l'écart global des horaires observés par rapport à la moyenne) soit de 10 minutes. Alors vous arriverez entre 8 h 50 et 9 h 10 dans environ 68 % des cas, et la probabilité que vous arriviez avec plus de 20 minutes de retard sera d'environ 1 fois sur 50. La somme des hasards fait émerger des propriétés remarquablement prévisibles, comme si certains hasards s'estompaient à force de s'accumuler !

Pour les calculs, on préfère souvent se rapporter à la courbe rouge ci-contre, qui décrit le cas d'une distribution de moyenne 0 et d'écart-type 1. Toutes les courbes en cloche s'obtiennent à partir de cette courbe, en la déplaçant pour la centrer sur la moyenne, puis en l'écrasant ou en l'étirant de façon appropriée. La fonction associée à cette courbe rouge, à un coefficient multiplicatif près, est la fonction qui à x associe $\exp(-x^2/2)$. Et quand on intègre cette fonction entre $-\infty$ (« moins l'infini ») et $+\infty$ (« plus l'infini »), ce qui correspond à la formule donnée plus haut, on trouve τ! Hasard heureux : notre constante favorite a surgi à nouveau…

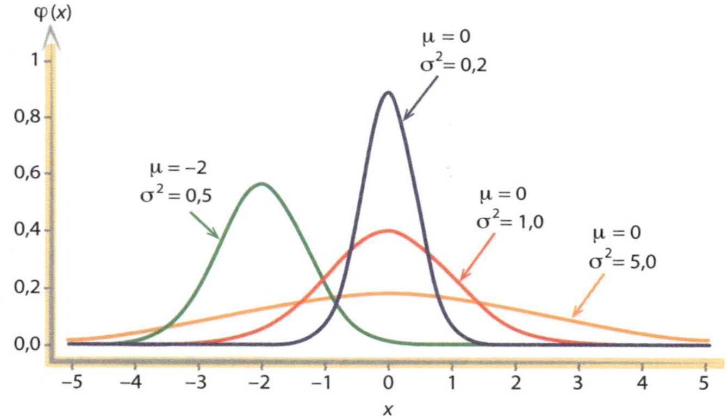

Gaussiennes de différentes moyennes μ et écarts-types σ.

Regardons le problème sous le bon angle

Cependant, si Palais, Hartl et Hart préfèrent τ à π, ce n'est pas que pour des considérations d'élégance calligraphique. C'est avant tout pour une histoire de mesure d'angles.

Vous avez sans doute commencé par mesurer les angles en degrés, et retenu qu'un tour complet fait 360°. Puis, quelques années plus tard, vous avez dû changer les unités et tout mesurer en radian. Le tour complet s'est transformé en un angle de 2π radians. Un quart de tour, lui, correspond à $\pi/2$ radians.

Ces mesures d'angles peuvent paraître bien arbitraires. Pourtant il y a une très bonne raison d'utiliser des radians plutôt que les degrés. Là encore, les détails sont un peu techniques, mais, de façon grossière, si x est un petit angle mesuré en radian, alors $\sin(x)$ est à peu près égal à x. Ainsi, le radian est très apprécié des mathématiciens et physiciens.

Malheureusement, le fait qu'un angle de π radians corresponde à un demi-tour plutôt qu'un tour complet rend l'apprentissage des radians et des fonctions trigonométriques peu naturel. En utilisant τ au lieu de π, on se met à tout mesurer en fonction du tour complet. Ainsi, τ radians correspondent à un tour complet (et à 360°), et un quart de tour est un angle de $\tau/4$ radians. Voilà qui est beaucoup plus simple, non ?

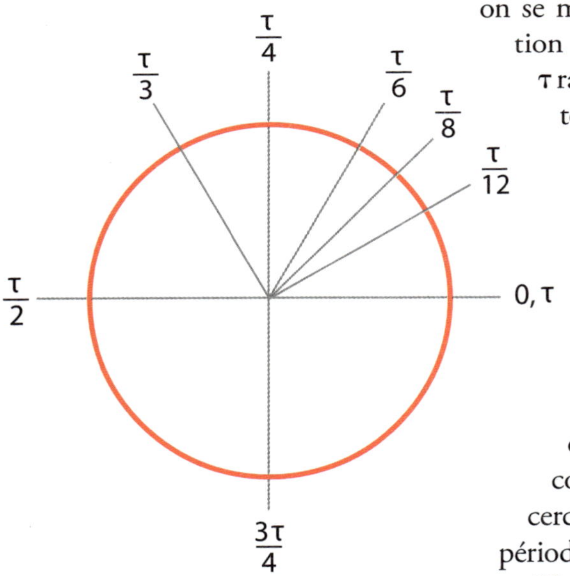

De la même manière, les fonctions trigonométriques comme le sinus, le cosinus et l'exponentielle complexe, qui repèrent les coordonnées des points du cercle unité, sont périodiques de période τ. Et ceci n'a rien d'étonnant. Un angle de τ radians correspondant à un tour complet, le sinus, le cosinus et l'exponentielle complexe de τ radians sont identiques au sinus, au cosinus et l'exponentielle complexe de 0 radian. Ainsi, si vous vous souvenez de vos formules, on a $\sin(\tau) = \sin(0) = 0$, $\cos(\tau) = \cos(0) = 1$ et $e^{i\tau} = e^{0} = 1$.

Pour en savoir plus sur ces fonctions trigonométriques et l'interprétation géométrique de τ, visionnez la vidéo !

Les paris sont ouverts !

Vous l'avez probablement compris, j'ai été convaincu par τ. À tel point qu'il y a quelques années, j'ai parié un restaurant avec des amis sur le fait que les cours d'analyse à l'université privilégieront τ en 2034. Du coup, non seulement j'ai pris parti en écrivant ce chapitre, mais j'ai même un conflit d'intérêts ! Je vous invite donc à lire entre les lignes de mon militantisme activiste avant de vous joindre au mouvement tauiste (qui sonne comme « taoïste » en anglais)...

Je vous invite surtout à vous poser vous aussi la question de la pertinence et de l'avenir de τ. Finira-t-on par moderniser les livres de cours en utilisant τ ? Ou le poids du passé et la popularité de π auront-ils raison des hérétiques ? Prenez les paris !

ENFERMER LE MONDE DANS UNE BOUTEILLE

Le Britannique David Latimer est un jardinier d'intérieur de génie. En 1972, il a enfermé hermétiquement une plante herbacée, une *Tradescantia*, dans un énorme ballon en verre ; et à l'heure où j'écris ces lignes, la plante est toujours en pleine forme. Extraordinaire.

Le 16 mai 2013, j'ai décidé de faire comme Latimer. Pourquoi précisément ce jour-là ? L'atmosphère terrestre venait de dépasser les 400 ppm de dioxyde de carbone CO_2, un seuil qui n'avait plus été franchi depuis au moins deux millions d'années. 400 molécules de CO_2 par million de molécules d'air : ça n'a l'air de rien comme ça, mais cette barre symbolique marquait un point de non-retour au-delà duquel le changement climatique deviendrait totalement irréversible[1]. Alors, pour marquer le coup, j'ai enfermé une *Tradescantia* dans un petit ballon en verre (voir la photo en page suivante).

Mais voilà, après deux mois, la plante a atteint son maximum de croissance avant de disparaître complètement en à peine deux semaines ! Ma manip' semblait aussi peu concluante que Biosphère 2, une expérience à grande échelle menée au début des années 1990 par l'entreprise américaine Space Biosphere Ventures. Des volontaires, les « géonautes », ont été enfermés dans une immense serre hermétique pendant trois ans. Leur palais de verre

Fermeture de mon premier écosystème, en mai 2013.

recouvrait une surface de 1,27 hectare d'écosystèmes terrestres reconstitués et d'espaces de production horticole. Objectif : montrer qu'il serait possible de vivre en autarcie totale, sur Mars par exemple, au cas où la surface de la Terre deviendrait invivable. Les aventuriers resteront dans la serre le temps imparti, mais suite à divers dysfonctionnements, ils durent se faire injecter de l'oxygène et de la nourriture depuis le monde extérieur. Quel fiasco ! Quelles conclusions tirer de Biosphère 2 ?

Premièrement, nous ne pourrons pas nous faire passer de la nourriture en douce sur Mars, ni même de l'oxygène, et donc si c'est la merde sur Terre, nous devrons probablement y rester. Deuxièmement, il est primordial d'améliorer nos connaissances de Biosphère 1 – la vraie biosphère, en fait, c'est-à-dire l'ensemble des écosystèmes de notre planète bleue.

J'avoue avoir été un peu triste des résultats de mon expérience. J'ai néanmoins résisté à l'envie d'ouvrir ma petite bulle de verre pour la nettoyer rageusement, et j'ai décidé d'observer ce qui allait se passer. Je n'ai pas été déçu. L'année qui suit la disparition de feu ma *Tradescantia* voit croître, lentement mais sûrement, d'autres types de plantes : des végétaux non vascularisés similaires à des mousses, ainsi qu'une sorte de petite fougère (voir photo ci-dessous).

Le même écosystème qu'en page précédente, en octobre 2016.

Galvanisé par ces observations, je décide de reproduire l'expérience avec mes élèves pour le cours d'écologie. Le mode opératoire est simple : enfermer dans un récipient une ou plusieurs plantes chlorophylliennes (plantes possédant des pigments, les chlorophylles, leur conférant une couleur verte) avec un substrat, de la terre par exemple. Laisser ensuite le récipient ouvert quelques jours avant de le fermer hermétiquement. Placer le tout à la lumière du jour (pas obligatoirement directe). Avertir le personnel d'entretien qu'il ne faut pas bouger ces drôles de trucs, et observer tout ça pendant plusieurs mois sans rien toucher.

À l'intérieur des différentes bulles de verre, le même scénario s'est reproduit : après quelques mois, les micro-écosystèmes disparaissent pour laisser la place à d'autres, à croissance plus lente, avec des composants macroscopiques (visibles à l'œil nu).

Écosystème reconstitué après un effondrement dans la bulle d'un élève. Des strates dans la terre sont même observables !

Que se passe-t-il dans les bulles en verre ? Je ne peux résister à l'envie d'interpréter mes résultats. En gros, dans les bouteilles, l'équilibre entre les quantités de matière organique, de matière minérale et les flux d'énergie sont déterminés par deux processus biochimiques : la photosynthèse et la respiration.

La photosynthèse est assurée par la partie végétale, qui absorbe le CO_2 pour produire de l'oxygène et de la matière organique ; ce processus fonctionne grâce à la lumière solaire absorbée par les chlorophylles. D'autre part, la respiration consomme de l'oxygène, s'approprie l'énergie de la matière organique (matière que l'on peut voir comme une séquestration de carbone et d'énergie) et libère du dioxyde de carbone. La microfaune du sol respire ; lors d'activités de microscopie avec mes élèves, j'ai pu y observer des organismes unicellulaires, paramécies ou rotifères. Les plantes respirent également, surtout la nuit, en l'absence de lumière. La microfaune du sol et d'éventuels champignons jouent un autre rôle : ils minéralisent de la matière organique en décomposition et rendent disponibles de nombreux nutriments pour les végétaux. Évidemment, l'activité des uns est fortement liée à celle des autres : sans champignons, pas de nutriments pour les plantes ; sans plantes, pas d'oxygène ; sans oxygène, la microfaune et les champignons ne peuvent pas survivre ; sans microfaune et sans champignons, pas de production de CO_2 et sans dioxyde de carbone, pas de photosynthèse possible ; sans photosynthèse il n'y a pas de production de matière organique et donc, pas de nourriture pour la microfaune... On peut continuer comme cela jusqu'à l'infini ! Voilà les bases du micro-écosystème installé dans les bulles. Je vais maintenant tenter d'expliquer pourquoi il s'effondre après quelques mois...

À l'intérieur des ballons en verre, le scénario se déroule en quatre temps principaux.

1. Lors de la phase de croissance de la plante chlorophyllienne, le processus de photosynthèse prédomine : séquestration de CO_2, libération de O_2 et augmentation de la biomasse totale (végétaux, microfaune, champignons, bactéries).

2. Suite à un maximum de croissance dépassant la capacité du micro-écosystème à maintenir son équilibre (ce qu'on appelle la « capacité de charge » en termes écologiques), un effondrement se produit : il y a diminution drastique de la biomasse et de l'activité photosynthétique. La matière organique en décomposition libère une grande quantité de CO_2 grâce à l'activité de la microfaune. Rapidement, cette microfaune ayant consommé une bonne part d'oxygène sera confrontée à un pic de population et d'activité respiratoire. Il s'ensuivra une diminution drastique

de la population de la microfaune. Celle-ci n'est pas observable avec mes moyens, mais elle peut être logiquement déduite : si la partie végétale diminue, cela implique moins d'oxygène et moins de matière organique disponibles pour la respiration de la microfaune.

3. Suite à l'effondrement du micro-écosystème dans son récipient, des nutriments et du CO_2 sont libérés en grande quantité. Le dioxygène se fait très rare. Les semences d'autres végétaux moins compétitifs en termes de vitesse d'appropriation de ressources ont le champ libre, et se développent malgré ces conditions extrêmes. Une petite fraction de la microfaune survivante ou en état de latence (qui a diminué son activité à cause de conditions moins favorables) se réveille à mesure que l'oxygène est à nouveau libéré dans le ballon.

4. Un écosystème stable se met lentement en place, basé sur les échanges de flux de matière et d'énergie entre producteurs (végétaux), consommateurs (végétaux et microfaune) et décomposeurs (microfaune et champignons).

Mais pourquoi Latimer n'a-t-il pas observé d'effondrement dans sa bulle de verre ? J'avoue ne pas comprendre. Je sais qu'il a attendu douze ans avant de fermer la bouteille hermétiquement : ce délai aurait pu laisser le temps aux composants du micro-écosystème de s'équilibrer avec le milieu extérieur. Mais alors, pourquoi le moment de la fermeture n'a pas constitué un événement majeur pour le milieu à l'intérieur de la bouteille ? En ce qui me concerne, j'avoue ne pas avoir douze ans devant moi pour faire cette manip'… Je suis un peu plus rock'n'roll.

Qu'apprend-on de ces expériences ? D'abord, que je n'ai pas le génie de David Latimer. Ensuite, que les écosystèmes sont susceptibles de disparaître et qu'un nouvel équilibre peut se mettre en place sur la base des nouvelles conditions. Et enfin, que pour éliminer la vie, même dans une petite bulle de verre, il faut y aller.

Le monde enfermé dans une bulle de verre

Régulièrement, je continue à regarder les bouteilles fermées et tout ce petit monde à l'intérieur qui évolue isolé de tout.

Ce petit monde me fait penser aux premiers clichés de la Terre pris depuis l'espace par la Nasa, au début des années 1970. Ils montrent notre planète enfermée dans sa bulle d'atmosphère, étonnamment isolée et d'apparence fragile, comme mes bulles en verre. À l'échelle de l'humanité, la quantité d'éléments qui entrent depuis l'espace vers nos écosystèmes est négligeable, ce qui signifie que si le taux d'oxygène diminue dans l'atmosphère ou si l'eau potable se fait encore plus rare, il sera inutile d'attendre qu'une mystérieuse source extraterrestre nous approvisionne. La disponibilité des éléments nécessaires à notre survie dépend du rythme du recyclage imposé par les cycles écologiques. Et au contraire, si trop de CO_2 est libéré dans l'atmosphère ou que des éléments polluants s'accumulent dans la biosphère, il sera difficile de l'évacuer, et nous devrons en assumer les conséquences.

Ce parallèle entre un micro-écosystème en évolution dans un ballon en verre et les premiers clichés de la Terre a eu un effet certain sur mes élèves ! Le terme « écologie », la science qui étudie les habitats et leurs êtres vivants, a pris tout son sens à leurs yeux. Je ne réussissais peut-être pas l'expérience de Latimer mais en tous les cas, du point de vue pédagogique, je faisais un carton.

Deux ans après le début de mon expérience « 400 ppm », un ingénieur agronome et un éco-conseiller, Pablo Servigne et Raphaël Stevens, ont publié un essai de quelques centaines de pages : *Comment tout peut s'effondrer*. Les auteurs s'y questionnent sur les mutations auxquelles notre environnement et nos sociétés devront faire face. Grâce à ce livre, je mets enfin un mot sur ce qui arrive dans ces fichues bouteilles : des « effondrements d'écosystèmes ». L'étude de l'effondrement des écosystèmes et de leurs conséquences sur notre civilisation constitue un tout jeune domaine scientifique transdisciplinaire; les auteurs l'appellent la « collapsologie » (du latin *collapsus*: « qui est tombé en un seul bloc »). Même si elle annonce des catastrophes pour l'humanité, la « collapsologie » n'est pas « catastrophiste », et s'appuie sur des bases scientifiques*. Et j'apprends aussi que des biologistes ont déjà réalisé des expériences similaires aux miennes (bien sûr, avec un protocole plus strict!) pour étudier les effets d'une modification du milieu sur une population. Par exemple, les chercheurs John M. Drake, de l'Odum School of Ecology de l'université de Géorgie, et Blaine D. Griffen, de l'université de Caroline du Sud, ont exposé des populations de daphnies, des mini-crustacés, à des conditions de plus en plus dégradées (une diminution de leurs ressources en nourriture). Après huit générations, la population des daphnies s'est effondrée. D'autres scientifiques ont fait des observations similaires sur des populations de levures, de cyanobactéries et dans des écosystèmes aquatiques. Ils sont venus à la conclusion qu'un système au bord de l'effondrement met plus de temps à se remettre d'une petite perturbation; on dit que sa *résilience* diminue. L'écosystème prend alors plus de temps pour « récupérer », c'est-à-dire retrouver ses conditions initiales après une perturbation. Les scientifiques appellent ce phénomène un « ralentissement critique » (*critical slowing down*) de l'écosystème.

À une échelle plus globale, des effondrements d'écosystèmes terrestres, observés *a posteriori*, expliqueraient la chute de diverses civilisations anciennes. C'est le sujet de *Collapse: How Societies Choose to Fail or Survive* (*Effondrement: comment les sociétés décident de leur disparition ou de leur survie*), le livre à succès du biologiste américain Jared Diamond. Par exemple, Diamond explique comment la déforestation et l'érosion des terres agricoles auraient contribué au déclin de la civilisation Maya. Ce qui fait

* Le catastrophisme « prédit » des catastrophes, fait appel aux émotions et ne se base pas sur des faits.

froid dans le dos, c'est qu'une fois les signes avant-coureurs de l'effondrement d'un écosystème mis en évidence, la situation est difficilement réversible…

Notre société dont le fonctionnement repose sur l'utilisation des énergies fossiles, prédatrice de son environnement, dépend évidemment de la stabilité de ses écosystèmes. Si les écosystèmes majeurs s'effondrent, cet effondrement entraînera sans doute le « collapse » de notre civilisation. La conclusion de cette simple expérience est également toute simple : dans notre bulle, nous sommes les seuls à pouvoir changer le destin de notre climat. Ce n'est pas demain, mais maintenant qu'il faut agir !

JURASSIC PARK
ANDRÉ-CITROËN

par Alain Bénéteau

Aux premiers bruissements de l'aube
s'éveillent les princes d'un règne secret.
Un univers discret au rythme solaire,
là, avant le matin frénétique des Hommes.

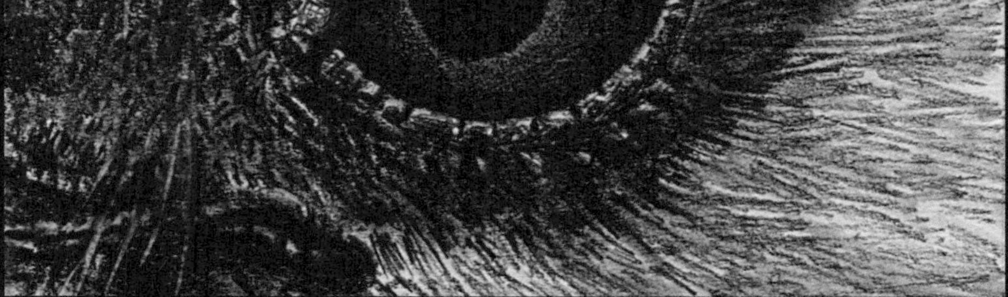

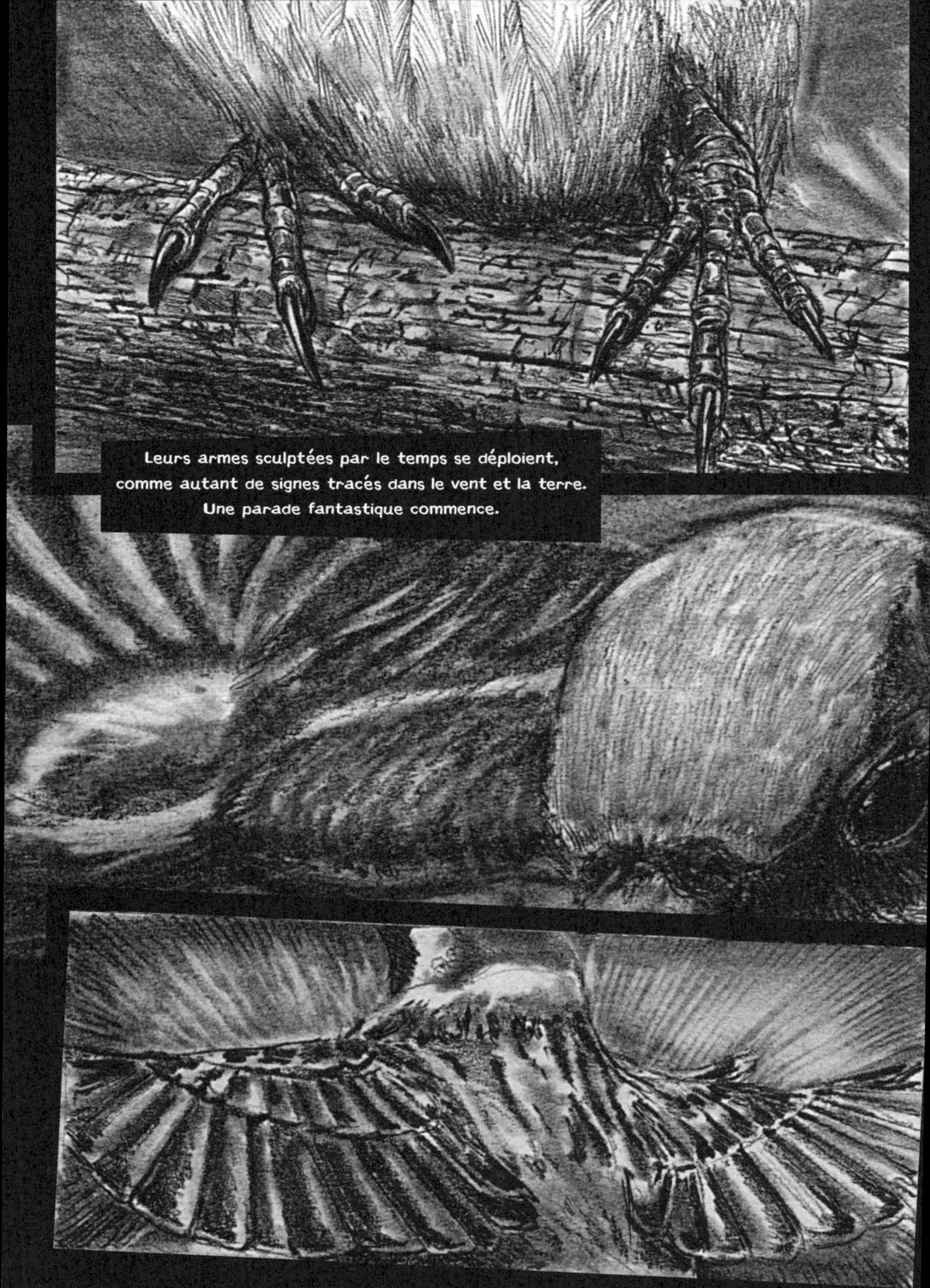
Leurs armes sculptées par le temps se déploient,
comme autant de signes tracés dans le vent et la terre.
Une parade fantastique commence.

En un éclair les coups jaillissent, vifs et précis.
Dans un nuage de poussières s'esquisse une chorégraphie mystérieuse – un jeu ou une guerre ?

Les enfants agités du Crétacé
claquent du bec et battent des ailes.
C'est pourtant aujourd'hui, à 7h08.

Dinosaure théropode : *Passer domesticus* (moineau domestique)

REMERCIONS LES VIRUS !

Grippe, rougeole, rhume, polio, ebola, variole, chikungunya, rage, herpès, dengue, SRAS, zika, hépatite, fièvre jaune, varicelle, gastro… Les termes qui viennent à l'esprit quand on pense aux virus ne sont pas vraiment positifs. Et pour cause : de nombreux virus portent le même nom que les maladies dont ils sont responsables. Certaines sont relativement bénignes, comme les rhumes ; d'autres ont des conséquences très graves. La taille des virus varie entre quelques cent-millièmes et un millième de millimètre… mais bien qu'ils soient microscopiques, ce sont des adversaires de taille ! Après plusieurs décennies de recherche sur le virus de l'immunodéficience humaine (VIH), on ne sait toujours pas guérir le syndrome d'immunodéficience acquise (SIDA) qu'il cause, ni vacciner efficacement les personnes pour empêcher leur infection.

En plus de nous rendre malade sur le coup, certains virus sont capables de détraquer notre organisme à long terme et favorisent l'apparition de cancers (cancer du foie pour les virus des hépatites, du col de l'utérus pour les papillomavirus, etc.).

Et la lutte ne s'arrête jamais, puisque de nouveaux virus apparaissent régulièrement. L'un des plus récents est un membre de la famille des coronavirus, responsable d'un syndrome respiratoire qui s'est manifesté en 2012 en Arabie saoudite : le MERS-CoV. Il a causé la mort de plus de 30 % des patients chez qui sa présence a été confirmée, et ni vaccin ni traitement spécifique contre ce virus n'ont encore été mis au point.

Le tableau n'est pas des plus réjouissants. Et pourtant, je vous propose de remercier les virus ! Ça n'a pas l'air très pertinent à première vue, mais prenons le temps d'y réfléchir.

Les virus : sources de découvertes

Les virus sont partout – sur les objets, au sein des êtres vivants, dans les milieux les plus hostiles, etc. –, et ce depuis longtemps. Plus on en cherche, plus on en trouve. Les scientifiques estiment qu'une cuillère à café d'eau de mer contient plusieurs millions de virus – ce qui en fait la population marine dont l'effectif est le plus important. Évidemment tous les virus n'infectent pas les humains, loin de là. Certains ciblent des végétaux, d'autres des animaux, ou encore des bactéries… et pour certains, d'autres virus !

Le fait que les virus nous rendent malades, et qu'ils affectent aussi les animaux que nous élevons et les plantes que nous cultivons, a constitué une bonne motivation pour les étudier. Or les virus parasitent les organismes qu'ils infectent pour se multiplier. Leur biologie est donc profondément liée à celle des autres êtres vivants. Au point qu'en essayant de trouver des moyens de lutter contre les virus, les chercheurs ont fait de nombreuses découvertes sur les espèces infectées, y compris la nôtre.

Pour ne citer qu'un exemple, dans les années 1970-1980, des études portant sur le poulet ont abouti à des résultats d'une ampleur inattendue. Les scientifiques se sont penchés sur des virus causant des leucémies, une forme de cancer correspondant à une multiplication anormalement importante de certaines cellules du sang. En cherchant à comprendre comment des virus différents pouvaient provoquer cette maladie chez le poulet, ils ont identifié plusieurs gènes dont l'expression était directement augmentée par les virus. Cette découverte a constitué un immense progrès dans notre compréhension des mécanismes fondamentaux qui expliquent l'apparition des cancers. En effet, les gènes identifiés chez le poulet n'étaient que les premiers d'une catégorie de gènes dont l'expression favorise le développement de cancers : les oncogènes (littéralement, « générateurs de tumeurs »).

L'étude des virus de poulets nous a apporté plus qu'un concept. En effet, il a été prouvé que les versions humaines des différents oncogènes identifiés chez les volailles étaient également impliquées dans l'apparition de cancers chez l'humain. Autrement dit, en cherchant à comprendre les effets de virus de poulets, on a identifié des gènes dont le dérèglement est susceptible de provoquer des cancers dans notre espèce.

À l'heure actuelle, la mesure du niveau d'expression des oncogènes dans les tumeurs constitue un puissant outil de diagnostic. Elle permet de distinguer une tumeur bénigne d'une tumeur cancéreuse, de déterminer l'état d'avancement d'un cancer et d'établir un pronostic sur l'évolution de la maladie. Ça mérite bien un premier remerciement pour les virus !

Pas d'humains sans virus ?

Mais ce n'est pas tout… Notre cohabitation avec les virus est si ancienne qu'ils ont contribué à faire de l'humain ce qu'il est aujourd'hui.

En règle générale, les individus les mieux équipés pour lutter contre les virus ont survécu aux épidémies et ont ensuite transmis leurs armes à leur descendance. Ces agents infectieux se rappelant régulièrement à nous, nous avons conservé de quoi nous défendre au fil des générations. Notre arsenal se perfectionne d'ailleurs en permanence, car les virus sont particulièrement doués pour s'adapter à nos moyens de défense.

À plusieurs reprises, les virus ont causé des épidémies qui ont décimé de grandes parties de la population. Dans notre histoire récente, la plus frappante est sans doute la grippe dite espagnole de 1918-1919 qui, en moins de deux ans, a provoqué entre 20 et 50 millions de décès selon les sources. La pandémie actuellement causée par le VIH s'étale sur une durée plus longue, mais elle a fait environ 40 millions de victimes depuis 1981. On sait également que les maladies virales apportées par les colons en Amérique, et notamment la variole, ont abouti à la mort d'une grande majorité des Indiens dans les siècles qui suivirent l'arrivée des Européens.

À travers ces épisodes de décès massifs, les virus ont sculpté nos populations comme on sculpterait un bloc d'argile : en enlevant de gros morceaux d'un coup et en laissant le reste évoluer dans ce nouveau contexte.

Ainsi, au fil des infections, les virus ont influencé notre évolution. Cela vaut-il un deuxième remerciement ? On pourrait imaginer que, sans les virus, les humains existeraient quand même et seraient simplement un peu différents de ceux que nous connaissons. On le pourrait… si les virus ne faisaient pas intrinsèquement partie de nous !

Les virus squattent notre génome

Il n'existerait donc aucun être humain qui ne contienne pas de virus ? En effet, même en l'absence totale d'infection virale, les virus sont présents dans notre organisme, au plus profond de nos cellules. Au tout début de notre vie, quand nous n'étions que le résultat de la fusion d'un ovule et d'un spermatozoïde, nous contenions déjà des virus. Car on en trouve dans notre génome !

En schématisant un peu, le génome humain est un texte écrit dans un alphabet particulier qui ne contient que quatre lettres. Mais il est relativement long, puisqu'il comprend un peu plus de trois milliards de caractères au total, et il est séparé en vingt-trois fragments: les chromosomes. La plupart de nos cellules contiennent deux copies de ce génome, sous la forme de vingt-trois paires de chromosomes.

Au sein de ce texte se trouvent les séquences des gènes, qui servent de notices de montage pour fabriquer les protéines de nos cellules (voir aussi p. 143). Ces éléments essentiels de notre génome ne représentent qu'un pourcent de sa longueur totale. En comparaison, huit pourcents de notre génome sont constitués de restes de génomes viraux!

Les responsables: les rétrovirus, des virus qui ont la capacité d'insérer leur propre génome dans celui des cellules qu'ils infectent (vous trouverez plus d'informations à ce sujet dans la vidéo associée à ce chapitre, voir p. 296). Une fois installés dans le génome cellulaire, ces rétrovirus sont qualifiés d'endogènes. La plupart de ces « squats » génétiques sont anciens, et les génomes des rétrovirus endogènes se sont donc abîmés avec le temps: le texte écrit dans un alphabet à quatre lettres a changé.

Quand les chercheurs les analysent, ils reconnaissent assez facilement l'organisation d'un génome de rétrovirus. La plupart des gènes viraux ne peuvent plus être lus efficacement. La plupart… mais pas tous! Les génomes viraux qui se sont installés plus récemment au sein du nôtre sont moins altérés. Et certains sont comme des ampoules éteintes: ils se rallument quand le bon interrupteur moléculaire est déclenché. Ce phénomène reste extrêmement rare, mais des chercheurs de plus en plus nombreux essayent de déterminer s'il y a un lien entre l'expression anormale de rétrovirus endogènes et le développement de certaines maladies aux origines mal comprises.

D'autres rétrovirus endogènes contiennent encore des gènes qui sont lus efficacement par nos cellules. Aussi angoissant que cela puisse paraître, il faut nous en réjouir : sans cela nous n'aurions jamais vu le jour ! Certains de ces gènes de virus sont en effet indispensables à la reproduction humaine. Voyons pourquoi.

Les virus et la reproduction humaine

Les rétrovirus possèdent plusieurs gènes. L'un d'entre eux, le gène d'enveloppe, permet la fabrication d'une protéine localisée à la surface des particules virales qui nous infectent. Cette protéine a deux rôles fondamentaux. D'une part, elle protège les virus de la réponse immunitaire. D'autre part elle fonctionne comme une clé donnant accès à l'intérieur de nos cellules. En effet, celles-ci sont recouvertes de serrures microscopiques. Lorsqu'un rétrovirus entre en contact avec une cellule possédant la serrure qui correspond à sa clé, leur interaction déclenche la fusion du virus et de la cellule.

Or il existe dans le génome humain deux rétrovirus endogènes qui sont en suffisamment bon état pour que leurs protéines d'enveloppe puissent encore être fabriquées. Celles-ci se retrouvent en fait à un endroit très spécifique : le syncytiotrophoblaste. Ce terme un peu barbare* désigne une partie du placenta qui est essentielle à l'adhésion de l'embryon dans l'utérus et joue un rôle important dans les échanges gazeux, nutritifs et sanguins entre la mère et le fœtus.

Cet indispensable syncytiotrophoblaste a la particularité d'être ce que les biologistes appellent un syncytium, c'est-à-dire un tissu formé par la fusion de plusieurs cellules. Et cette fusion s'effectue grâce aux deux protéines d'enveloppe virales susmentionnées ! Exprimées à la surface de cellules du placenta, elles

* Aucun intérêt au Scrabble malheureusement : le mot « syncytiotrophoblaste » est plus long que la grille et il contient deux Y.

agissent en tant que clés moléculaires et, exactement comme d'autres protéines d'enveloppe permettent la fusion d'un virus et d'une cellule, elles conduisent à la fusion entre elles de certaines cellules du placenta.

Ces deux enveloppes de rétrovirus endogènes étant impliquées dans la formation d'un syncytium, elles ont été baptisées syncytine 1 et syncytine 2.

Il est intéressant de noter que le syncytiotrophoblaste est une partie du placenta qui est produite par le fœtus. Avant même de naître, nous avions donc déjà tous utilisé les propriétés de protéines virales pour nous maintenir dans le ventre de notre mère et nous y nourrir!

Le rôle des protéines d'enveloppe des rétrovirus va sans doute encore plus loin. Comme évoqué plus haut, elle limitent également l'efficacité du système immunitaire. Et les chercheurs qui travaillent sur les syncytines considèrent que c'est cette propriété qui est la plus fondamentale au cours de la grossesse. En effet, chaque embryon est le résultat du mélange des génomes de ses deux parents; il est donc génétiquement différent de sa mère. Autrement dit, pour l'organisme de la mère, le fœtus est un corps étranger. Le système immunitaire maternel devrait essayer de le détruire, mais ce n'est pas le cas. À l'heure actuelle, les scientifiques pensent que cette tolérance est justement due à l'effet des syncytines sur l'immunité maternelle.

D'autres espèces profitent-elles des syncytines?

Qu'en est-il chez les autres espèces? Certains animaux pondent, les petits se développant dans les œufs à l'extérieur du corps de la mère. Dans ce cas, la question d'une réponse immunitaire contre le fœtus est moins primordiale. Mais nous sommes loin d'être la seule espèce dont la reproduction implique une étape de développement de l'embryon dans l'organisme de la mère. Cette caractéristique, qui porte le nom de viviparité, est notamment partagée par les mammifères.

L'histoire de l'évolution du placenta n'est pas connue à l'heure actuelle. Cependant la découverte de syncytines chez l'humain a poussé les scientifiques à rechercher des protéines du même genre chez d'autres mammifères. Pour l'instant, des enveloppes de rétrovirus endogènes exprimées dans le placenta ont été découvertes chez toutes les espèces où elles ont été cherchées. Il existe notamment des équivalents de syncytines chez les rongeurs, les lapins, les carnivores (dont les chats et les chiens), les ruminants et certains marsupiaux.

Cela peut sembler logique qu'on retrouve un même mécanisme assurant la tolérance du fœtus chez plusieurs types de mammifères. Néanmoins les syncytines humaines sont différentes de celles des souris, qui sont elles-mêmes différentes de celles des lapins, qui sont elles-mêmes différentes de celles des chats, qui sont elles-mêmes différentes de celles des vaches, etc. Ces différences sont assez surprenantes, car d'autres éléments ont prouvé que tous les mammifères ont évolué à partir d'un seul ancêtre commun. Et que tous les thériens (c'est-à-dire les mammifères moins les ornithorynques et les échidnés) ont évolué à partir d'un ancêtre commun vivipare. Si les syncytines sont vraiment indispensables à la viviparité, celle qui a permis l'apparition de ce mode de reproduction chez l'ancêtre commun des mammifères devrait aujourd'hui se retrouver chez tous ses descendants.

Encore une fois, les choses sont un peu plus complexes. Les chercheurs pensent que cette syncytine «originelle» a bien existé. Une protéine d'enveloppe de rétrovirus endogène aurait initialement permis à un embryon d'être toléré par l'organisme de sa mère. Mais d'autres syncytines seraient apparues plus tard chez les différents mammifères, au fil de leurs infections par de nouveaux rétrovirus, et elles auraient progressivement remplacé la première. C'est un peu comme si vous lanciez une course en relais avec plusieurs équipes en donnant au départ un bâton noir à chaque équipe (la première syncytine), et qu'au hasard des relais vous échangiez le bâton noir d'une des équipes contre un bâton d'une autre couleur (les nouvelles syncytines). À l'arrivée, les équipes auraient des bâtons de couleurs différentes, alors qu'elles seraient toutes parties avec un bâton noir...

La principale différence entre cette comparaison et la réalité, c'est que les gènes codant pour les nouvelles syncytines n'ont pas physiquement remplacé celui qui codait pour l'ancienne syncytine dans le génome des différents mammifères. Ils s'y sont ajoutés! L'ancien devrait donc toujours être quelque part mais, comme il n'est plus utilisé, le texte du gène correspondant s'est vraisemblablement beaucoup abîmé avec le temps.

Pour les scientifiques travaillant sur les syncytines, un des défis est donc de rechercher les traces de ce premier gène d'enveloppe de rétrovirus qui aurait permis l'apparition de la viviparité.

D'autres projets de recherche s'intéressent aux impacts des différentes syncytines sur la structure du placenta. En effet la morphologie de cet organe est très diverse chez les mammifères, et toutes les espèces ne possèdent pas de syncytiotrophoblaste. Chez les ruminants par exemple, ce tissu est absent mais on trouve des syncytiums issus de la fusion de trois cellules. Chez les cétacés et les espèces apparentées aux porcs, la formation du placenta ne comporte aucune étape de fusion cellulaire.

Or les syncytines exprimées chez les différents mammifères n'ont pas toutes la même capacité à faire fusionner des cellules. Et ces clés restent forcément inefficaces si aucune cellule dans le placenta ne possède la serrure correspondante. L'étude des propriétés des différentes syncytines mettra peut-être en lumière l'origine des variations dans les structures des placentas des mammifères.

Enfin, concernant les syncytines, un autre sujet occupe les chercheurs en ce moment même. Des animaux vivipares comme certains poissons, lézards et serpents ne sont pas des mammifères… Existe-t-il des équivalents de syncytines chez ces animaux ? L'avenir et la science nous le diront !

Mes sincères remerciements…

En résumé, les virus nous rendent malades et provoquent parfois des épidémies tragiques. Mais en les étudiant, nous avons fait d'énormes progrès dans le domaine de la biologie, dont certains ont eu des impacts considérables en médecine. Sans les rétrovirus endogènes et leurs protéines d'enveloppe, les fœtus humains ne pourraient pas se développer dans le ventre de leur mère. Aujourd'hui encore, les virus sont à l'origine de sujets de recherches fascinants et l'étude des syncytines pourrait apporter de nouvelles informations sur les origines et l'évolution de la reproduction vivipare.

Grâce aux virus, nous sommes nés, notre connaissance progresse et nous continuons à nous poser des questions. Alors disons-le franchement : merci !

L'ÉPOPÉE DES RÉTROVIRUS

LES PLANTES COMMUNIQUENT, ET PAS QU'UN PEU

« En argot les hommes appellent les oreilles des feuilles
c'est dire comme ils sentent que les arbres connaissent la musique
mais la langue verte des arbres est un argot bien plus ancien
Qui peut savoir ce qu'ils disent lorsqu'ils parlent des humains

Les arbres parlent arbre
comme les enfants parlent enfant »

Jacques Prévert, *Histoires*, 1968.

Ainsi débute le poème « Les arbres parlent arbre » de Jacques Prévert. Pourquoi un tel titre ? Lorsqu'on évoque la communication, nous avons tous tendance à penser instinctivement à l'usage de la parole, car il s'agit de notre principal mode de communication. Pourtant ce n'est pas l'unique mode de communication terrestre, ni même le plus employé d'ailleurs. S'il est évident que les animaux communiquent entre eux de façon sophistiquée – le cas des fourmis et celui des abeilles sont bien connus –, peu de gens réalisent que les plantes communiquent également. La chose semble d'autant plus malaisée que les plantes sont immobiles, « silencieuses » et enracinées dans le sol nourricier…

Alerte au prédateur !

L'un des premiers à apporter la preuve d'une communication chez les plantes fut le scientifique Wouter Van Hoven, de l'université de Prétoria en Afrique du Sud, dans les années 1980. En enquêtant sur la mort de milliers de koudous (voir aussi p. 74-75), il découvrit que lorsque les feuilles d'un acacia sont attaquées, la teneur en tanins y augmente, ce qui rend les feuilles amères et astringentes et dégoûte le prédateur. Les acacias voisins sont également alertés : un message est transmis d'arbre en arbre par un composé organique volatil (COV), l'éthylène. Ce gaz n'est pas propre aux acacias ; le même phénomène intervient également sous nos latitudes chez le peuplier, par exemple.

Depuis cette découverte, de nombreux exemples de communication entre végétaux furent rapportés ; ils montrent que les plantes sont les reines de la communication par émission et réception de signaux chimiques.

L'échange de composés organiques volatils n'est d'ailleurs pas uniquement utile pour la communication entre plantes : elle l'est aussi pour communiquer avec des animaux ! Des signaux chimiques d'alerte sont ainsi émis à l'adresse d'insectes prédateurs qui viennent ensuite défendre la plante. Par exemple, les plants de concombre, lorsqu'ils sont attaqués par un acarien plutôt gênant, *Tetranychus urticae*, émettent des COV qui attirent un acarien prédateur de ce dernier, *Phytoseiulus persimilis*. Le prédateur viendra alors boulotter l'indésirable… Même stratégie chez le plant de tabac. Lorsqu'il est attaqué, le plant émet un message chimique qui dépend du ravageur, et même de son stade de développement ! Quand il s'agit d'un jeune spécimen de chenille *Pseudaletia separata*, les molécules émises par le plant de tabac vont attirer la guêpe *Cotesia kariyai* – celle-ci, en pondant ses œufs dans la chenille, lui réglera son sort. Si la chenille est plus âgée, le cocktail de COV sera différent, et un autre insecte protecteur interviendra… Bref, les exemples ne manquent pas.

Les plantes, femmes fatales

La communication avec les espèces animales n'a pas qu'un rôle de défense pour les plantes ; elle est aussi cruciale… pour la reproduction ! Comment trouver un partenaire lorsque vous êtes immobile, sans moyen de géolocalisation, et que le voisin le plus proche se trouve potentiellement à plusieurs centaines de mètres ? Vous connaissez tous la réponse : par la pollinisation. À l'instar de certains animaux arborant leurs plus belles couleurs afin de séduire leur partenaire, certaines plantes donnent à leurs fleurs des couleurs attirantes aux yeux de certaines espèces animales qui leur serviront « d'intermédiaires sexuels ». Guêpes, abeilles, papillons : autant d'insectes qui, en butinant les fleurs pour se nourrir de leur nectar, vont bien involontairement se couvrir de pollen (élément contenant les cellules reproductrices mâles d'une fleur), puis le faire entrer en contact avec le pistil (l'appareil reproducteur femelle d'une fleur) d'une autre plante et la féconder.

Certaines plantes ne possèdent pas de nectar et sont pourtant dépendantes de la pollinisation des insectes pour se reproduire. Comment les attirer ? En les trompant avec de véritables leurres sexuels ! La fleur d'*Ophrys apifera*, plus communément appelée orchidée abeille, a une ressemblance troublante avec cet insecte. L'illusion est complétée par des signaux chimiques similaires aux phéromones émises par les abeilles femelles. L'abeille mâle, bernée par l'apparence visuelle de la fleur, va venir s'y frotter… et pollinise la fleur sans le savoir. L'odeur peut aussi simuler celle d'un bon repas. *Rafflesia** *arnoldii*, qui pousse en Indonésie, développe une importante inflorescence charnue (de près d'un mètre de diamètre pour plus de dix kilos !) qui émet dans l'air une forte odeur de chair en putréfaction ; les mouches y succombent… comme des mouches, croyant trouver une charogne. Le chou puant met également toutes les chances de son côté : il chauffe,

* Non, pas le Pokémon ! Range tout de suite cette pokéball…

une température plus élevée facilitant la dispersion de son odeur fétide (voir p. 215-222).

Une fois l'intermédiaire conquis et le partenaire sexuel trouvé, la plante doit disséminer sa progéniture afin de conquérir de nouveaux espaces et d'assurer la survie de l'espèce. Certaines plantes se fient au vent et à la gravité pour le transport de leurs graines. D'autres produisent des fruits aux couleurs vives et au goût sucré afin d'attirer des oiseaux. Ces derniers, après digestion de la partie charnue, éparpilleront les graines dans la nature. Et le tour est joué !

Ôte-toi de mon soleil !

Terminons cette revue rapide par un cas plus mystérieux : une singularité végétale que l'on surnomme « la timidité des arbres » (ou *crown shyness*)*. Ce phénomène a été étudié pour la première fois en Australie au milieu des années 1950 : certains arbres (certaines espèces de pins par exemple) laissent un espace d'environ 80 cm entre leurs feuilles et branches par rapport à leurs voisins de la même espèce. Vu d'en dessous, un observateur a l'impression de contempler un ciel sombre parcouru par des labyrinthes lumineux. Les arbres s'entendraient-ils avec leurs voisins pour éviter de se faire de l'ombre ? Pour l'instant, le mécanisme n'est pas élucidé. Un échange gazeux pourrait en être la cause. On suspecte également l'intervention d'un pigment photosensible présent dans les feuilles, le phytochrome. Les arbres, en détectant la composition spectrale de la lumière qu'ils reçoivent, seraient ainsi capables de faire la différence entre l'ombre d'un congénère et l'ombre d'un obstacle, et adapteraient leur croissance en conséquence, avant même de se trouver à l'ombre !

* La « timidité des arbres » a été étudiée par un botaniste français de renom, Francis Hallé, dont je présente les idées et les recherches plus en détail dans la vidéo ci-contre !

Pour certains arbres, cette « timidité » s'applique aussi au niveau des racines, qu'ils n'entremêlent pas avec celles de leurs voisins. La raison qui les pousse à ne pas mélanger leurs branches et leurs racines à celles de leurs congénères ? Mystère…

Vous l'aurez compris, les plantes communiquent, et communiquent beaucoup. Mais à l'inverse des humains pour qui la communication relève parfois plus du bavardage, les plantes utilisent leur pouvoir de communication pour interagir avec les autres êtres vivants qui les entourent, végétaux comme animaux. Et lorsqu'il s'agit de communiquer avec des êtres qui ne sont pas leurs congénères, on pourrait bien se demander si les plantes ne seraient pas un peu manipulatrices… Mais nous ne le ferons pas – vous ne voudriez pas verser dans l'anthropomorphisme, quand même ?

Et pour en apprendre davantage, vous pouvez aussi regarder la vidéo que nous avons réalisée sur le sujet !

LES PLANTES COMMUNIQUENT-ELLES ?

DE LA VIE HORS DE LA « ZONE HABITABLE » DES ÉTOILES

En 1995, deux astronomes ont détecté la toute première planète en orbite autour d'une étoile autre que notre Soleil : l'exoplanète 51 Pegasi b. Depuis, les découvertes d'exoplanètes se succèdent à un rythme effréné. La plupart d'entre elles sont très différentes de la Terre, soit très grosses, soit très chaudes. Dans notre seule Galaxie, leur nombre est estimé à plusieurs dizaines de milliards – rappelons que nous connaissons quelques centaines de milliards de galaxies comme la nôtre. De quoi donner le vertige ! Derrière cette quête sans fin des exoplanètes se cache probablement une quête plus fondamentale : celle de l'existence d'une autre forme de vie, et pourquoi pas une vie qui serait intelligente…

Selon les biologistes, un être vivant doit disposer d'eau sous forme liquide pour se développer. C'est le critère le plus fondamental. En effet, dans l'eau, les molécules organiques peuvent réagir, échanger de l'énergie chimique et s'assembler vers toujours plus de complexité, assurant ainsi la formation puis l'assemblage des premières briques du monde vivant. Mais où l'eau est-elle susceptible de se trouver sous forme liquide ? Connaissant la température de surface d'une étoile* ainsi que sa taille, les astrophysiciens parviennent très facilement à en déduire l'énergie qu'elle rayonne. Avec cette donnée, il est aisé de calculer la température à la surface d'une planète recevant ce rayonnement, à une distance donnée de son étoile. Et c'est ainsi qu'est apparue la notion de « zone habitable » autour d'une étoile ; zone ni trop éloignée, ni trop lointaine où la température permet en théorie la présence d'eau liquide. La Terre, à 150 millions de kilomètres de son étoile, se trouve ainsi dans la « zone habitable » du Soleil ; la température moyenne y est de 15 °C en surface.

Mais la présence d'une planète en « zone habitable » n'y garantit absolument pas la présence effective d'eau liquide... et encore moins la présence de formes de vie ! Inversement, de l'eau à l'état liquide peut exister bien au-delà de la « zone habitable » d'une étoile. Pour s'en convaincre, il suffit simplement d'observer l'exemple que nous avons sous les yeux : notre propre système solaire.

Vénus et Mars, comme la Terre, se situent dans la « zone habitable » du Soleil, mais l'eau liquide est absente à la surface de ces planètes rocheuses. Pourquoi ? Même si la température à la surface d'une planète est suffisante pour que de l'eau s'y trouve sous forme liquide, de nombreux autres paramètres physico-chimiques entrent en jeu. L'un des plus importants est la pression atmosphérique.

Or Mars n'a qu'une atmosphère très ténue. Si la température à la surface de la planète rouge oscille entre –100 °C et +15 °C, sa très faible pression atmosphérique actuelle ne permet pas à l'eau de rester liquide : elle passe directement de l'état solide à l'état gazeux. On estime cependant que l'atmosphère martienne a été beaucoup plus dense dans un lointain passé, ce qui aurait rendu possible la présence en continu d'eau liquide ; mais ce n'est plus

---

* Via l'observation du spectre de son rayonnement à ses différentes longueurs d'onde (analyse spectroscopique), notamment dans l'ultraviolet, dans le visible et dans l'infrarouge.

le cas aujourd'hui, son atmosphère ayant été érodée petit à petit durant plusieurs milliards d'années. En effet, en l'absence de champ magnétique protecteur pour la planète, le vent solaire, constitué de protons énergétiques, n'est pas dévié et provoque l'expulsion continue des gaz atmosphériques dans l'espace. Vénus, quant à elle, est dotée d'un puissant champ magnétique, et ne subit pas ce phénomène ; et comme elle se trouve plus proche du Soleil que ne l'est la Terre, elle est naturellement plus chaude. Mais son atmosphère est beaucoup plus dense et étouffante, et il y règne un effet de serre sans commune mesure avec celui de la Terre. La température à la surface de Vénus atteint ainsi facilement 400 °C ; et cette température infernale se combine à une forte pression atmosphérique, ce qui ne laisse aucune chance aux molécules d'eau présentes de s'y montrer sous forme liquide ! Bref, aucune de ces deux planètes n'est aujourd'hui habitable pour une quelconque forme de vie – du moins, la vie telle que nous l'imaginons.

L'eau liquide n'est pas là où on le croit…

De l'eau liquide existe bel et bien ailleurs dans notre système solaire, en dehors de notre planète bleue. Et bien au-delà de cette petite « zone habitable » qui abrite la Terre, Mars et Vénus ! C'est aux confins du système solaire que la plus grande quantité d'eau liquide se trouve ; et ce n'est pas sur des planètes, mais sur certains de leurs satellites. Cette incroyable nouvelle nous a été apportée par les sondes spatiales. Depuis la fin des années 1970, plusieurs sondes ont été envoyées pour explorer Jupiter, Saturne, Uranus et Neptune (depuis les sondes *Pioneer*, *Voyager* et *Galileo* jusqu'à *Cassini*, en orbite de Saturne encore jusqu'en septembre 2017, et *Juno,* arrivée au début de l'été 2016 autour de Jupiter). Ces planètes géantes possèdent de très nombreux satellites, de tailles et de natures très diverses. Les sondes les ont étudiées de près, ainsi que certains de leurs satellites. Ce qu'elles ont révélé a surpris de nombreux spécialistes. Eh oui ! Europe et Ganymède, satellites de Jupiter, comme Encelade et Titan, satellites de Saturne, semblent posséder un vaste océan d'eau liquide sous leur épaisse croûte glacée.

Pour Ganymède et Titan, la présence d'eau liquide a été déduite indirectement, à partir des mouvements orbitaux et du champ gravitationnel mesuré autour du petit corps. Pour Europe et Encelade, l'observation a été directe : ces deux satellites montrent en effet des « fuites » d'eau à travers leur croûte de glace, la plus étudiée étant celle d'Encelade, surveillée par la sonde *Cassini* depuis 2004 (voir image ci-contre). Au pôle sud d'Encelade, l'eau liquide forme un océan de plusieurs kilomètres de profondeur ; les analyses des jets d'eau vaporisée qui s'en échappent ont montré que l'eau liquide est non seulement salée et chaude, mais contient également des molécules organiques…

Et les quantités d'eau liquide mises en jeu sont considérables ! Autour de Jupiter, Ganymède contiendrait 6,2 fois plus d'eau liquide que la Terre. Cette valeur ne représente pas moins de 5,4 % de la masse totale de Ganymède – un pourcentage à comparer avec le cas des océans terrestres, qui ne représentent que 0,02 % de la masse de notre planète, une goutte d'eau ! Europe, lune plus petite, possèderait dans son océan tout de même 2,4 fois plus d'eau liquide que la Terre, correspondant à 6,4 % de sa masse. Et autour de Saturne ? L'eau liquide représenterait 14 % de la masse totale du tout petit Encelade pour un total d'un centième de l'eau terrestre ; quant au gros Titan, avec une proportion massique de 11 % d'eau liquide dans ses couches internes, il possèderait 11,4 fois plus d'eau liquide que n'en a la Terre ! Tous ces chiffres ne prennent en compte bien sûr que l'eau sous forme liquide, et non la glace d'eau qui existe également en très grandes quantités à la surface de ces lunes. Glace d'eau qui ne demandera qu'à fondre dans un lointain futur, lorsque le Soleil grossira en se transformant en géante rouge…

Encelade, satellite de Saturne, vu par la sonde Cassini en 2013.
Ses geysers d'eau sont visibles.

Comment de l'eau liquide peut-elle exister aussi loin de la «zone habitable» du Soleil? La chaleur nécessaire est à mettre au compte des forces de marée produites par la présence des planètes géantes (Jupiter ou Saturne). Ces forces sont la résultante du fort champ gravitationnel des planètes massives; elles produisent des déformations incessantes des petits corps qui sont en orbite autour d'elles, à l'image de la déformation des océans sur Terre produite par l'attraction de la Lune et du Soleil. La déformation des couches internes des petits satellites y produit un échauffement via des mouvements de friction de leurs couches rocheuses. La chaleur dégagée est si importante qu'elle est capable d'élever la température du plancher océanique d'Encelade à plus de 90 °C, sous une forte pression!

De nouveaux mondes habitables

Très récemment, la croûte glacée d'Encelade a révélé un nouveau secret. La sonde *Cassini*, en explorant les jets d'eau vaporisée qui s'échappent des fractures de la croûte, y a découvert la présence caractéristique de grains de silice. Ces grains sont des indices forts d'une activité hydrothermale... C'est la toute première fois qu'une telle activité est mise en évidence au-delà de la Terre. Activité hydrothermale signifie non seulement la présence d'eau liquide, mais surtout d'eau chaude ; et qui dit eau chaude dit milieu favorable pour la vie ! Avant cette découverte, de tels processus physico-chimiques étaient seulement connus sur Terre, auprès de systèmes volcaniques sous-marins.

Ces caractéristiques d'Encelade sont étonnamment similaires à celles d'une zone hydrothermale atypique située au milieu de l'océan Atlantique, appelée « Lost City ». Cette zone a été découverte il y a une dizaine d'années ; on y trouve des cheminées calcaires de plusieurs dizaines de mètres, brassant de l'eau à 90 °C avec un pH de l'ordre de 10. Ces zones hydrothermales sont également la source de nombreuses molécules organiques. Les spécialistes estiment que sur la Terre primordiale, de telles sources thermales alcalines auraient pu abriter les premières formes de vie. C'est dire si la découverte d'une activité hydrothermale semblable sur Encelade ouvre des perspectives plus qu'intéressantes...

Quant à Europe, son océan d'eau liquide a pu être mis en évidence il y a presque vingt ans déjà, grâce à la sonde *Galileo* (voir image ci-contre). Le télescope spatial *Hubble* avait également détecté en 2013, à l'un de ses pôles, ce qui ressemblait à des jets d'eau vaporisée, très semblables à ceux qu'éjecte Encelade. Les énormes forces de marée induites par Jupiter sur Europe sont encore plus intenses que celles produites par Saturne sur Encelade. Et comme sur Encelade, en plus d'être chaude, l'eau liquide d'Europe serait, d'après les analyses spectroscopiques obtenues par

Europe, un satellite de Jupiter, vu par la sonde Galileo en 1997. Sa croûte glacée montre d'étonnantes zébrures. Europe recèle un vaste océan liquide sous sa surface.

Hubble, salée et probablement riche en composés métalliques et organiques.

On le voit : que ce soit Europe ou Encelade, ces deux petits mondes si éloignés de la « zone habitable » théorique du Soleil, paraissent en réalité beaucoup plus habitables que ne le sont aujourd'hui Mars et Vénus. Et ils ne forment peut-être que la partie émergée d'un vaste iceberg, car les astronomes estiment que de nombreux autres satellites des planètes gazeuses contiennent également eux aussi de l'eau liquide sous une vaste croûte de glace, comme Ganymède et Callisto (autour de Jupiter), Titan (autour de Saturne), et probablement Triton (autour de Neptune). Les dernières observations à distance ou *in situ* montrent également la présence très probable d'océans anciens, qui se seraient solidifiés, dans les cinq plus gros satellites d'Uranus (Miranda,

Ariel, Umbriel, Titania et Obéron). Il en serait de même au cœur de planètes naines comme Cérès, toujours explorée actuellement par la sonde *Dawn*, et même Pluton, survolée en 2015 par la sonde américaine *New Horizons*.

Ainsi, l'exemple de notre propre système solaire pourrait mener à une remise en question de la définition même de « zone habitable ». L'effervescence médiatique qui est souvent associée à l'annonce de la découverte d'une exoplanète en « zone habitable » autour de son étoile, souvent qualifiée par les médias grand public de « planète habitable » dans un raccourci discutable, ne peut ainsi être que très artificielle... Notre propre système montre que l'habitabilité des systèmes stellaires est bien plus vaste *a priori* que celle obtenue par la définition simple (disons simpliste !) associée au calcul du rayonnement de l'étoile et de la distance de sa planète pour en déduire la température de surface. Étant donné que l'eau liquide existe un peu partout et que notre système solaire est loin d'être une exception, peut-on supposer que la vie est probablement très répandue ? Pour le prouver, il ne nous reste plus qu'à aller pêcher la crevette autour de Saturne !

BIBLIOGRAPHIE

Les références numérotées sont appelées dans les chapitres.

UNE HISTOIRE À ÉVOLUER DEBOUT : TOUS BIPÈDES (OU PRESQUE) (p. 13-25)

Sur la gazelle girafe

http://www.arkive.org/gerenuk/litocranius-walleri/

Leuthold Walter, 1978, « Ecology of the gerenuk Litocranius walleri », *Journal of Animal Ecology*, 47 (2): 561–580.

Sur l'ours

http://campus.murraystate.edu/academic/faculty/tderting/CVA_atlases/mammalian_stances/MammalianStances_Plantigrade_Digitigrade_andUnguligrade.html

https://www.washingtonpost.com/news/animalia/wp/2016/06/30/pedals-a-bear-that-walks-upright-is-back-should-people-help-him/

Sur le tamanoir

Rodrigues F. H. G. et *al.*, 2008, « Anteater behavior and ecology ». In Vizcaíno S. F, Loughry W. J., 2008, *The Biology of the Xenarthra*, University Press of Florida, pp. 257–68.

https://www.aboutanimals.com/mammal/giant-anteater/

http://eol.org/pages/328523/details

Sur le pangolin

http://gizmodo.com/pangolins-walk-just-like-t-rex-1606810676

The World Conservation Union, 2014 : *IUCN Red List of Threatened Species*, 2014. « 3. Summary Statistics for Globally Threatened Species. »

R McN Alexander, 2004, « Bipedal animals, and their differences from humans », *J Anat.*, 204(5): 321–330.

Malfatti Mark, 2007, « A Look at the Genus Ctenosaura: Meet the World's fastest lizard and its kin », *Reptiles Magazine*, 15 (11): 64–73.

Full RJ, Tu MS., 1991, « Mechanics of a rapid running insect: two-, four- and six-legged locomotion », *J. Exp. Biol.*, 156:215–231.

Sur le lézard jésus

Glasheen JW, McMahon TA., 1996, « A hydrodynamic model of locomotion in the Basilisk lizard », 380:340–342.

http://fuckyeahfluiddynamics.tumblr.com/post/140217079819/one-of-the-most-famous-water-walking-creatures-is

http://fuckyeahfluiddynamics.tumblr.com/post/140450347279/how-fast-does-a-speedster-like-the-flash-or-dash

Sur les pieuvres

http://crissyhuffard.com/bipedal-octopuses.html

Huffard, C. L., Boneka, F., & Full, R. J., 2005, « Underwater Bipedal Locomotion by Octopuses in Disguise », *Science*, 307(5717), 1927-1927.

Sur le kangourou et la gerboise

http://www.dinosoria.com/kangourou.htm

http://wamiz.com/rongeurs/gerbille-8/la-gerboise-716.html

Sur les oiseaux et les dinosaures

http://www.scienceinschool.org/2011/issue21/ostrich

http://www.futura-sciences.com/planete/definitions/dinosaure-theropode-14113/

https://dinonews.net/index/epidexipteryx.php

FERMER UNE ROUTE À LA CIRCULATION... POUR RÉDUIRE LES EMBOUTEILLAGES (p. 27-35)

1. G. Kolata. « What if they closed 42nd Street and nobody noticed? », *New York Times*, 25 décembre 1990.

2. D. Braess : « Über ein Paradoxon aus der Verkehrsplanung ». *Unternehmensforschung* 12, 258–268 (1968).

3. T. Roughgarden and E. Tardos: « How Bad is Selfish Routing? », *FOCS 2000/ JACM 2002*. Consulter sur : theory.stanford.edu/~tim/papers/routing.pdf.

4. G. Valiant and T. Roughgarden : Braess's Paradox in Large Random Graphs, *EC '06*.

5. Young H., Jeong H. et Gastner M. T., « The Price of Anarchy in Transportation Networks : Efficiency and Optimality Control, » *Physical review letters*, 2008 – APS.

IL FAUT SAUVER LES PARASITES (p. 37-46)

Ouvrages

Hughes D. P., Brodeur J. et Thomas F., 2012, *Host manipulation by parasites*, Oxford University Press.

Thomas F., Renaud F. et Guégan J.-F., 2005, *Parasitism & Ecosystems*, Oxford University Press.

Articles

Hughes D.P., Kronauer D.J.C. et Boomsma J.J., 2008, « Extended phenotype: nematodes turn ants into bird-dispersed fruits », *Current Biology*, 18, p. R294–5.

Macneil C. et Dick J.T.A., 2011, « Parasite-mediated intraguild predation as one of the drivers of co-existence and exclusion among invasive and native amphipods (Crustacea) », *Hydrobiologia*, 665, p. 247-256.

Mouritsen K.N. et Jensen T., 2006, « The effect of *Sacculina carcini* infections on the fouling, burying behaviour and condition of the shore crab, *Carcinus maenas* », *Marine Biology Research*, 2, p. 270–275.

Sato T., Watanabe, K., Kanaiwa M., Niizuma Y., Harada Y. et Lafferty K.D., 2011, « Nematomorph parasites drive energy flow through a riparian ecosystem », *Ecology*, 92, p. 201–207.

Sato T. et *al.*, 2012, « Nematomorph parasites indirectly alter the food web and ecosystem function of streams through behavioural manipulation of their cricket hosts », *Ecology Letters*, 15, p. 786–793.

Thomas F., Renaud F., De Meeûs T. et Poulin R., 1998, « Manipulation of host behaviour by parasites: ecosystem engineering in the intertidal zone? », *Proceedings of the Royal Society B: Biological Sciences*, 265, p. 1091–1096.

LES ÉCUREUILS SONT DES TUEURS D'ENFANTS ET AUTRES DÉSILLUSIONS SANGLANTES (p. 47-56)

1. Dieter Lukas, Elise Huchard, 2014, « The evolution of infanticide by males in mammalian societies », *Science*, 346, n° 6211, p 841-844.

2. Craig Packer, Anne E. Pusey, 1983, « Adaptations of Female Lions to Infanticide by Incoming Males », *The American Naturalist*, 121, n° 5, p. 716-728.

3. Jerry O.Wolff, David W. Macdonald, 2004, « Promiscuous females protect their offspring », *Trends in Ecology and Evolution* 19, n° 3, p. 127-134.

4. Sarah Blaffer Hrdy, 1977, *The Langurs of Abu*, Harvard University Press, Cambridge, MA.

5. Sarah Blaffer Hrdy, 1979, « Infanticide among animals: A review, classification and examination of the implications of reproductive strategies of females », *Ethology and Sociobiology* 1, n° 1, p. 13-40.

6. Stephen T. Emlen, Natalie J. Demong et Douglas J. Emlen, 1989, « Experimental Induction of Infanticide in Female Wattled Jacanas », *The Auk*, 106, p. 1-7.

7. Jane Goodall, 1977, « Infant killing and cannibalism in free-living chimpanzees », *Folia Primatologica*, 28, n° 4, p. 259-282.

8. Burney J. LeBoeuf, Kenneth T. Briggs, 1977, « The cost of living in a seal harem », *Mammalia*, 41, n° 2, p 167-195.

9. Júlia Schmidt, András Kosztolányi, Jácint Tökölyi, Boglárka Hugyecz, Ildikó Illés, Rozália Király, Zoltán Barta, 2015, « Reproductive asynchrony and infanticide in

house mice breeding communally», *Animal Behavior* 101, p. 201-211.

10. Paul W. Sherman, 1981, «Reproductive Competition and Infanticide in Belding's Ground Squirrels and Other Animals» In: *Natural Selection and Social Behavior: Recent research and New Theory*, Tinkle. New York and Concord, Chiron Press.

11. Jason S. Gilchrist, 2006, «Female eviction, abortion, and infanticide in banded mongooses (Mungos mungo): implications for social control of reproduction and synchronized parturition», *Behavioral Ecology*, 17, n° 4, p. 664-669.

INTERNET N'EST PAS LA PLUS GRANDE INVENTION DU XXIe SIÈCLE (p. 57-67)

Walter Isaacson, 2015, *The innovators*, Simon & Schuster.

Tim Berners-Lee, 2000, *Weaving the Web*, Harper Business.

John Naughton, 2012, *From Gutenberg to Zuckerberg: What you really need to know about the Internet*, Quercus Publishing.

Paul Graham, 2010, *Hackers & Painters*, O'Relly.

LES TALENTS INSOUPÇONNÉS DES PLANTES (p. 69-83)

Alpi et *al.*, 2007, «Plant neurobiology: no brain, no gain?», *Trends in Plant Science*, Vol. 12, n° 4, p. 135-136.

Appel H. M., Cocroft R. B., 2014, «Plant respond to leaf vibration caused by insect herbivore chewing», *Oecologia*, Vol. 175, p. 1257-1266.

Baluška F., Levin M., 2016, «On having no head: cognition throughout biological systems», *Frontiers in Psychology*, Vol. 7, Article 902.

Brenner et *al.*, 2006, «Plant neurobiology: an integrated view of plant signaling», *Trends in Plant Science*, Vol. 11, n° 8, p. 413-419.

Gagliano M., 2013, «Green symphonies: a call for studies on acoustic communication in plants», *Behavioral Ecology*, 24(4), p. 789-796.

Gagliano M., 2013, «The flowering of plant bioacoustics: how and why». *Behavioral Ecology*, 24 (4), p. 800-801.

Gagliano M. et *al.*, 2012, «Towards understanding plant bioacoustics», *Trends in Plant Science*, volume XVII, Issue 6, p323–325.

Gagliano M. et *al.*, 2012, «Acoustic and magnetic communication in plants: is it possible?», *Plant Signaling and Behavior*, Vol. 7, p. 1346-1348.

Gagliano M. et *al.*, 2012, «Out of sight but not out of mind: alternative means of communication in plants», *PLoS ONE*, Vol. 7, issue 5, e37382.

Lev-Yadun S., 2013, «The enigmatic fast leaflet rotation in Desmodium motorium: butterfly mimicry for defense?», *Plant Signaling & Behavior*, Vol. 8, issue 5, e24473.

Trewavas A., 2007, « Reponse to Alpi et *al.* : Plant neurobiology – all metaphors have value », *Trends in Plant Science*, Vol. 12, n° 6, p. 231-233.

Pour en savoir plus :

Michel Thellier, *Les plantes ont-elles une mémoire ?*, 2015, éditions Quae.

Catherine Lenne, *Dans la peau d'une plante*, 2014, Belin.

LES SUPER-POUVOIRS ÉLECTRIQUES DU CERVEAU (p. 85-92)

1. Leigh R. Hochberg et *al.*, 2006, « Neuronal ensemble control of prosthetic devices by a human with tetraplegia », *Nature* 442, 164-171 (13 July 2006).

2. Leigh R. Hochberg et *al.*, 2012**,** « Reach and grasp by people with tetraplegia using a neurally controlled robotic arm », *Nature*, 485, 372–375.

3. Kosmyna N, Tarpin-Bernard F., Rivet B., 2014, « Drone, your brain, ring course-accept the challenge and prevail ! », *UbiComp 2014 - Adjun Proc 2014 ACM Int Jt Conf Pervasive Ubiquitous Comput*: 243–246.

4. Rao RPN, Stocco A., Bryan M., Sarma D., Youngquist T.M., Wu J. et *al.*, 2014, « A Direct Brain-to-Brain Interface in Humans », *PLoS ONE* 9(11): e111332.

Sur la maladie de Parkinson et la stimulation cérébrale profonde

Conférence d'Andres Lozano : https://www.ted.com/talks/andres_lozano_parkinson_s_depression_and_the_switch_that_might_turn_them_off

http://histoire.inserm.fr/de-l-inh-a-l-inserm/50-ans-de-l-inserm/les-grandes-avancees/la-stimulation-cerebrale-profonde-une-petite-revolution

http://incr.fr/maladies/13-maladie-de-parkinson/145-la-chirurgie-de-la-stimulation-cerebrale-profonde

Coffey R.J., 2009, « Deep brain stimulation devices : a brief technical history and review », *Artificial Organs*, vol. 33, no 3, mars 2009, p. 208–20.

Sur les interfaces cerveau-machine

Vidal J.J., « Toward Direct Brain-Computer Communication », *Annual Review of Biophysics and Bioengineering 2* : 157–80.

http://www.inserm.fr/actualites/rubriques/actualites-recherche/l-interface-cerveau-machine-de-la-science-fiction-a-la-realite

Sur les interfaces cerveau-cerveau

Vidéo de l'expérienc : www.youtube.com/watch?v=rNRDc714W5I

Sur le potentiel d'action et l'EEG

Barnett M.W., Larkman P.M., 2007, « The action potential », 2007, *Practical Neurology 7* : 192–197.

Sherwood L., 2000, *Physiologie humaine*, De Boeck.

LE *METAL*, ÇA CALME (p. 93-104)

1. Sharman L et Dingle GA, 2015, « Extreme metal music and anger processing », *Front. Hum. Neurosci.*, 9:272., DOI: 10.3389/fnhum.2015.00272.

2. « I will cut your throat, I will kick your face in », extrait du primesautier *Night of the Long Knives* de Marduk (*World Funeral*, 2003), l'un des morceaux écoutés par l'un des participants lors du test.

3. N. Guéguen, 2016, « Comment les chansons nous manipulent », *Cerveau & Psycho*, n° 76, avril 2016.

4. John F. Mast et Francis T. McAndrew, 2011, « Violent Lyrics in Heavy Metal Music Can Increase Aggression in Males » *North American Journal of Psychology*, 2011, Vol. 13, No. 1, 63-64.

5. Tasha R. Howe *et al.,* 2015, « Three Decades Later: The Life Experiences and Mid-Life Functioning of 1980s Heavy Metal Groupies, Musicians, and Fans », *Self and Identity*, 14:5, 602-626.

6. Rodney M. Schmaltz, 2016, « Bang your Head : Using Heavy Metal to promote Scientific Thinking in the Classroom », *Front. Psychol.*, 7:146.

DES CELLULES FŒTALES COLONISENT LE CERVEAU DE LA MÈRE (p. 105-114)

Chan W. F. N. et *al.*, 2012, « Male Microchimerism in the Human Female Brain », *PLoS ONE*, 07/9, e45592.

Minai-Tehrani A. et *al.*, 2016, « Existence of Microchimerism in Pregnant Women Carrying a Boy », *J. Reprod. Infertil*, 17/1, 64-65.

Peterson S. et *al.*, 2013, « Fetal cellular microchimerism in the miscarriage and pregnancy termination », *Chimerism*, 04/4, 136-138.

Rijnink E. et *al.*, 2015, « Tissue microchimerism is increased during pregnancy : a human autopsy study », *Molecular Human Reproduction*, 21/11, 857-864.

Kara R. J. et *al.*, 2012, « A Mouse Model for Fetal Maternal Stem Cell Transfer During Ischemic Cardiac Injury », *Clinical and Translational Science*, 5/4, 321-328.

Bozorg-Ghalati, 2015, « A Survey on the Role of Fetal Microchimerism in the Maternal Body », *Journal of Advanced Medical Sciences and Applied Technologies*, 1/2, 68-77.

Khosrotehrani K. et *al.*, 2004, « Transfer of Fetal Cells with Multilineage Potential to Maternal Tissue », *Journal of The American Medical Association*, 292(1), 5-79.

Michaeli T. F. et *al.*, 2015, « Rejuvenating effect of pregnancy on the mother », *Fertility and Sterility*, 103/5, 1125-1128.

Boddy A. M. et *al.*, 2015, « Fetal microchimerism and maternal health : a review and evolutionary analysis of cooperation and conflict beyond the womb », *Bioessays*, 37, 1106-1118.

DU SANG BLEU POUR SAUVER DES VIES (p. 115-123)

Anderson R. L., Watson W. H., 3rd, et Chabot C. C., 2013, « Sublethal behavioral and physiological effects of the biomedical bleeding process on the American horseshoe crab, Limulus polyphemus », *Biol. Bull.*, 225(3), 137-151.

Armstrong P., et Conrad M., 2008, « Blood collection from the American horseshoe crab, Limulus polyphemus », *J. Vis. Exp.*(20).

Ding J. L. et Ho B., 2001, « A new era in pyrogen testing », *Trends Biotechnol.*, 19(8), 277-281.

Iwanaga S., 2007, « Biochemical principle of Limulus test for detecting bacterial endotoxins », Proc. Jpn. Acad. Ser. B. Phys. Biol. Sci., 83(4), 110-119.

Levin J. et Bang F. B., 1964, « A Description of Cellular Coagulation in the Limulus », *Bull Johns Hopkins Hosp.*, 115, 337-345.

Levin J. et Bang F. B., 1964, « The Role of Endotoxin in the Extracellular Coagulation of Limulus Blood », *Bull Johns Hopkins Hosp.*, 115, 265-274.

Levin J., Tomasulo P. A., et Oser R. S., 1970, « Detection of endotoxin in human blood and demonstration of an inhibitor », *J. Lab. Clin. Med.*, 75(6), 903-911.

Mamat U., Wilke K., Bramhill D., Schromm A. B., Lindner B., Kohl T. A., … Woodard R. W., 2015, « Detoxifying Escherichia coli for endotoxin-free production of recombinant proteins », *Microb. Cell. Fact.*, 14, 57.

Martich G. D., Boujoukos A. J., et Suffredini A. F., 1993, « Response of man to endotoxin », *Immunobiology*, 187(3-5), 403-416.

Opal S. M., 2010, « Endotoxins and other sepsis triggers », *Contrib. Nephrol.*, 167, 14-24.

Sanchez-Garcia L., Martin L., Mangues R., Ferrer-Miralles N., Vazquez E., et Villaverde A., 2016, « Recombinant pharmaceuticals from microbial cells : a 2015 update », *Microb. Cell. Fact.*, 15, 33.

Su W. et Ding X., 2015, « Methods of Endotoxin Detection », *J. Lab. Autom.*, 20(4), 354-364.

UNE PIN-UP *PLAYBOY* INSPIRE DES CHERCHEURS EN INFORMATIQUE (p. 125-128)

Lai-Man Po, 1997, « Lenna 97 : A Complete Story of Lenna » :
http://www.ee.cityu.edu.hk/~lmpo/lenna/Lenna97.html

Jamie Hutchinson, 2001, « Culture, Communication, and an Information Age Madonna », *IEEE Professional Communication Society Newsletter*, volume 45 numéro 3, http://www.cs.cmu.edu/~chuck/lennapg/pcs_mirror/may_june01.pdf

MÊME LES HIPPIES SONT VIOLENTS (p. 129-141)

1. Courbet, D. & Fourquet-Courbet M.-P. (2014), « L'influence des images violentes sur les comportements et sur le sentiment d'insécurité chez les enfants et les adultes », *Rapport Technique de Recherches*, Université d'Aix-Marseille, IRSIC.

2. Joy, L.A., Kimball, M.M. & Zabrack, M.L. (1986). « Television and children's aggressive behavior ». In T.M. Williams (Ed.), *The Impact of television: A natural experiment in three communities* (pp.303-360). Orlando, FL: Academic Press, Inc.

3. Rapport Insee sur le temps consacré à regarder la télévision selon l'âge et la catégorie socioprofessionnelle en 2012 (https://www.insee.fr/fr/statistiques/2407902#tableau-Tableau1).

4. Leon Mann, « The baiting crowd in episodes of threatened suicide », *Journal of Personality and Social Psychology*, vol. 41, no 4, octobre 1981, p. 703–9.

5. « Communication via Internet et dynamiques identitaires: une analyse psychosociale », J. Guegan, E. Michinov – *Psychologie française*, 2011 – Elsevier.

6. « Deindividuation and valence of cues: Effects on prosocial and antisocial behavior ». Johnson, Robert D.; Downing, Leslie L. *Journal of Personality and Social Psychology*, Vol 37(9), Sep 1979, 1532-1538.

7. Bègue, 2011, « Milgram revient en France ? », Cortecs [En ligne], https://cortecs.org/wp-content/uploads/2011/12/CorteX_Begue_Milgram_Zone_Extreme.pdf

Références générales

Bègue, L. 2003, « Comportements violents et télévision » dans *Enquête de sécurité: Causes de la délinquance et nouvelles réponses*, S. Roché, A. Colin. 315-332.

Bègue, L. 2011, « Jeux vidéo : l'école de la violence ? », *Cerveau&Psycho, L'Essentiel* n° 8, 14-20.

Bègue, 2011, « Milgram revient en France ? », Cortecs, https://cortecs.org/wp-content/uploads/2011/12/CorteX_Begue_Milgram_Zone_Extreme.pdf

Bègue, L., Beauvois, J-L., Courbet, D., Oberlé, D., 2011, « Psychologie de la soumission à l'autorité », Cortecs, https://cortecs.org/wp-content/uploads/2011/12/CorteX_Begue_Beauvois_Psychologie_soumission_autorite.pdf

Désert, M. 2012, *Les facteurs à l'origine des comportements agressifs*. Recueil inédit, Université Blaise Pascal de Clermont-Ferrand.

Desmurget, M. 2011, « La télévision creuset de la violence », *Cerveau&Psycho, L'Essentiel* n° 8, 8-13.

Fiske, S. T., 2008, *Psychologie sociale* (1re éd., p. 444-486 ; traduit par V. Provost et S. Huyghues Despointes, révision scientifique de J-P. Leyens), De Boeck.

LES PHOBIES SE TRANSMETTENT DE GÉNÉRATION EN GÉNÉRATION (p. 143-147)

1. Brian G. Dias & Kerry J. Ressler, « Parental olfactory experience influences behavior and neural structure in subsequent generations », *Nature Neuroscience* 17, 89–96 (2014).

2. I. Donkin, S. Versteyhe *et al.*, « Obesity and Bariatric Surgery Drive Epigenetic Variation of Spermatozoa in Humans », *Cell Metabolism,* 2016.

3. R. Barrès. « Tournant en biologie : je suis le vécu de mes ancêtres », *The Conversation,* 2015.

4. R. Yehuda *et al.*, « Holocaust Exposure Induced Intergenerational Effects on FKBP5 Methylation », *Biological Psychiatry*, 2015.

COMMENT VALIDER UNE THÉORIE SANS JAMAIS LA CONFIRMER (p. 149-159)

John Vickers, « The Problem of Induction », 15 novembre 2006 : https://plato.stanford.edu/entries/induction-problem/

Igor Douven, « Abduction », 9 mars 2011 : https://plato.stanford.edu/entries/abduction/

Nelson Goodman, 1985, *Faits, fictions et prédictions*, Les Éditions de Minuit.

Karl Raimund Popper, 1989, *La logique de la découverte scientifique*, Payot.

VOTRE CERVEAU N'EST PAS FAIT POUR PENSER (p. 161-172)

1. Stedman et *al.*, 2004, « Myosin gene mutation correlates with anatomical changes in the human lineage », *Nature*, 428 : 415.

Références générales

David Robson, « A brief history of the brain », *New Scientist*, 21/09/2011.
Consultable sur : www.newscientist.com/article/mg21128311.800-a-brief-history-of-the-brain/

Daniel Wolpert, à propos du mouvement comme rôle primordial du cerveau :
https://www.youtube.com/watch?v=7s0CpRfyYp8

Guillaume Lecointre, Hervé Le Guyader, 2016 (vol.1) et 2017 (vol.2), *Classification phylogénétique du vivant*, 4e édition, Belin.

Richard Dawkins, 1976, *Le gène égoïste*, Odile Jacob.

ANARCHIE DANS LA COLONIE (p. 173-185)

Ouvrages et magazines :

Darwin C., 1859, « Instinct » dans *l'Origine des espèces*, Darwin C., Ultraletters Publishing., pp. 228-258.

Beebe W., 1921, *Edge of the Jungle*, Henry Holt and Co. pp. 291-294.

Le courrier de la Nature, 2009, n° 250 spécial fourmis.

Articles scientifiques :

Couzin I. D., Franks N. R., 2002, « Self-organized lane formation and optimized traffic flow in army ants ». *Proceedings of the Royal Society of London B.*, 270(1511), 139-146.

Hamilton W. D., 1964, « The genetical evolution of social behaviour I, II », *Journal of Theoretical Biology,* 7, 1-52.

Hasegawa E., Ishii Y., Tada K., Kobayashi K., Yoshimura J., 2016, « Lazy workers are necessary for long-term sustainability in insect societies », *Scientific reports*, 6, 20846.

Hughes O. W., Oldroyd B. P., Beekman M., « Ancestral monogamy shows kin selection is key to the evolution of eusociality », *Science*, 320, 1213-1216.

Jackson D. E., Châline N., 2007, « Modulation of pheromone trail strength with food quality in Pharaoh's ant, Monomorium pharaonis », *Animal Behaviour*, 74, 463-470.

Robinson E. J. H., Feinerman O., Franks N. R., 2009, « Flexible task allocation and the organization of work in ants », *Proceedings of the Royal Society*, 276(1677), 4373-4380.

Ravary F., Lecoutey E., Kaminski G., Châline N., Jaisson P., 2007, « Individual experience alone can generate lasting division of labor in ants », *Current Biology*, 17, 1308-1312.

Tofilski A., Couvillon M. J., Evison S. E. F., Helanterä H., Robinson E. J. H., Ratnieks F. L. W., 2008, « Preemptive defensive self-sacrifice by ant workers », *The American Naturalist*, 172(5), E239-E243.

UNE HISTOIRE ÉLECTRIQUE À CONTRE-COURANT (p. 187-200)

1. Paul Israel, 2000, *Edison: a Life of Invention*, John Wiley & Sons, p. 17.
2. Paul Israel, 2000, *Edison: a Life of Invention*, John Wiley & Sons, p. 168.
3. Paul Israel, 2000, *Edison: a Life of Invention*, John Wiley & Sons, p.171.
4. Paul Israel, 2000, *Edison: a Life of Invention*, John Wiley & Sons, p.217-218.
5. Bernard W. Carlson, 2015, *Tesla - Inventor of the Electrical Age*, Princeton University Press, p. 52.
6. Bernard W. Carlson, 2015, *Tesla - Inventor of the Electrical Age*, Princeton University Press, p. 63.
7. Marc J. Seifer, 1998, *Wizard : The life and times of Nikola Tesla*, Citadel Press, p. 30
8. « A new system of alternating current motors and transformers » by Nikola Tesla Delivered before the American Institute of Electrical Engineers », May 1888. Consultable sur : www.tfcbooks.com/tesla/1888-05-16.htm .
9. Bernard W. Carlson, 2015, *Tesla - Inventor of the Electrical Age*, Princeton University Press, p. 167.
10. Marc J. Seifer, 1998, *Wizard: The life and times of Nikola Tesla,* Citadel Press, p. 57.
11. Charles Rivers Editors, 2013, *Thomas Edison & Nikola Tesla: The pioneers of Electricity*, CreateSpace Independent Publishing Platform.

LE CANCER PEUT SE TRANSMETTRE PAR MORSURE (ENFIN, AU MOINS UN) (p. 201-210)

1. Elaine A. Ostrander, Brian W. Davis et Gary K. Ostrander, 2016, « Transmissible Tumors : Breaking the Cancer Paradigm », *Trends in Genetics,* Volume 32, 1-15.

2. Elizabeth P. Murchison *et al.*, 2010, « The Tasmanian Devil Transcriptome Reveals Schwann Cell Origins of a Clonally Transmissible Cancer », *Science*, Volume 327, 84-87.

3. Hannah V. Siddle *et al.*, 2013, « Reversible epigenetic down-regulation of MHC molecules by devil facial tumour disease illustrates immune escape by a contagious cancer », *PNAS*, Volume 110, 5103-5108.

4. Brendan Epstein *et al.*, 2016, « Rapid evolutionary response to a transmissible cancer in Tasmanian devils », *Nature Communications*, ncomms12684.

LES ANIMAUX LES PLUS DANGEREUX VONT NOUS SAUVER LA VIE (p. 211-214)

Gabbatiss Josh, 05/04/2016, « Why some animals have venoms so lethal, they cannot use them », *BBC earth*. Consultable sur : www.bbc.com/earth/story/20160404-why-some-animals-have-venoms-so-lethal-they-cannot-use-them

Diana Imhof, 2012, « Cone snail venom controls pain », Press release, University of Bonn.

Cassia Pollock, 2015, « Scientists Make Anti-Diabetes Compound By Altering Protein in Lizard Venom », *NBC San Diego*.

Julien Echterbille, 2013, « Les venins d'animaux, nouvelle panacée ? », *Athena* 291.

Holland Jennifer S., 2013, « Se soigner grâce au venin », *National Geographic*. Consultable sur : http://www.nationalgeographic.fr/627-guerir-venin/

Dr. Pierre Aldebert, 2009, « Poisons & Venins », Chronique sur *RCF* (103.7), de février à juin 2009. Consultable sur : https://www.cermav.cnrs.fr/sites/default/files/etat_art/poisons-venins.pdf

LES PLANTES ONT LEUR CHAUDIÈRE PERSONNELLE (P. 215-222)

Meeuse B.J.D., 1975, « Thermogenic respiration in Aroids ». *Ann. Rev. Plant Physiol.* 26 : 117-26.

Hopkins W.G., 2003, *Physiologie végétale*, Traduction de la 2de édition américaine par S. Rambour, DeBoeck édition.

Ito-Inaba Y., Hida Y., Inaba T., 2009, « What is critical for plant thermogenesis? Differences in mitochondrial activity and protein expression between thermogenic and non-thermogenic skunk cabbages », *Planta*, 231 : 121-130.

Wang R., Zhang Z., 2015, « Floral thermogenesis : An adaptive strategy of pollination biology in Magnoliaceae », *Communicative & Integrative Biology*, 8:1.

Grabelnych O.I., Kolesnichenko A.V., Pobezhimova T.P., Tourchaninova V.V., Korzun A.M., Koroleva N.A., Zykova V.V., Voinikov V.K., 2003, « The role of different plant seedling shoots mitochondrial uncoupling systems in thermogenesis during low-temperature stress », *Journal of Thermal Biology*, 28 : 571–580.

Ozheredova I. P., Parnikoza I. Yu., Poronnik O. O., Kozeretska I. A., Demidov S. V., Kunakh V. A., 2015, « Mechanisms of Antarctic Vascular Plant Adaptation to Abiotic Environmental Factors », *Cytology and Genetics*, 49(2)139–145.

Seymour R. S., Matthews P. G. D., 2006, « The Role of Thermogenesis in the Pollination Biology of the Amazon Waterlily Victoria amazonica », *Annals of Botany* 98 : 1129–1135.

Giberneau M., Barabé D., « Des fleurs à sang chaud », *Pour la Science* n° 359, septembre 2007.

RECRÉER LA VIE EN QUELQUES LIGNES DE CODE (p. 223-225)

C. Langton, *Studying artificial life with cellular automata*, 1986.

John Von Neumann et Arthur W. Burks, *Theory of self-reproducing automata*, 1966.

Ingo Rechenberg, *Kybernetische losungsansteuerung einer experimentellen forschungsaufgabe*, 1964.

Jordan B.Pollack et Hod Lipson, *The GOLEM project : Evolving hardware bodies and brains*, 2000.

Hiroki Sayama, *Toward the Realization of an Evolving Ecosystem on Cellular Automata*, 1999.

Le Jeu de la vie : https ://bitstorm.org/gameoflife/

N'UTILISONS-NOUS RÉELLEMENT QUE 10 % DE NOTRE CERVEAU ? (p. 227-236)

1. James W., 1907, « The energies of men », *Science*, 25/635, p. 321-332.

2. Gowdy L.N., 2013, *Myths, facts, and lies about prodigies - a historiography of William James Sidis*, Woven Strings Publishing.

3. Carnegie D., 1964, *How To Win Friends And Influence People*, Simon and Schuster.

4. Lashley K.S., 1931, « Mass action in cerebral function », *Science*, 73/1888, p. 245-254.

5. Penfield W. et Rasmussen T., 1950, *The cerebral cortex of man*, Macmillan.

6. Fisher R.S. et *al.*, 2005, « Epileptic seizures and epilepsy : definitions proposed by the International League Against Epilepsy and the International Bureau for Epilepsy », *Epilepsia*, 46/4, p. 470-472.

7. Tritsch D., Chesnoy-Marchais D., Feltz A., 1999, *Physiologie du neurone*, Doin.

8. Nedergaard M., Ransom B., Goldman S.A., 2003, « New roles for astrocytes : redefining the functional architecture of the brain », *Trends in Neuroscience*, 26/10, p. 523–530.

9. Hilgetag C.C. et Barbas H., 2009, « Are there ten times more glia than neurons in the brain ? », *Brain structure and function*, 213/4, p. 365-366.

10. « Évolution : de l'origine de la vie aux origines de l'Homme », 2003, Site des dossiers scientifiques sagascience du CNRS, consulté le 25 octobre 2016.

11. Brown G.C., 1999, *The energy of life : the science of what makes our minds and bodies work*, Simon and Schuster.

12. Schafer D.P. et *al.*, 2012, « Microglia sculpt postnatal neural circuits in an activity and complement-dependent manner », *Neuron*, 74/4, p. 691-705.

13. Sacks O., 1992, *L'homme qui prenait sa femme pour un chapeau*, Éditions du Seuil.

14. Pasquinelli E., 2012, « Neuromyths : why do they exist and persist ? », *Mind, brain, and education*, 6/2, p. 89-96.

LES OISEAUX AUSSI EN ONT DANS LE CIBOULOT ! (p. 237-250)

1. Alan H. Turner, Peter J. Makovicky, Mark A. Norell, 2007, « Feather Quill Knobs in the Dinosaur *Velociraptor », Science,* 317, n° 5845, p. 1721.

2. Ahmed Belguermi et *al.*, 2011, « Pigeons discriminate between human feeders », *Animal Cognition*, 14, n° 6, p. 909-914.

3. Shigeru Watanabe, Junko Sakamoto, Masumi Wakita, 1995, « Pigeons' discrimination of paintings by Monet and Picasso », *Journal of the Experimental Analysis of Behavior*, 63, n° 2, p.165-174.

4. Damian Scarf, Karoline Boy, Anelisie Uber Reinert, Jack Devine, Onur Güntürkün, Michael Colombo, 2016, « Orthographic processing in pigeons (Columba livia) », *Proceedings of the National Academy of sciences of the United States of America* 113, n° 40, p. 11272-11276.

5. Rosa Rugani, Laura Fontanari, Eleonora Simoni, Lucia Regolin, Giorgio Vallortigara, 2009, « Arithmetic in newborn chicks », *Proceedings of the royal Society B*, 276, n° 1666, p. 2451-2460.

6. Nathan J. Emery, Amanda M. Seed, Auguste M. P. von Bayern, Nicola S. Clayton, 2007, « Cognitive adaptations of social bonding in birds », *Philosophical transactions of the Royal Society B*, 362, n°1480, p. 489-505.

7. Robin I.M. Dunbar, 1998, « The social brain hypothesis », *Evolutionary Anthropology*, 6, n° 5, p. 178-190.

8. Orlaith N. Fraser, Thomas Bugnyar, 2011, « Ravens reconcile after aggressive conflicts with valuable partners », *Plos One,* 6, n° 3, e18118.

9. Irene M. Pepperberg, 2006, « Grey parrot numerical competence : a review », *Animal Cognition*, 9, n° 4, p. 377-391.

10. Thomas Bugnyar, Kurt Kotrschal, 2002, « Observational learning and the raiding of food caches in ravens, Corvus corax : Is it « tactical deception » ? », *Animal behaviour*, 64, n° 2, p. 185-195.

11. Frans B. de Waal, 2008, « Putting the altruism back into empathy : the evolution of empathy », *Annual Review of Psychology* 59, p. 279-300.

12. Nicola S.Clayton, Joanna M. Dally, Nathan J. Emery, 2007, « Social cognition by food-caching corvids. The western scrub-jay as a natural psychologist », *Philosophical transactions of the royal society B*, 362, p. 507-522.

13. Doris Bischof-Köhler, 1991, « The development of empathy in infants », In *Infant Development: Perspectives from German speaking countries*, M.E. Lamb et H. Keller Eds, Hillsdale, Lawrence Erlbaum : 245-273.

14. Thomas Suddendorf, David L. Butler, 2013, « The nature of visual self-recognition », *Trends in Cognitive science*, 17, n° 3, p. 121-127.

15. Helmut Prior, Ariane Schwarz, Onur Güntürkün, 2008, « Mirror-induced behavior in the macpie (*Pica pica*) : evidence of self-recognition », *Plos Biology*, 6, n° 8, e202.

16. Jane Van Lawick-Goodall, 1971, « Tool-using in primates and other vertebrates », *Advances in the Study of Behavior*, 3, p. 195-249.

17. Gavin R. Hunt, Russel D. Gray, 2003, « Diversification and cumulative evolution in New caledonian crow tool manufacture », *Proceedings of Royal society B*, 270, n° 1517, p. 867-874.

NOTRE TAILLE CHANGE DEPUIS LA NAISSANCE JUSQU'À LA MORT ! (p. 251-260)

1. R. J. Rona and S. Chinn, 1995, « Genetic and environmental influences on growth., » *J. Med. Screen.*, vol. 2, pp. 133–139.

2. D. C.-Q. Lai, 2006, « How much of human height is genetic and how much is due to nutrition ? » *Scientific American.*

3. F. Delormas, « Le sommeil et les rythmes de l'enfant. » [Online]. Available: https://sommeil.univ-lyon1.fr/articles/cfes/sante/rythmenf.php.

4. eLife, « A century of trends in adult human height, » *Elife*, vol. 5, pp. 1–29, 2016.

5. F. Canavese and A. Dimeglio, 2013, « Normal and abnormal spine and thoracic cage development », vol. 4, no. 4, pp. 167–174.

6. I. Villemure and I. a F. Stokes, 2009, « Growth plate mechanics and mechanobiology. A survey of present understanding., » *J. Biomech.*, vol. 42, no. 12, pp. 1793–803.

7. G. Vicente-rodrigez, 2006, « How does Exercise Affect Bone Development during Growth ?, » *Sport. Med.*, vol. 36, no. 7, pp. 561–569.

8. M. C. Erlandson, L. B. Sherar, R. L. Mirwald, N. Maffulli, and A. D. G. Baxter-Jones, 2008, « Growth and maturation of adolescent female gymnasts, swimmers, and tennis players, » *Med. Sci. Sports Exerc.*, vol. 40, no. 1, pp. 34–42.

9. A.-L. Ménard, 2015, *Étude comparative de différents profils de compression dynamique, et de l'application suivie du retrait subséquent de compression statique versus dynamique sur la croissance osseuse et le disque intervertébral : études in vivo chez le rat,* Polytechnique

Montreal.

10. K. Briot, E. Legrand, D. Pouchain, S. Monnier, and C. Roux, 2010, « Accuracy of patient-reported height loss and risk factors for height loss among postmenopausal women, » *Cmaj*, vol. 182, no. 6, pp. 558–562.

11. D. J. Cook, G. H. Guyatt, J. D. Adachi, J. Clifton, L. E. Griffith, R. S. Epstein, and E. F. Juniper, 1993, « Quality of life issues in women with vertebral fractures due to osteoporosis, » *Arthritis Rheum.*, vol. 36, no. 6, pp. 750–756.

Π EST FAUX ! (p. 261-269)

Palais Robert, 2001, «π Is wrong ! » *The mathematical intelligencer* 23.3 : 7-8. http://www.math.utah.edu/%7Epalais/pi.pdf

No, really, pi is wrong… The Tau Manifesto, by Michael Hartl : http://tauday.com/

Pi Is (still) Wrong. ViHart : www.youtube.com/watch?v=jG7vhMMXagQ

Anti-Pi Rant, 3/14/15. ViHart : www.youtube.com/watch?v=2E9m6yDEIj8

Tau vs Pi Smackdown. Numberphile : www.youtube.com/watch?v=ZPv1UV0rD8U

ENFERMER LE MONDE DANS UNE BOUTEILLE (p. 271-279)

« The world passes 400ppm threshold. Permanently » Bryan Kahn, Climate Central, 27 sept 2016 : www.climatecentral.org/news/world-passes-400-ppm-threshold-permanently-20738

David Wilkes, « Thriving since 1960, my garden in a bottle : Seedling sealed in its own ecosystem and watered just once in 53 years », le 24 janvier 2013. Site du *Dailymail* : http://www.dailymail.co.uk/sciencetech/article-2267504/The-sealed-bottle-garden-thriving-40-years-fresh-air-water.html

Lisa Welp, Ralph Keeling, « Now what ? », le 20 mai 2013. Site du *Scripps Institution of Oceanography* : https://scripps.ucsd.edu/programs/keelingcurve/2013/05/

Allen J.P., Nelson M., Alling A., 2003, « The legacy of biosphere 2 for the study of biospherics and closed ecological systems ». 1O.l016/SO273-1177(03)00103-0, *Ecotechnics.*

Servigne P., Stevens R., 2015, *Comment tout peut s'effondrer*, Seuil.

Jared M. Diamond, 1997, *Guns, Germs and Steel: the fates of human societies*, W.W. Norton.

Jared M. Diamond, 2009, *Comment les sociétés décident de leur disparition ou de leur survie,* Folio.

John M. Drake and Blaine D.Griffen, 2010, « Early warning signals of extinction in deteriorating environments », *Nature* numéro 467.

JURASSIC PARK ANDRÉ-CITROËN (p. 281-285)

Sébastien Steyer, Alain Bénéteau, 2010, *La Terre avant les dinosaures*, Belin.

Jean Le Loeuff, 2016, *T. rex superstar*, Belin.

Marie Laure Le Louarn Bonnet, Arnaud Salomé, Alain Bénéteau, 2015, *Sur les traces des dinosaures à plumes*, Belin.

REMERCIONS LES VIRUS ! (p. 287-296)

Avindra Nath et *al.*, 2015, « First international workshop on human endogenous retroviruses and diseases, HERVs & disease 2015 », *Mobile DNA*.

Peter K. Vogt, 2012, « Retroviral Oncogenes : A Historical Primer », *Nature reviews Cancer*, 12/9, 639-648.

International Human Genome Sequencing Consortium, 2001, « Initial sequencing and analysis of the human genome. », *Nature*, 409, 860-921.

A. Dupressoir et *al.*, 2012, « From ancestral infectious retroviruses to bona fide cellular genes : Role of the captured syncytins in placentation. », *Placenta*, 33, 663-671.

Yufei Zhang et *al.*, 2015, « Recent advances in the study of active endogenous retrovirus envelope glycoproteins in the mammalian placenta », *Virologica Sinica*, 30/4, 239-248.

LES PLANTES COMMUNIQUENT, ET PAS QU'UN PEU (p. 297-301)

Articles :

Ian T. Baldwin, Jack C. Schult, 1983, « Rapid Changes in Tree Leaf Chemistry Induced by Damage : Evidence for Communication Between Plants », *Science*, Vol. 221, p. 277-279.

Catherine Lenne, Olivier Bodeau, Bruno Moulia, avril 2014, « Percevoir et bouger : les plantes aussi ! », *Pour la Science*, Vol 438.

P.W. Paré, J.H. Tumlinson, 1997, « Induced synthesis of plant volatiles », *Nature*, Vol. 385, p. 30.

Anne-Marie Cortesero, Eric Thibout, novembre 2004, « Des insectes gardiens de plantes », *La Recherche*, Université de Rennes, Vol. 380, p. 54-58.

Vidéo :

Francis Hallé, « Éloge de la plante », Youtube, 26 mars 2015.

Ouvrage :

Jean-Marie Pelt, 1998, *Les langages secrets de la nature*, Fayard.

DE LA VIE HORS DE LA « ZONE HABITABLE » DES ÉTOILES (p. 303-310)

Sean Bailly, « Une exoplanète de taille terrestre dans la zone habitable », *Pour la Science*, avril 2014.

T. Encrenaz, J. Lequeux, *L'exploration des planètes*, Belin, 2014.

James F. Kasting et *al.*, *Habitable Zones around Main Sequence Stars*, Icarus Volume 101, Issue 1, January 1993, pp.108-128.

E. Quintana *et al.*, 2014, *« An Earth-sized planet in the habitable zone of a cool star »*, *Science*, vol. 344, pp. 277-280.

Stephen R. Kane *et al.*, 2016, « A catalog of Kepler Habitable Zone Exoplanet candidates », *The Astrophysical Journal,* Volume 830, N° 1.

M. M. Hedman *et al.*, 2013, « An observed correlation between plume activity and tidal stresses on Enceladus », *Nature* 500, 182–184.

Ondrej Cadek *et al.,* 2016, « Enceladus's internal ocean and ice shell constrained from Cassini gravity, shape and libration data », *Geophysical Research Letters.*

K. M. Soderlund *et al.,* 2014, « Ocean-driven heating of Europa's icy shell at low latitudes », *Nature Geoscience* 7, 16–19.

W. B. Sparks *et al.*, 2016, « Probing for evidence of plumes on Europa with HST/ STIS », *The Astrophysical Journal*, Volume 829, Number 2.

PRÉSENTATION DES CONTRIBUTEURS

MARTIN DUTRAIT (SIRTIN) ⇒ *p. 13*
Animateur, médiateur, blogueur, chargé de communication, je m'intéresse à tout: la science, autour de la science et en dehors de la science. Touche à tout, bon à rien! www.sirtin.fr

PIERRE KERNER ⇒ *p. 13*
Sur Strange Stuff and Funky Things *(SSAFT), Taupo (Pierre Kerner), maître de conférences en biologie évolutive, blogue sur la nature belle et dégueu qui nous entoure... surtout dégueu:* www.ssaft.com

ADRIEN DEMILLY ⇒ *p. 13, 115*
Ancien biologiste spécialisé dans les animaux bizarres, je suis passé de la paillasse à la planche à dessin et ai emmené mes bestioles avec moi.

MEL ⇒ *p. 13, 37, 69*
Professeur de SVT en banlieue parisienne, illustratrice de temps à autre, j'adore dessiner la science et le monde qui l'entoure avec beaucoup de passion et d'humour.

SENSE THE SCIENCE (ÉMILIE NEVEU) ⇒ *p. 27*
Sense the Science *mêle onirisme et objectivité pour vous montrer qu'il peut y avoir osmose entre savoir et sensations, recherche et société, et entre toutes les disciplines scientifiques. Oui, décidément,* Sense the Science *aime l'osmose.*
https://sensethescience.wordpress.com/

SOPHIE LABAUDE ⇒ *p. 37*
Trois années de doctorat pour étudier les parasites manipulateurs et leurs techniques diaboliques, ça donne plein de choses à raconter. Ça tombe bien, j'adore en parler!
http://fish-dont-exist.blogspot.fr/

LA MAIN BALADEUSE (STÉPHANE DEBOVE) ⇒ *p. 47*
Je fais des vidéos de science en dessins et en stop motion, le tout avec ma main. Venez découvrir la physique du petit-déjeuner et connaître le nombre maximum d'amis que vous pourriez avoir sur:
www.youtube.com/c/lamainbaladeusevideos

LEÏLA YASSINE ⇒ *p. 47, 173*
Jeune agrégée de SVT, je me suis récemment convertie à l'illustration et au dessin animé. Les sciences restent pour moi un domaine de prédilection. Suivez mon travail sur:
https://leilayassineart.blogspot.com/

AGATHA LIÉVIN-BAZIN (LE NID DE PIE) ⇒ *p. 47, 237*
Doctorante en éthologie et dessinatrice amatrice, j'aime disserter avec grand sérieux sur les jongleries des loutres, sur la vie sexuelle sulfureuse des canards ou encore sur l'aérodynamisme douteux des kakapos. Retrouvez mes billets animaliers sur mon blog: www.leniddepie.com

PodcastScience.fm

NICOTUPE (PODCAST SCIENCE) ⇒ *p. 57*
Podcast Science *est une émission radio en ligne de diffusion scientifique. Chaque semaine, une nouvelle émission sur des sujets aussi variés que les élections, les trous noir ou encore la science de la créativité. NicoTupe (Baptiste Coulange) fait partie des mathématiciens de la bande!*
www.podcastscience.fm

ANNALISA PLAITANO (LUDMILLA) ⇒ *p. 69*
Italienne de naissance et biologiste de formation, je suis médiatrice scientifique, pigiste, formatrice, enseignante... Je m'amuse à passer d'un rôle à l'autre pour vulgariser les sciences. Retrouvez-moi sur mon blog dédié au métier de médiateur scientifique www.ludmilla.science *ou sur le blog collaboratif de sciences pour enfants* Kidi'science.

PROFESSEUR SEEDIOUS (GUILLAUME MONNAIN) *⇒ p. 69*
Bercé dans son enfance par La 4e dimension *et la* Rubrique-à-Brac, *le professeur Seedious saisit son crayon pour illustrer de manière décalée l'actualité scientifique : critiques, clins d'œil, amusants, dérangeants, décapants, tout y passe ! Des sujets sérieux, mais pas tristes !*
https://thefunseeds.jimdo.com/

BRAINWHY *⇒ p. 85*
Découvrez les mystères du cerveau avec Evinaa Sellaiah, doctorante en neurosciences, sur la chaîne Youtube BrainWhy !
www.youtube.com/c/BrainWhy

HEADBANGING SCIENCE *⇒ p. 93*
Où il est question de Darwin et de punk-rock, de morts intrigants de la Syrie à l'Himalaya, du lien évident entre archéologie et bretzel, et de sperme de calmar.
http://headbangingscience.fr/

PHIIP *⇒ p. 93*
Phiip est dessinateur de lapins, spécialiste de l'humour absurde et l'auteur des parfaitement dispensables et surnuméraires Lapins de bureau *(7 tomes parus). Devenu éditeur avec les éditions Lapin, il raconte sa vie antérieure dans* Pas de RTT pour la DDE. *Il vit à Villeurbanne entouré de BDs et de lapins.*

PASCALE BAUGÉ (LE MONDE ET NOUS, KIDI'SCIENCE) *⇒ p. 105*
D*octeure-ingénieure en génie des procédés, formatrice et consultante, je suis une passionnée des sciences. Blogueuse depuis 2007, je m'amuse avec les sciences sur* Le Monde et Nous *(http://lemondeetnous.cafe-sciences.org/) et* Kidi'science. *Ma contribution a été illustrée par Valentin, mon fils de 15 ans. Retrouvez-le sur son blog* "Trip into my Head" https://tripintomyheadblog.wordpress.com/

ANTOINE BLANCHARD ⇒ *p. 125*
Depuis 2006, je collectionne les petits travers de la recherche, me passionne pour la mise en culture des sciences, m'enflamme pour les débats science-société.
www.enroweb.com/blogsciences

PSYNECT (PIERRICK SAUZON) ⇒ *p. 129*
Psynect *est une chaîne de vulgarisation des sciences du comportement. L'objectif est de comprendre comment nous fonctionnons et quels sont les mécanismes mentaux qui nous gouvernent sans que l'on ne s'en rende compte.*
www.youtube.com/c/Psynect

VINCENT GIUDICE (KIDI'SCIENCE / DESSOUSDESCIENCE) ⇒ *p. 143*
Docteur en génétique et professeur de SVT, Vincent essaye de transmettre sa passion pour les sciences aux enfants de 1 à 99 ans, sur les blogs Kidi'science (http://kidiscience.cafe-sciences.org/) *et* Dessous de science (http://dessousdescience.cafe-sciences.org). *Sa devise : « Je sers la science et c'est ma joie ! »*

QWRK ⇒ *p. 149*
Comment distinguer à première vue le raisonnable de l'archi-faux ? Eh bien, on ne peut pas. En revanche, certains arguments sont beaucoup plus mauvais que d'autres. Mon but : traquer ces arguments moisis sur ma chaîne Myccéliums
www.youtube.com/myceliums

LA TRONCHE EN BIAIS ⇒ *p. 161*
Thomas C. Durand, alias Acermendax, vulgarise la démarche scientifique et l'esprit critique. Il travaille au sein de l'Association pour la Science et la Transmission de l'Esprit Critique. Et, finalement, c'est assez logique.
Voir aussi son blog : www.menace-theoriste.fr

LE JOURNAL CHOUETTES SAVANTES (LYDIE BLOTTIÈRE)
⇒ *p. 173*
La nature est belle, certes, mais elle est également souvent drôle, bizarre voire carrément tordue. Envie de briller en soirée avec quelques anecdotes ? Rendez-vous sur :
http://lejournaldeschouettessavantes.cafe-sciences.org/

DAVID LOUREIRO (LISEZ LA SCIENCE) ⇒ *p. 187*
Avec Lisez La Science, *je parle de livres afin de donner envie de les lire. Histoire des sciences, biologie, astrophysique ou encore mathématiques, rien ne m'arrête !*
https://lisezlascience.wordpress.com/

DITI ⇒ *p. 201*
Dans le laboratoire de DITI, on parle gènes, protéines, cellules et maladies en tout genre. Et puis il y a toujours un coin de paillasse pour jouer de la pipette ou gribouiller des petits dessins plus ou moins en rapport avec la biologie !
http://lelabodediti.blogspot.fr/

MATIÈRE GRISE ⇒ *p. 211*
Quatre personnes assemblées dans un but commun : partager notre curiosité maladive et l'information qu'elle nous apporte. C'est l'occasion de se secouer les neurones, de se poser des questions et d'aiguiser un peu sa curiosité. Si la curiosité est un vilain défaut, nous devons être des monstres !
www.youtube.com/user/matieregrise1

BORIS DOMENECH ⇒ *p. 215*
Éternel étudiant spécialisé en botanique et en évolution végétale, je ne cesse d'être fasciné par les plantes. Je vous fais découvrir le monde caché de ces êtres pas si communs et pourtant omniprésents.
http://fish-dont-exist.blogspot.fr/

DAVID & SIMON (VIE ARTIFICIELLE ET XIL'CAST)
⇒ *p. 223*
Doctorants, nous vous faisons partager nos passions (sélection naturelle, histoire, informatique...) en podcast audio sur vie-artificielle.fr, *et en vidéo sur la chaîne* Xil'Cast*:* www.youtube.com/user/XilCast *!*

CHRISTOPHE RODO ⇒ *p. 227*
Jeune chercheur et médiateur en neurosciences, je partage les mystères fascinants du cerveau sur mon Carnet de Recherche : Cerveau en Argot.
https://cervenargo.hypotheses.org

SCILABUS (VIVIANE LALANDE) ⇒ *p. 251*
Avec les vidéos de Scilabus, *vous ne verrez plus votre quotidien de la même façon et ce que vous apprendrez vous fera briller en société. On parie ?*
www.youtube.com/scilabus

SCIENCE4ALL (LÊ NGUYÊN HOANG) ⇒ *p. 261*
Science4All *cherche à aller toujours un peu plus loin que la vulgarisation classique. Histoire de découvrir les plus beaux recoins de la physique et des mathématiques.*
www.youtube.com/science4allfrancais

SPROUTCH LAGRENOUILLE (ERIC LEEUWERCK) ⇒ *p. 271*
Des manips qui pètent, qui foirent ou les deux en même temps ; des réflexions, des blagues et des infos barrées. Pour avoir sa dose de science qui fait bouger le cerveau, c'est par ici : http://sproutchlagrenouille.mondoblog.org

ALAIN BÉNÉTEAU ⇒ *p. 281*
Illustrateur spécialisé en paléontologie, artiste peintre et graphiste pour l'édition scientifique.
http://dustdevil.deviantart.com/

TANIA LOUIS ⇒ *p. 287*
Docteure en biologie, Tania Louis aime trop les sciences pour ne pas les partager... notamment à travers la chaîne vidéo Biologie Tout Compris. *Parce que le vivant est fascinant.*
www.youtube.com/c/TaniaLouisBioTCom

GOANA ⇒ *p. 297*
Goana ? C'est notre moyen de partager notre passion, une bibliothèque de vidéos hébergées sur Youtube. On y parle essentiellement de biologie, pour expliquer comment fonctionne le monde vivant – qui est le fruit de milliards d'années d'évolution et d'une suite d'événements plus ou moins hasardeux !

ÇA SE PASSE LÀ-HAUT (ÉRIC SIMON) ⇒ *p. 303*
Sur Ça Se Passe Là-Haut, *l'Univers se contemple indéfiniment et l'actualité de la recherche en astrophysique se lit et s'écoute donc sans limites...*
www.ca-se-passe-la-haut.fr

CRÉDITS PHOTOGRAPHIQUES

p. 4-5 : iStockphoto.com/4x6 ; iStockphoto.com/bubaone ; iStockphoto.com/Adrian-Hillman ; p. 13 : iStockphoto.com/funnybank ; p. 37 : iStockphoto.com/Shimanovskaya ; p. 44 : Sophie Labaude ; p. 57 : iStockphoto.com/FrankRamspott ; p. 59 : iStockphoto.com/SVPhilon ; p. 69 : iStockphoto.com/Naddiya ; p. 85 : iStockphoto.com/CurvaBezier ; p. 89 (h) : iStockphoto.com/thewet ; p. 89 (b) : iStockphoto.com/2kawaiiiness ; p. 105 : iStockphoto.com/Pavel_R ; p. 105, 108, 110 et 111 : Valentin Baugé ; p. 107 : Photo © RMN-Grand Palais (musée du Louvre)/Hervé Lewandowski ; p. 125 : iStockphoto.com/Olena_Kravchenko ; p. 126 : Playboy ; p. 143 : iStockphoto.com/cisale ; p. 145 : Pellichi ; p. 161 : iStockphoto.com/bubaone ; p. 187 : iStockphoto.com/Fosin2 ; p. 211 : iStockphoto.com/sara_winter ; p. 215 : iStockphoto.com/colorcocktail ; p. 216 et 217 : Ivan Domenech – Canis Créations Graphiques ; p. 220 : Springer, Planta, « What is critical for plant thermogenesis ? Differences in mitochondrial activity and protein expression between thermogenic and non-thermogenic skunk cabbages », 231, 2009, p. 121-130, Ito-Inaba, Y., Hida, Y., Inaba, T., « With permission of Springer » ; p. 223 : iStockphoto.com/RobinOlimb ; p. 227 : iStockphoto.com/NLshop ; p. 237 : iStockphoto.com/lilu330 ; p. 251 : iStockphoto.com/neyro2008 ; p. 253 : Gilo1969 at English Wikipedia ; p. 254 : Anne-Laure Ménard ; p. 256 (g) : OpenStax College ; p. 256 (d) : Pixabay ; p. 259 : Gtirouflet ; p. 261 : iStockphoto.com/frikota ; p. 271 : iStockphoto.com/RomoloTavani ; p. 272, 273 et 274 : Éric Leeuwerck ; p. 287 : iStockphoto.com/RichardGalbraith ; p. 297 : iStockphoto.com/pialhovik ; p. 303 : iStockphoto.com/FrankRamspott ; p. 307 : NASA/JPL-Caltech/Space Science Institute ; p. 309 : NASA/JPL-Caltech/SETI Institute/Cynthia Phillips/Marty Valenti.

IMPRIM'VERT®

Imprimé en France par SEPEC à Péronnas
N° d'imprimeur : 17932170214 – Dépôt légal : mars 2017
N° d'édition : 41000302-01